开源之迷

开源之道三部曲

适兕／著

人民邮电出版社
北京

图书在版编目（CIP）数据

开源之迷 / 适兕著. -- 北京 : 人民邮电出版社, 2022.2

ISBN 978-7-115-57849-5

Ⅰ. ①开… Ⅱ. ①适… Ⅲ. ①软件工程 Ⅳ. ①TP311.5

中国版本图书馆CIP数据核字(2021)第227106号

内 容 提 要

在本书中，你可以跟随作者在活跃而神秘的开源世界中进行一次奇妙的旅行。本书从生活中的常见软件讲起，介绍了什么是开源、常见开源项目的标志、开源人的日常活动、组织机构等；紧接着介绍开源世界中包括科学家、程序员、律师、商人、用户等在内的不同角色，以及开源运动如何在这些人的推动下取得胜利；最后探讨了开源的迷人特性，介绍了这件表面上看起来吃力不讨好的事情所取得的成就，并对开源在本土的发展进行了思考。全书包含大量生动有趣的故事和数据分析，让非技术领域的读者也能用高屋建瓴的视角感受和拥抱开源文化。

本书适合在开源领域工作的技术人员、社区工作者、研究人员等参考，也适合想了解开源的一般大众阅读。

◆ 著　　　适　兕

　责任编辑　赵祥妮

　责任印制　陈　犇

◆ 人民邮电出版社出版发行　　北京市丰台区成寿寺路 11 号

　邮编　100164　　电子邮件　315@ptpress.com.cn

　网址　https://www.ptpress.com.cn

　临西县阅读时光印刷有限公司印刷

◆ 开本：880×1230　1/32

　印张：12.5　　　　　2022 年 2 月第 1 版

　字数：315 千字　　　2022 年 2 月河北第 1 次印刷

定价：79.90 元

读者服务热线：(010)81055410　印装质量热线：(010)81055316

反盗版热线：(010)81055315

广告经营许可证：京东市监广登字 20170147 号

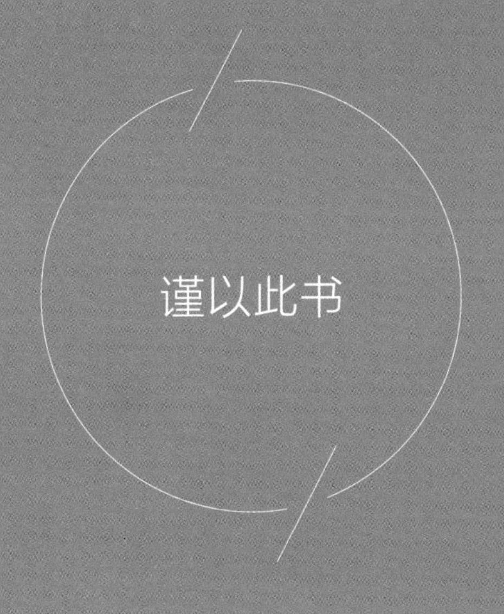

献给所有铸就开源世界的人们！

总序

开源之道三部曲

致力于开源相关思想、知识和价值的探究！

——开源之道的宣传口号

在虚构的世界中，人类可以天马行空地进行想象，将现实事件进行加工，甚至可以彻底地塑造全新的世界。电影《神奇动物在哪里》展现魔法师和普通人共同生活的场景时所采用的艺术手法，简直令人拍案叫绝。魔法世界就存在于现实世界中，但普通人一般是无法看到的，即使看到了，魔法师也会消除他们的记忆，将不符合现实世界的东西抹去。

如果我们也可以将开源世界进行如此的展现，那将是一番什么光景？读者不妨想象一下，我们以现实中存在的元素重新构建一个全新的世界，这个世界里所有的人都以生产程序代码为自己生活的重心，他们有自己的城市和重镇，也有自己的日常生活，当然也形成了特定的文化，甚至还会友好地和其他世界的人相处，拥有特定的沟通渠道，这里有科学家、商人、搭便车者、律师……

我们是否可以用这样虚构的方式来描写和阐述开源世界呢？

我就这样构思了很久。开源世界就是实实在在的存在，和我们的现实生活水乳交融，虚构反而会大大削弱其优点。但是虚构又有虚构的好处：在科幻类虚构作品中，创作者热衷于将现有社会中的某个要素抽离。我们可以做个大胆的想象：如果没有开源，那么这个世界会是什么样子的？没有 Linux，没有 Android，没有 Firefox……历史确实需要改写了，犹如这个世界没有发明出计算机一样。

非常可惜的是，历史无法假设！现实世界无法离开开源，开源是真实存在的，在真实地发挥着作用，为人类服务。

开源世界就真实存在于我们现实的世界中，甚至某种程度上来说就是我们现实的世界：同样混杂、多样、动态、不断演化。我们必须以非虚构的方法尽可能地将它描述出来，从某个角度切入，然后一点一点地勾勒，尽最大努力去呈现出开源的全貌。

有了如此理性的阶梯，本系列图书，即适兕的“开源之道三部曲”也就有了它终极的目的：认识开源。该系列图书试图从 3 个层次，循序渐进地诠释以下内容。

- 开源是什么？开源世界是什么样子的？谁参与其中？他们都干了什么？他们所起到的作用是什么？即所谓“开源之迷”也；
- 开源是如何形成的？如何参与开源？在开源的世界里我们能做什么来使这个世界更为繁荣而不是遭到破坏？即所谓“开源之道”也；
- 开源背后的机理是什么？为什么会有开源世界？它如何存在？它将何去何从？即所谓“开源之思”也。

用简易模型来描述的话，上述内容可以概括为：

- 是什么（What）；
- 怎么做（How）；
- 为什么（Why）。

这个模型表现为图 0.1 所示的一个由外而内、从现象到本质的同心圆。

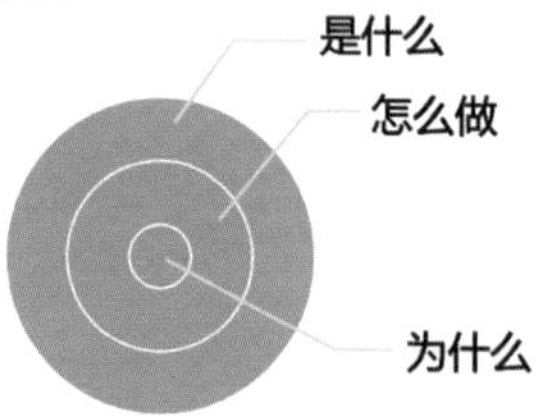

图 0.1 简易模型

这是一个由表及里的过程，也是作者近 20 年开源研究经历的写照，开源之道（**http://opensourceway.community**）从描述开源的故事开始，逐步发展为讲述个人和企业应如何在开源世界中努力并获得认可。它最终将走向对开源本身的解释：这一切为什么会发生？

亲爱的读者，你们准备好了吗？接下来就让我们按照这样一个思路，来一场从现象到本质的开源世界之旅！希望“开源之道三部曲”可以帮助您重塑一个波澜壮阔且别具一格的开源世界，让您领略开源世界的优美风景和多样的文化。

序

开源之迷

开源是如此的迷人，以至于被现代的信息技术从业人员所拥护，甚至进入了大众的视野。它的迷人之处在哪里？我们不妨在此列举一番：

- 来自全球的开发者，仅仅通过互联网协作就可以完成操作系统、编译器等复杂而庞大的巨型软件项目；
- 很多相互竞争的商业公司，竟然在开源项目中进行合作；
- 在美国，开放源代码属于言论自由范畴，受美国宪法第一修正案保护；
- Apache 软件基金会 20 多年了没有一间实体办公室，却创造了价值 200 多亿美元的项目；
- 曾经视开源为最大敌人的微软，现在却公开对开源“示爱”；
- ……

那么开源究竟是什么，能引得无数人的争相拥抱？

一千个读者心中就有一千个哈姆雷特。这里不妨以笔者在 2018 年由开源社主办的中国开源年会（COSCon'18）上的演讲来为大家呈现出现实中人们对开源的不同看法。当人们在谈论开源时他们认为：

开源是具体的计算机技术细节，包括算法、数据、语法等；开源是具体的开源项目，如 Linux、Kubernetes、Hadoop 等；开源是软件的开发方式，是软件工程的一种；开源是公共物品，任何人都可以轻易地获得、使用、修改，以及再分发；开源是经济学，是生产力，是可以有经济效益的；开源是乌托邦式的利他主义精神，更多的是讲伦理与道德；开源是与知识产权相关的内容，许可仍然受法律约束；开源是获取机会、搭便车的天然通道；开源是公共服务组织；开源是商业模式；开源是一种社会现象；开源是企业实施生态战略的手段……

可以看出，对于开源，不同的职业背景，不同的目的，不同的视角就会有不同的解读。一位企业法务，看到开源的场景是知识产权、专利、商标归属权；一位计算机技术人员，看到的是这段代码实现了何种功能，实现方法的优劣；一位 IT 业务架构师，可能想的是如何以最低的预算解决公司现有的问题；一位管理者，可能思考的是如何从开源共同体中学习到方法，以激励自己的员工；一位经济学家，想到的是全景式的经济模式如何在不封闭的情况下获得利益；一位市场营销人员，看到的是如此大规模的流量。

而这些也恰好构成了开源最有魅力的地方。于是，将这些有魅力的地方呈现给每一个人，就有了非凡的意义。希望本书能带给你不同的视角和体验！当然，无论如何笔者在写作时是带着自己的成见的，本书中的错误和纰漏之处，还望读者不吝指正。

本书没有采用常见的从开源的历史角度编写是基于一个简单的原则：只尝试带领读者认识当下的开源。笔者以为，如果仅仅从开源项目或历史发展角度来写，会漏掉很多重要的内容。尤其是基于时间轴来写的设想，会让读者产生一种开源是自然生长的误区，这不仅对于理解事物没有丝毫的帮助，而且会给年轻人带来很深的误解。所以，本书试图将时间暂时抛开，或者是将时间的追溯留给读者独自探索。本书不以某个独立的线索去阐述，而是综合所有线索进行横向、纵向、斜切面的编织，希望能够将开源的立体世界鲜活而生动地呈现给读者您。

本书将采用一种由向导带领读者游览开源世界的方式来介绍开源的迷人之处，而这也会是“开源之道三部曲”的整体创作方式。这种方式能够很好地体现开源文化中重要的导师制，笔者也希望这种方式能够达到由浅入深讲解开源的目的，尤其是照顾到从未接触过开源的读者。

提问：“你怎样吃掉一头大象？”

回答当然是：“一次吃一口。”

视频导向图书使用指南

视频导向图书是一种创新的内容分发形式，它以我们熟悉的图书为载体，但图书只是一个起点。通过视频导向图书，读者可以很容易地使用手边的智能设备，从图书出发，和图书背后的创作者建立联系，获取视频、直播甚至线下活动等内容，提升获取信息的效率和体验。

在视频导向图书上找到入口

所有视频导向图书上都有两种形式的入口。

1. 二维码

关注微信公众号“内容市场”，扫描书上的二维码，进入微信小程序即可观看讲解视频。也可以使用卷积传媒研发的App——“内容市场”，扫描二维码并观看讲解视频。

2. 增强现实触发图

我们还提供了一种更炫的入口：把一张图直接变成一段视频并播放！方法是使用“内容市场”扫描触发图，它在本书中如图 0.2 所示。您可以通过智能手机上的 App Store 或通过各大安卓应用市场等渠道搜索、下载和安装“内容市场”App。

图 0.2　触发图

您可以单击“内容市场”底部的扫描按钮来扫描触发图进行增强现实识别，首次识别可能需要等待数秒，但马上您就可以获得相当惊喜的就地播放体验了，而且还可以看到运动跟踪的效果。当然，您不需要一直手持设备并对准触发图，而是可以随时单击“全屏播放”按钮，视频就会切换到全屏模式，并一直播放下去。

免费享用增值内容的权益

“内容市场”为读者提供的内容分为两个部分，一是与图书配套的、在图书上提供入口的增值内容，二是由图书的作者再度创作的、不在图书上提供入口的订阅内容。

本书的所有读者都可以免费享用所有的增值内容，如果您看了视频感觉有所收获，也可以将它们分享给您的亲朋好友。

订阅内容中也有很多免费的，但有些内容可能需要另外付费购买，这完全取决于您的需求和意愿。

联系客服

如果读者朋友们在使用软件或任何内容时遇到了技术故障或任何困难，请扫描图 0.3 所示的二维码联系客服工作人员。

图 0.3　客服联系方式

卷积传媒

前言

巧遇开源布道师

在复杂的现代世界，人们对于事物因果关系的解释，决定了其是否能够理性地面对这个世界。开源的解释也同样面临着这个问题。这是一个诞生不久的名词，对于它的完整诠释目前还远远不够，尤其是在不同的文化背景之下，更是衍生出无数的细枝末节。

所幸的就是当读者您读到这里，应该有一种被击中的感觉，会想：每天那么多人念叨的开源，究竟该如何解读？没错，您手上的这本书就可以帮助到您。

这本书的作者是一名开源布道师，也就是那个叫作“向导”的家伙。此人的背景在本书的前勒口中已经进行了介绍，就不赘述了。不过这里还是需要向大家简单地诠释一下作者为了完成这本书所走过的知识之路，去往开源世界的准备和旅行指南，本书的读者对象，以及如何在开启开源世界之旅之后能够和向导取得进一步沟通。

开源所涉及的知识分类

对知识的分类，绝对是一个壮举，但是为什么这么区分，那就要看我们人类自身的需求了。比如高考填报志愿时，那种对于知识分门别类的专业划分，真是让人头疼无比的问题！其实，开源也面临同样的问题。

计算机科学与技术： 毫无疑问，开源诞生于计算机这个产业，和程序、互联网、万维网（Web）等有着密切的关系。也就是说，作为成功的软件生产力之一，与计算机相关的学科技术是开源的根本。读者会看到，这些技术细节贯穿我们的全书。

管理科学与工程：众所周知，开源从不是一个人的事，也不是一个人完成的，而是由无数个工程师协作的超级大工程。比如 Kernel、Kubernetes 等大型项目，动辄几千人进行协作，如此巨大的工程，超越了传统工程学的范畴，也是软件自发展以来强大的挑战。

社会科学：这样巨大的工程，其组织不是由金钱来驱动的，而是需要来自全球各地不同文化背景的人的协作。那么这样庞大的工程该如何组织？需要基于什么样的意识形态？还是纯粹的自由至上？

互联网及网络技术：开源最大的魅力在于有关它的一切都在互联网上进行：在开源世界中有邮件列表、网站、即时聊天、版本控制系统、漏洞（bug）跟踪系统等等，围绕这些网络空间而形成的职业共同体，就某个技术难题而进行协作。那么这个网络是如何形成的？形成之后的力量迸发又是如何体现的？

我们不得不在这个自己尚未理解的空间进行更多的探索。

商业和经济：开源的产出是有着巨大价值的，那么这些产出如何商品化？开源怎么保持竞争力？又如何可持续发展？在不完全是货币的激励的情况下，这就涉及捐赠、商业化、获得赞助等的支持。开源的可持续发展，一直是开源自出现以来，最为让人困惑不已的问题。

为此，我们不妨将目光从开源本身移至其他领域，那些公共产品、私人艺术等是如何成功地得到可持续发展的方法和路径的？

法学：没有法律，就不会存在开源，这是一个基本的认知，也就是说开源并不意味着创作者得不到保护。创作者如何利用法律来保护自己的作品和成果？面对强大的竞争对手的时候，创作者如何坚持下去？在新型的信息空间里，法律又该适应什么？

这些都是开源所涉及的需要辨别的内容。

心理学：说一千道一万，开源要落实到具体之处，每一行代码、每一句文档、每一次宣讲、每一次编译、每一次沟通……都是具体的个体思考、讲话、撰写、行动的结果，这就必然涉及人本身：包括人的心理、动机、认知。

要知道，开源离开了人本身，终将一无所成。可见，最后我们仍然要去理解人本身。

文化与社会：开放与透明并不是人类社会天性的选择，而是在经历了几千年的变化，在不断地累积和总结教训的情况下的选择，涉及贸易的扩张、资本的角逐、商业的崛起、相关技术（财务、管理等）的应用等，这才呈现出我们现在所身处的世界。开源是这些文化和制度下的产物，是人本身的选择，我们无法离开文化、地域、社会等人类学因素来谈开源，这是一条开源的必经之路。

旅行前的准备

正如在前文中介绍的一样，尽管本书是非虚构类作品，但是需要一个虚构的向导来带领读者参观开源世界。主要的缘由是开源世界不是我们现实的地球上存在的某个物理空间，它的内部穿插了网络空间、地理空间、文化空间、人的心理空间等，是一个全新的空间组合。作为新手，稍不注意，你就可能会被带上完全不同的旅程。所以，作为本系列图书的创作者，笔者斗胆做一个陪伴读者左右的向导，为读者介绍这个“奇幻”世界的种种情况。

为了尽量不打扰读者阅读本书，向导通常不会说什么话、做什么指示，除非前方出现“危险”。一般来说，他仅仅就是一个带路人。

首先，在正式开启旅程之前，我们需要准备一些装备：

- 一张神秘的空间地图（由向导提供）；
- 一台可接入互联网（稳定的环境）的计算机；

• 想要了解开源的好奇之心（这是个可选项，向导担心读者如果没有一点好奇心，在读到稍微啰唆或理解困难之处，放弃的概率会大很多）。

图 0.4 所示是一张开源世界的地图，它可以简单地被描绘成一张线性图，犹如常见的游戏关卡。

图 0.4　开源世界的地图

旅行指南

第一章　开源世界的入口：如何通过软件认识开源?

我们如何识别开源软件？开源世界的入口在哪里？本章将通过当下现实世界人们日常的所见所用，指明开源软件的表象。同时也会采用动态的、活动的方式，简单地体验一下，寻找开源的入口。

第二章　何谓源代码？它是如何工作的?

本章中我们将进行一次非凡的开源技术之旅，你将了解到什么是源代码、代码是怎么变成软件的。

第三章　开源世界的标志

人类习惯为看不见、摸不着的事物设计一些虚构的形象。那么开源世界里有哪些形象或者是吉祥物呢？本章你将看到开源世界的各类抽象标志以及人们与这些标志的故事。

第四章　开源：在所有人看得见的地方工作

数字化时代的来临告诉我们，编码这项工作其实是人类在塑造一个虚拟的空间、一个全新的数字世界。这个数字世界不再受到物理世界的约束和规制，拥有全新的范式。那么打造这个世界所使用的原材料——代码、协作过程（软件工程）等都需要是也应该是公开的。很明显，开源就是符合这个历史需求的，这是人类发展进程中必然出现的现象。就让我们来了解一下这个过程吧。

第五章　开源世界的日常

本章将会为读者全景式呈现开源世界人们的工作方式。例如这些人的日常是什么样子的？他们每天在干什么？他们是如何沟通又是如何协作的？他们是如何与外界联系的？基于互联网的媒体是如何形成话题的？他们的教育和代际知识更替是如何进行的？

第六章　开源世界的城市与乡镇

开源世界里主要的“建造物”都有哪些？我们去哪里能找到它们？它们有没有办事处？开源世界形成了什么样的组织？本章描述的正是开源世界中相关从业人员的聚集地：代码托管平台、基金会、商业公司等，它们对应于现实世界的城市与乡镇。

第七章　开源世界的人物

从事开源工作的都是哪些人？开源世界的人如何？这里有没有名人堂？这里的普通人是什么样的？开源之所以有今天的成就，就是因为有你我这样的普通人在为之努力。作为本书的核心章节，本章将为读者呈现开源世界的人们，并尝试以不同的角色分类来进行叙述。

第八章　开源的胜利

我们经常听到人们说开源取得了胜利，那么除了到处运行的开源项目之外，我们还有什么胜利的成果？本章将带你去开源世界的“博物馆”浏览一番，了解开源的历史，那些战争和反抗，以及人们取得的值得记录的成就。

第九章　开源之迷：让人欲罢不能的优势

新技术先是进行精神的建构，之后才进行物质的建构。想要拥抱开源这样先进的生产方式，需要我们从对自我的认知和文化做起。本章将尽力展现开源世界的文化——所有人遵守的价值观，这也是开源的核心魅力所在。

第十章　开源的成就：经济价值和社会意义

所谓成就，如果不能改善人类本身的状况，那么我们就需要重新评估它了。本章试图从经济价值和社会意义角度对开源的成就进行客观的阐述。

第十一章　开源的不完美之处：让人望而却步的开源特性

开源并不是人们唯一的选择。从某些方面来看，开源有时候的表现并不完全令人满意。“知己知彼，百战不殆”，本章会介绍开源的那些不完美之处——开源的弱势，以及那些经常被其他模式诟病的地方。

第十二章　开源：数字化世界的基石

世界从未停止前进的步伐。开源作为全人类共享的财富，是否可以成为数字化世界的基石？本章试图寻找现代数字化建设中，开源能够发挥力量之处。

第十三章　中国同步世界：开源为中国提供的机会

中国正逐渐成为开源这股历史的潮流中不可缺少的力量。本章会讨论中国本土的开发者和工程师在整个开源的历史上所扮演的角色、取得的成绩，以及未来的参与之道。

本书面向的读者群体

本书适合任何对开源感兴趣的人士。按照了解开源的程度，读者群体可以区分为两种类型：了解开源的与不了解开源的。

- 如果您自认为自己是一名已经对开源有所了解的朋友，那么可以跳过前两章，直接从第三章开始阅读；
- 反之，则尽量跟随笔者的思路进行探究。

后者可能是年轻人，从来没有听说过和了解过这个充满魅力的世界，本书将会为您呈现一个波澜壮阔的新世界。

向导的位置和联系方式

Red Hat 前任 CEO 吉姆 · 怀特赫斯特（Jim Whitehurst）在撰写完对 Red Hat 这家公司的理解和诠释——《开放式组织》一书之后，非常感慨地说道："写完一本书，并不意味着终结，而是一个项目的开始。"

笔者也希望"开源之道三部曲"系列是一个工程，一套会一直进化的图书。所以笔者在此留下联系方式，诚挚欢迎读者前来一起探讨。期待您的参与！

GitHub：您可以在 GitHub 找到这位布道者，他的工作内容您也会一目了然：@lijiangsheng1。

Twitter：请跟随 @lijiangsheng1。

Slack：您可以访问 https://ocselected.slack.com，加入频道 #open-source-trilogy。

电子邮件：请将问题（记得在标题中添加"开源之迷"字样）发送至 lijiangsheng1@gmail.com，笔者会尽最大努力给您满意的回复。

目录

第五章 开源世界的日常

第六章 开源世界的城市与乡镇

第七章 开源世界的人物

第一章

开源世界的入口：如何通过软件认识开源？

爱丽丝的好奇心被点燃了，她跟在兔子后面跑过草地，而且运气不错，刚好来得及看见兔子跳进树篱底下一个巨大的兔子洞。

爱丽丝立刻也跟着跳了进去，完全没考虑待会儿要怎么出来。

兔子洞像条隧道般直直前行了一段距离之后，突然间急转直下。爱丽丝根本来不及刹住脚步，就整个人掉进了一口很深的井里面。

——刘易斯·卡罗尔（Lewis Carroll），《爱丽丝漫游奇境》

01

无处不在的开放源代码软件

爱丽丝在一个休闲的午后，被一只奇怪的兔子绅士所吸引，怀着好奇心闯入了另外一个世界。尽管这个故事是一位小说家的奇幻想象力的产物，但是在我们生活的真实世界中，人们也正在利用技术构筑着其他空间。这也是人类独有的能力。现在的你，或者是走在城市街头，或者是在自己的书房，又或者是躺在舒服的床上，环顾一下四周，你是否看到了开源的入口呢?

是的，没错，它无处不在，但是你需要具备一些特别的能力来发现它。

因为是和现代信息有关，所以开源世界的入口一定藏在能够运行代码的计算机中，那么我们的目光可以聚焦在有芯片运行的地方：交通信号灯、巨大的电子 LED 广告牌、车载导航仪、手机、笔记本电脑、路由器……

犹如电影《头号玩家》里现实世界的人们需要借助虚拟现实（VR）设备才能接入虚拟世界中一样，想要走进开源世界，也需要一个工具，不过这个工具有些特殊，它是一种关于事物的抽象描述，一种人人可以习得的知识。

在此前提下，我们可以说“开源的入口，无处不在”。但是，还需要说明一下，这个入口是经过改造和修饰的，需要特别的视角和技能方能一眼识别，这些视角和技能是需要深度练习才能具备的，当然读者您那么聪明又幸运，将会很快拥有它们（需要做的就是读下去）。

接下来，就让我们从日常生活开始，留意一下哪里有运行着开放源代码的软件。

现代人的软件生活

软件深深地融入了我们的生活，你的每次网上购物经历、日常的出行、天气预报的获得、旅行安排、办公、预约看病、信息查阅等活动都与软件息息相关。

软件承载了现代人的生活，而且我们可以毫不夸张地说：开源参与了上述绝大多数事件。

在计算机发展的早期阶段，软件的使用是一件需要门槛和技能的事情。随着技术的不断发展，软件已经“润物无声”般侵入我们的日常生活。正如《大转换：重连世界，从爱迪生到 Google》一书的作者所说：“我们不再依赖电脑中的数据和软件，而是更多地利用公共互联网传来的数据和软件。我们的个人电脑正在变成这样一种终端，其力量和作用不是主要来自电脑里的内容，而是主要来自电脑连上的互联网。”也就是说，我们对软件和数据的操控逐渐变得不可感知了。再也难有像王小波那样的作家，因为对排版人员工作的不满，用短短的一两年时间独自编写了一套软件程序。然而，开源所驱动的，恰恰就是我们作为用户只享受其结果的过程。举例而言，Google 这样的搜索引擎，是我们现在日常生活和工作中无法离开的工具。我们使用浏览器，输入关键字，发送给 Google，Google 数据中心的集群会在存储网页的数据库中查询，然后按相关程度对网页进行排序，再通过互联网将网页返回到我们的浏览器进行显示。上述所有的过程都会使用到开源软件：从浏览器到域名解析，从网络包传输到 Google 集群，还有数据库和相关的处理程序。

在进一步了解更多关于开源技术的细节之前，我们需要耐心地观察软件的外观。开源软件究竟有何特点？

提示

> 我们在第二章 01 节进行了专门的讲解，如果你是一名对计算机相关技术非常了解的读者，可以跳过本章，直接从第二章 01 节开始你的旅程。

日常的手机软件（App）

我们身处智能移动设备的时代，从这里开始我们的旅程是个非常不错的主意。不过很不幸，光从计算机运行起来的表现来看，任何人都无法分辨出其软件是否是开源的，尤其是在采用图形用户界面（Graphical User Interface，GUI）的系统中。

所幸的是，我们还可以从法律协议的角度来判断某软件是否为开源软件。

◎ 社交类

我们身处移动互联的时代，使用微信恐怕是每个中国人难以逃避的现实，那我们就来看看微信的客户端使用开源的情况。请打开你手机上的微信客户端（8.0.6 版本）：“我的”→“设置”→“关于微信”→“微信软件许可及服务协议”→“开源软件”，会看到微信 Android 客户端中的开源软件页面（部分），如图 1.1 所示。

微信，是一个生活方式

开源代码

名称	版本号	许可证	是否经过修改	源代码地址
FFmpeg	2.2.2	GNU LGPLv2.1	否	下载
FFmpeg	2.6	GNU LGPLv2.1	否	下载
lame	3.99.5	GNU LGPLv2.1	否	下载
J2V8	4.8.0-SNAPSHOT	Eclipse Public License - v 1.0	是	下载

图 1.1　微信 Android 客户端中的开源软件页面（部分）

◎ 支付类

对于很多人来说，支付宝（或扫码支付）可谓是日常生活中难以离开的 App，这个被称为中国“新四大发明”之一的 App，是绝大多数人生活的助手，同样它的客户端（10.2.23 版本）也集成了大量的开源项目：打开“我的”→“设置”（右上角的齿轮状按钮）→“关于”→“版权信息”，会看到支付宝 Android 客户端中的版权信息（部分），如图 1.2 所示。

< 版权信息

名称	许可证	是否经过修改
FFmpeg	GNU LGPL v2.1	否
ProtocolBuffers	Apache v2.0	否
SPDY	Apache v2.0	否
GTM/AliSecXCryptoGTMDefines.h	Apache v2.0	否
gumbo-parser	Apache v2.0	否
OpencoreAmr	Apache v2.0	否

图 1.2　支付宝 Android 客户端中的版权信息（部分）

◎ 视频类

这里以深受广大年轻人喜欢的文化社区和视频平台哔哩哔哩（6.26.2 版本）为例，其 App 也有开源项目集成，可以在“我的”→“设置”→“关于哔哩哔哩”→“开放源代码许可”中看到哔哩哔哩 Android 客户端中的开源代码（即开放源代码）许可（部分），如图 1.3 所示。

← 开源代码许可

ijkplayer

https://github.com/Bilibili/ijkplayer

Copyright (C) 2013-2015 Zhang Rui <bbcallen@gmail.com>

Licensed under LGPLv2.1 or later

libyuv

https://code.google.com/p/libyuv
https://github.com/Bilibili/libyuv (fork)

Copyright (C) 2011 LibYuv Project Authors

libyuv is Licensed under a BSD Style License;
libyuv/source/x86inc.asm is Licensed under ISC license;

Android Open Source Project

see source code for referenced code and text resources

Copyright 2009-2012 The Android Open Source Project

Android is Licensed under the Apache License, Version 2.0 (the "License");
http://www.apache.org/licenses/LICENSE-2.0

图 1.3　哔哩哔哩 Android 客户端中的开源代码许可（部分）

移动设备

◎ Android 操作系统

Android 是目前世界上最为流行的智能手机操作系统，或许你听说过非常多的手机制造商的品牌名，如小米、华为、OPPO、三星等，这些手机运行的操作系统均基于 Android 操作系统。Android 本身是一个开源项目，虽然其大部分是由 Google 和开放手机联盟所开发的，而且最为重要的是其内核是基于 Linux 操作系统修改而成的。

其中，Android 开放源代码项目（Android Open Source Project，AOSP）的代码可从 https://source.android.google.cn/ 下载、查看、修改和重新分发，其基于 Apache 许可协议发布。

◎ Apple 手机的操作系统

在业界，Apple 封闭的一体化形象深入人心，但是即使这样，Apple 的操作系统也大量采用开源项目，如 FreeBSD、WebKit 等。如果你想直观地感受一下，可以拿起自己的 Apple 手机，在“设置”→“通用”→“法律声明”中能看到非常多的开源组件。图 1.4 所示是 Apple 手机操作系统的法律声明页面（部分）。

< 法律与监管　法律声明

Free Software Foundation, Inc. (libgcc, libstdc++)

Copyright © 1997, 1998, 1999, 2000, 2001, 2002, 2003, 2005 Free Software Foundation, Inc.

Parts of this software include the libgcc and libstdc++ libraries owned by the FSF. You may obtain a complete machine-readable copy of the source code for the FSF software under the terms of GNU General Public License (GPL) with libgcc exception and GPL plus libstdc++ exception, without charge except for the cost of media, shipping, and handling, upon written request to Apple. The FSF software is distributed in the hope that it will be useful, but WITHOUT ANY WARRANTY; without even the implied warranty of MERCHANTABILITY or FITNESS FOR A PARTICULAR PURPOSE. See the GPL for more details; a copy of the GPL is included below.

图 1.4　Apple 手机操作系统的法律声明页面（部分）

浏览器

除去移动设备之外，访问和浏览互联网的工具——浏览器，恐怕是所有人最常用的工具之一了。微软的 Windows 操作系统默认自带的 IE 浏览器，曾经占据了人们桌面很长一段时间，但终究封闭无法匹敌开放，在 2018 年微软放弃了 IE 浏览器，转而拥抱了开源的 Chromium，并将其作为自己新一代浏览器 Microsoft Edge 的核心。

而 Chromium 和 Firefox 均是开源项目的产品，读者可以自行在产品的“设置”→“关于”页面中找到关于开源许可协议和声明的信息。

桌面操作系统

所谓桌面操作系统，也就是安装在家庭或办公室计算机中的供人使用的最大软件，它也是安装其他应用软件的载体，如媒体播放软件、互联网软件、办公软件等。

据统计，2020 年各桌面操作系统的全球市场份额占比如图 1.5 所示。

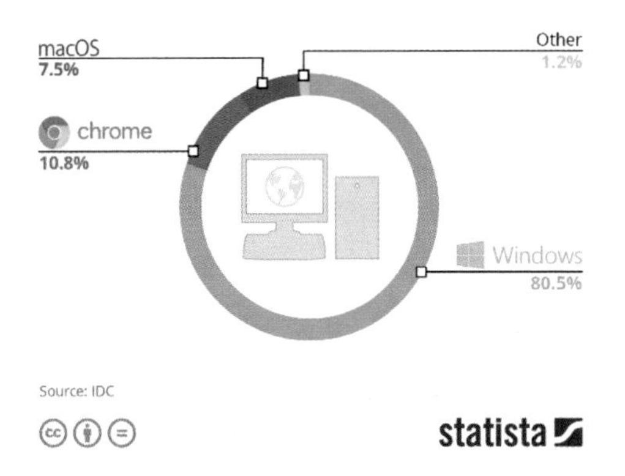

图 1.5　2020 年各桌面操作系统的全球市场份额占比

可以看出，采用闭源的源代码模式的 Windows 作为全球最为流行的桌面操作系统之一占据着绝对的主流地位。但是，这并不能说明开源没有出现在这个占据绝对垄断地位的系统中。向导在此也不会刻意去为读者呈现占绝对主流的地方，说明这里开源的存在，而是在这种主流系统中寻找开源的应用（即入口处）。

◎ 在 Windows 10 上安装开源软件

关于微软钟爱开源的新闻，可以说是非常多了。能够在封闭性系统 Windows 10 上运行 Linux 子系统才是和开源的真正融合，也是让普通用户接触开源的最佳方式。读者可以参考 https://docs.microsoft.com/en-us/windows/wsl/install-win10 的文档，在 Windows 10 环境下安装得到一个完整的 Linux 环境，即开源操作系统，如 Ubuntu。

想获得更多的开源软件，也可以到 Windows 应用商店搜索关键字“Open Source”，搜索结果几乎可以涵盖所有种类。

◎ macOS

macOS 是三足鼎立（需求、开发和测试）的软件开发模式的代表之一：Apple 的操作系统，其内核是基于 UNIX 衍生系列的 Darwin，所以我们看到 Apple 系列的各种设备都是基于这个开源的核心。作为普通用户，我们可以使用如下方式查看 macOS 的许可协议声明，在 macOS 的“关于”菜单中：打开“Mac”→“Support”→“重要信息”→“软件许可协议”，然后搜索“Open Source”关键字，会得到图 1.6 所示的搜索界面（部分），可以看出开源在 macOS 中占据着多么重要的地位。

M. Open Source. Certain components of the Apple Software, and third party open source programs included with the Apple Software, have been or may be made available by Apple on its Open Source web site (https://www.opensource.apple.com/) (collectively the "Open-Sourced Components"). You may modify or replace only these Open-Sourced Components; provided that: (i) the resultant modified Apple Software is used, in place of the unmodified Apple Software, on Apple-branded computers you own or control, as long as each such Apple computer has a properly licensed copy of the Apple Software on it; and (ii) you otherwise comply with the terms of this License and any applicable licensing terms governing use of the Open-Sourced Components. Apple is not obligated to provide any updates, maintenance, warranty, technical or other support, or services for the resultant modified Apple Software. You expressly acknowledge that if failure or damage to Apple hardware results from modification of the Open-Sourced Components of the Apple Software, such failure or damage is excluded from the terms of the Apple hardware warranty.

图 1.6　搜索界面（部分）

其他设备

我们再来看看和我们日常生活密切相关的其他设备：家里上网用的路由器、智能语音助手、电视机 / 投影仪、汽车、可穿戴设备……在这些设备中统统都可以找到操作系统内核 Linux 的身影。换句话说，环顾四周，我们生活中接触的事物，很多都是开源项目所驱动的。

下面请允许向导为你虚构一位现代人的日常生活和工作，以此观察其在使用信息产品和服务的时候会使用到的开源软件。

一位当代上班族的日常

想象这么一个场景：你走到了星巴克，掏出 HUAWEI Mate30 智能手机，打开星巴克 App，让店员扫描你的会员码，然后你买了一杯咖啡，并使用支付宝/微信进行了支付，最后找了一个靠窗户的位置坐下来：

- 打开 Google 日历，看了一下下午和明天的行程；
- 订了第二天一早的机票，计划赶到下一个城市，并预约了当地的出租车；
- 浏览了一下朋友圈，看到有人推荐图书，于是直接从亚马逊 Kindle 商店下单；
- 叫了滴滴出行，40 分钟之后来接你；
- 用在线 Microsoft 365 查阅并修改了一个编程中的小错误（typo）；
- 在 GitHub 上看了一下最近的项目活跃状态；
- ……

上述每一个行为都使用到了开源软件项目：Android、Linux、FFmpeg、Java、Git……

软件不仅改变了人类的生活，也改变了服务于人类的生产模式。硅谷著名投资人马克·安德森（Marc Andreessen）写过一篇广为传播的文章《为什么软件正在吞噬世界》（*Why Software Is Eating the World*）。这一现象现在仍然在持续并演化着，人们日常生活和工作使用的 App 中均采用了大量的开源项目，我们也可以这么说：开源正在驱动软件产业。

开放源代码软件已经融入我们的生活，与我们的世界共存，甚至可以说人类已经严重依赖开放源代码软件。正如《制造开源软件》（*Producing Open Source Software*）一书的作者卡尔·福格尔（Karl Fogel）所比喻的那样，我们所有人都在呼吸，但是只有少数人会去思考氧气从哪里来。

开源在计算产业中，犹如我们人类需要的氧气——不可或缺！

02

人为规定的软件属性：关于许可协议的常识

软件的固有特性

看到这里，你是否感到有点惊讶，或者是有点无聊？明明是和我讲开源世界的入口，怎么需要涉及一大堆软件的法律许可声明？请君莫急，正如我们所介绍的，普通人看到的是软件的实际作用，即结果。对于代码来说，它可以人为地被掩藏或者保持开放。但是代码变成软件之后，任何人都无法分辨出代码是否是向世人开放的、可见的。也就是说，软件的具体运行和代码是分离的、割裂的。二者之间可以一一对应，但是这需要提供方非常诚实地提供。

软件使用的法律条款：作为商品合法地存在

软件想要融入人类社会，想要符合人类社会既有的规则，想要在市场上流通，既需要法律的保护，也需要法律的许可。当然，它的价格也要符合市场的规律，不可以漫天要价。

幸亏这个世界不是只有开发者，还有律师。犹如加工食品的外包装上写着的食物成分和添加剂一样，用户在使用软件时，尤其是在安装软件时，会看到一个许可声明。也就是说，如果此软件是开放源代码的，遵循哪款开源许可协议会做出声明，也就是读者您在上一节看到的内容。换句话说，作为软件的用户，在没有进一步掌握技能时，其分辨软件是否为开放源代码的方式就是阅读其许可声明。

开源软件的许可声明

现在请读者打开本书的扉页，您会看到类似图 1.7 所示的图书版权页。

图书在版编目（CIP）数据

[illegible] / [illegible] ; [illegible]
[illegible]. -- 北京 : 人民邮电出版社, 2020.12
[illegible]
ISBN [illegible]

I. ①[illegible]… II. ①[illegible]… ②[illegible]… ③[illegible]… III. ①[illegible] IV. ①TP[illegible]

中国版本图书馆CIP数据核字(2021)第[illegible]号

内容提要

[illegible]

◆ 主　　编 [illegible]
　编　　著 [illegible]
　责任编辑 [illegible]
　责任印制 [illegible]
◆ 人民邮电出版社出版发行　北京市丰台区成寿寺路 11 号
　邮编 [illegible]　电子邮件 [illegible]
　网址 [illegible]
　[illegible]
◆ 开本：[illegible]
　印张：[illegible]
　字数：[illegible]

定价：[illegible]元
读者服务热线：[illegible]　印装质量热线：[illegible]
反盗版热线：[illegible]
广告经营许可证：京东市监广登字[illegible]号

图 1.7　图书版权页

也就是说，作为读者，您之所以能够阅读本书，是您和出版机构达成了某种协商，您可能是花费了一定的金钱购买了本书，然后获得了阅读本书的许可，但是出版社禁止您复制本书并继续分发。

同理，软件也有许可声明，专有软件有，开放源代码软件也有。

注意

用户在安装一款软件时［无论是通过系统的软件市场（例如 Apple App Store、Google Play）还是自己手动安装］，要了解一下该软件的授权信息。尽管有时候这会花点时间，但是对维护自己的权益来说绝对是百利而无一害。

开源许可协议：令人眼花缭乱的声明

软件的作者，即撰写源代码的专业开发者，和作家、音乐家或者相应的公司一样，有权决定自己的作品以何种方式让人们使用，开源软件的作者同样拥有这样的权利。但是计算机代码和具有法律效力的文件说明还是有一些差异的，大多数开发者对于撰写法律条款是无能为力的，需要律师的帮忙，这样就可以制定出专业的许可协议。即使这样，也不能剥夺开发者声明自己所写的软件的权利，所以我们会看到各式各样的开源许可协议。主流的开源许可协议大体上有以下几种：

- GPL；
- BSD；
- MIT；
- MPL；
- Apache v2.0；
- LGPL。

更多关于开源许可协议的内容，请查阅开放源代码促进会（Open Source Initiative，OSI）认证的协议。

开源许可协议的主要内容是阐述该软件项目的复制、修改、再分发等权益，也对诸如商标、专利、著作权等内容进行进一步的描述。二进制的开源软件，在安装的时候会向用户提示使用的许可，但不会像大部分商业软件、专有软件一样让用户选择是否接受许可。为了郑重提示开发者，绝大多数项目也会将许可声明放在每一个源代码的开头，以注释的形式给出，如以下 Kubernetes（简称 K8S）项目的源代码许可声明：

```
# Copyright 2014 The Kubernetes Authors.
#
# Licensed under the Apache License, Version 2.0 (the "License");
```

```
# you may not use this file except in compliance with the License.
# You may obtain a copy of the License at
#
#     http://www.apache.org/licenses/LICENSE-2.0
#
# Unless required by applicable law or agreed to in writing, software
# distributed under the License is distributed on an "AS IS" BASIS,
# WITHOUT WARRANTIES OR CONDITIONS OF ANY KIND, either express
or implied.
# See the License for the specific language governing permissions and
# limitations under the License.
```

开源是建立在人类的知识产权之上的，这一点和人类的所有知识一样。我们可以毫不夸张地说，没有知识产权，开源是无法存在的。只有建立在法律的许可之下，开源才能有其独特的概念和定义。

开放源代码软件的定义

不是所有的软件都提供源代码，这是我们现在所处世界的一个现状。尽管开放源代码无处不在，但运行在计算机中的软件只能采用二进制，所以提供源代码逐渐成了一个附加动作。恰恰是因为这样，向导只能“授之以渔”，因为我不可能做一个完整的列表出来供读者直接使用。聪明的读者，如果您已经掌握了上述方法，那么只需再学习一个定义，就可以自行识别软件是否为开放源代码软件。这样的话，在未来独自闯荡令人眼花缭乱的江湖时，就会毫无压力。

导游在这里再次特别提醒读者，软件生来开源，但是出于某些原因，人们将软件的源代码封闭起来，并进行了法律上的定义，而对于开放源代码，人们也不得不出于为世人所识别的目的，使用文本的方式对其进行了定义。我们这里摘录了 OSI 对开源软件的十大特征的描述：

（1）可自由地再发布；

（2）源代码公开；

（3）允许派生作品；

（4）作者源代码的完整性；

（5）不能歧视任何个人和团体；

（6）不能歧视任何领域；

（7）许可协议的发布；

（8）许可协议不能针对某个产品；

（9）许可协议不能约束其他软件；

（10）许可协议必须独立于技术。

通过开源软件的十大特征，我们可以清楚地看到 OSI 所坚持的原则：

- 坚持开放，鼓励最大化地参与和协作；
- 尊重作者权利，同时保证程序的完整性；
- 尊重独立和中立，避免任何可能影响这种独立和中立性的事物。

请将上述 10 条特征牢记在心，它们是贯穿本次发现开源之旅的核心要素。每当一款软件诞生时，你就可以使用这 10 条特征来进行比对。

第二章

何谓源代码？它是如何工作的？

在真正意义上的开源下，人们有权掌控自己的命运。

——林纳斯·托瓦兹（Linus Torvalds）

01

体验一次非凡的开源技术之旅

在电影《无敌破坏王 2：大闹互联网》中有不少使用动画表现手法生动诠释互联网服务工作原理的片段，比如搜索引擎是如何工作的，又如 eBay 的拍卖和付款流程等。

那么我们现在也虚构一个场景，假设有一位对计算机和互联网有着强烈兴趣的朋友，对于前面所讲述的整个互联网的技术和计算机架构都是建立在开放源代码之上的产生了浓厚的兴趣，并开始摩拳擦掌，恨不得立即找到所有的入口，研究其运行的过程。接下来我们就以这位朋友的视角，从一个简易的互联网的原初形态入手，全部使用开源软件来完成所有过程，即一次完整的开源技术之旅。

此技术之旅的目的是让读者能够将软件和源代码项目一一对应起来。这是一个非常困难的过程，需要多年的训练才能做到，这里旨在表达原理和过程。

虚构的简单场景

这位朋友用的是一款装载 Android 操作系统并安装了 Chrome 浏览器的智能手机，然后使用 Chrome 访问“开源之道”网站，当网站返回数据时他开始阅读。

◎ 第一站：终端智能手机

众所周知，软件是硬件的灵魂，当一款智能手机从工厂出货时，它必须搭配相应的操作系统才能有和用户交互的界面，硬件的效能才可以被发挥。截至向导撰写本书的 2020 年底，这个世界上有 72.93% 的智能手机安装的是 Android 操作系统，换句话说，接近 3/4 的用户使用的是这款开源的智能操作系统。

Android 是基于 Linux Kernel 和其他开源软件开发的一款针对触摸屏的智能手机和平板电脑的移动操作系统，其本身也是开源项目，也就是我们通常所说的 Android 开放源代码项目，采用对商业友好的 Apache 许可协议。Android 可以帮助用户管理硬件，即手机的芯片、存储卡、电池、触摸屏、耳机、显示卡、电话 SIM 卡等；它还为用户提供了一个可操作和交互的可视化界面，人们通常使用手指即可打开和使用上面的 App。

◎ 第二站：连接互联网的入口——浏览器

万维网（World Wide Web，WWW）形成了一个去中心化的、从接入的任何地方都可以访问的全球网络，这让人类的信息共享成为现实。访问这些信息的入口就是 Web 浏览器，Web 浏览器的历史几乎和互联网存在的时间一样长，但是商业化、闭源软件的竞争从来都没有停止过。

不过如今占据 85% 以上市场的都是开源产品，如 Chrome、Edge、Firefox。Web 浏览器被安装在用户的计算机操作系统中，或者是以 App 的方式安装在用户的智能手机、平板电脑等中，通过键入域名，帮助用户从对应的服务器上浏览文字、图片、视频，或者进行购物、付款、聊天等交互。Web 浏览器最重要的一个功能，就是可以从一个站点跳到另外一个站点，以无限的方式浏览整个互联网上的信息。

在互联网上，当一台主机要访问另外一台主机时，必须首先获知其地址。在 TCP/IP 中，计算机只能识别诸如 10.0.0.2、192.168.2.25 等这样的数字，但是人类非常难以记忆这样的数字，人类有自身的语言，如开源之道站点的域名是 opensourceway.community，其对应的 IP

地址是185.199.108.153。为了方便我们记忆，互联网采用了域名系统(Domain Name System，DNS)来管理域名和IP地址的对应关系。这一技术就是目前互联网上使用最多的开源项目：BIND。

BIND的全称是Berkeley Internet Name Domain，是当前全球互联网的主要域名解析软件，当然所谓根服务器均是该软件在服务。BIND现在由互联网系统协会 (Internet Systems Consortium, ISC) 负责开发与维护，保持着非常活跃的开发状态。

DNS解析的全过程如图2.1所示。

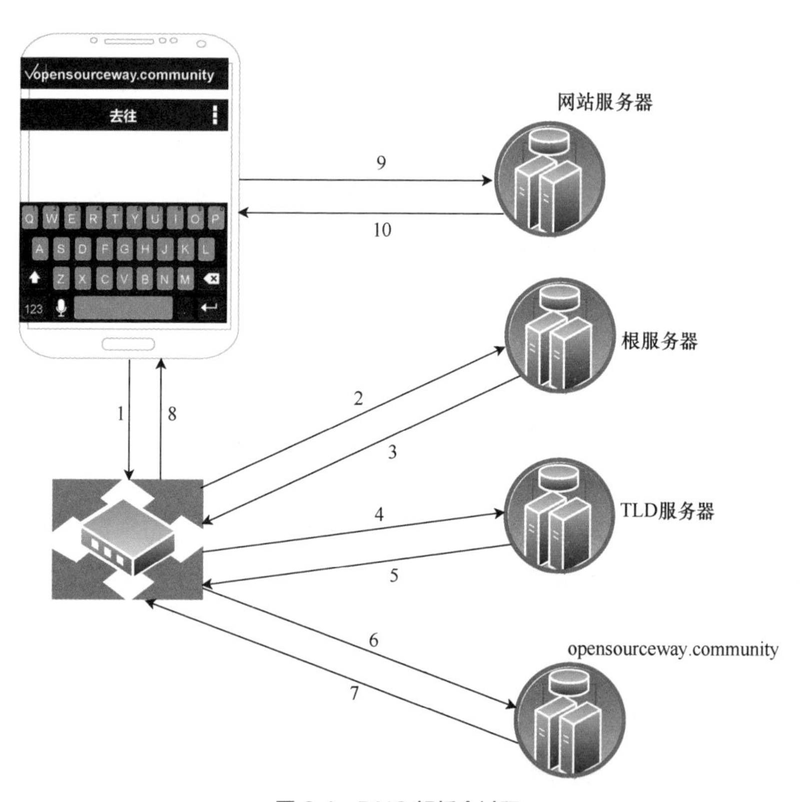

图 2.1 DNS 解析全过程

由图2.1可见，当我们在浏览器中敲入域名 (opensourceway.

community）后，浏览器首先会寻找主机（步骤 1），然后主机会在本地（/etc/hosts 文件）匹配；如果没有匹配到，就会去远端的根服务器查找（步骤 2），根服务器会将最后的域名（.community）返回给主机（步骤 3）；然后主机向顶级域名（Top Level Domain，TLD）服务器请求域名服务（步骤 4），并返回信息（步骤 5）；主机查询域名的解析结果（步骤 6），域名所在的服务器返回给主机 IP 地址（步骤 7）；主机告诉浏览器服务器的 IP 地址（步骤 8）；浏览器就使用 IP 地址访问网站服务器（步骤 9），网站服务器返回 HTML 页面（步骤 10）。

◎ 第三站：GNU/Linux 服务器操作系统

网页所呈现的内容是需要具体的承载的，也就是说，我们访问的域名，会指向一台实体计算机。这台计算机的操作系统就是 GNU/Linux，该系统在互联网服务中占据了超过 96% 的份额。这是一个超级巨大的开源项目集合，包含有诸如世界上最大的开源项目之一 Linux Kernel，GNU 旗下的项目 GCC、Glibc、Bash 等不同的自由 / 开源软件，这个集合我们通常称之为发行版。据统计，目前世界上有 300 多种 GNU/Linux 发行版及其变种。

向导这里使用的是没有商业支持的共同体项目社区企业操作系统（Community Enterprise Operating System，CentOS），它主要是依靠 Apache HTTP 服务器为自己提供支撑。

◎ 第四站：Apache HTTP 服务器

到达这里，就算是这趟旅程的终点了，这步完成了之后，就要原路返回了。

Apache HTTP 服务器是可以将 HTML 文件发布，并供浏览器以 HTTP 的方式访问的 Web 服务器软件。它是 Apache 软件基金会（Apache Software Foundation，ASF）建立之前的第一个项目，对于 ASF 有着非常特殊的意义。它可以运行在多个操作系统下，上述的 GUN/Linux 操作系统就是最为常见的搭载对象。

小结

至此，你手机上的 Chrome 已经显示出开源之道的内容了。实际上这个过程可能用不了 1 秒。但是这趟旅程如果是以现实的里程来算的话，需要绕上地球好几圈。这还是最为简单的模式，如果是一次购物，或者是和朋友分享照片，将会比这个复杂得多，还涉及大量的数据和运算，后台的服务器也是大规模的集群，而不是一台简单的服务器。

开源之旅不会结束，它会持续进行，读者的脑海中要形成所谓数据流。开放源代码时刻刻刻都在发挥着作用，帮助你更好地工作和生活。你需要做的就是将之视为一趟美妙的旅程。

掌握技能：从表象到源代码

看完让人头大的法律声明文本和迷幻多彩的软件之后，该是接触软件的“原材料”的时候了。计算机所展示的功能是我们看到的表象，正如上一章所展示的社交聊天、支付理财、浏览信息、播放电影等 App，是符合人们的日常诉求的，而这些 App 之所以能够运行，是因为运行的是经过编译的程序。当然，计算机只能识别二进制的内容，是类似如下这样的：

0010101001010100101010101010101010101001

这样的代码，大部分程序员是读不懂的，也没有人能够通过撰写这样的二进制符号而实现上述的各类功能。

人类只能读懂人类自身的语言，或者是接近于自然语言的语言——计算机编程语言。大部分的软件开发者是可以通过阅读代码就预判出执行结果的，诠释这一点最为形象的莫过于电影《黑客帝国》中描述的场景：川流不息的源代码在某个高手的眼中不再是代码，而是可以不经大脑翻译的、由代码模拟出的整个城市。

“普通人”看源代码之捷径

出于各种各样的考虑，可能主要是商业的因素，也可能是为了降低用户操作的复杂程度，源代码被隐藏起来。我们先来找一下万维网中的源代码观看入口。

浏览器是进入万维网空间的入口，几乎每台计算机设备都会安装这款软件，它们常见的有 Chrome、Firefox 等。下面以 Chrome 为例，输入网址：

```
http://jiansheng.works/helloworld.html
```

你看到的将是“你好，开源之迷”“你好，开源世界！”这样几个大字。

在页面的空白处，你可以单击鼠标右键，在弹出的快捷菜单中选择“查看页面源代码”。这时页面显示如下：

```
<!DOCTYPE html>
<html>
<head>
<title>Hello, World.</title>
</head>
<body>

<h1> 你好，开源之迷 </h1>
<p> 你好，开源世界！ </p>

</body>
</html>
```

浏览器本身会对 HTML、JavaScript 等进行解析并呈现。

到这里，你已经开始拥有进入开源世界的技能了，接下来就需要不断地进行练习，学习更多种计算机编程语言，即按照正向的方式来理解软件，而不是像我们现在正在进行逆向介绍——通过表象往后挖掘。

正向理解：从源代码到运行结果

从一段“Hello,World!”程序说起

说起“Hello,World!”，所有人都会记得由布莱恩 · 克尼汉（又译为布赖恩 · 克尼汉，Brian Kernighan）和丹尼斯 · 里奇（Dennis Ritchie）二人撰写的经典书籍《C 程序设计语言》。图 2.2 所示是布莱恩当年手写的 C 语言版“hello,world”程序语句[1]。自从他们发明了“Hello,World!”实例之后，几十年来，所有的语言介绍开篇都要以这个例子为起点，如我们上面介绍网页浏览器的时候就是执行的这个惯例。

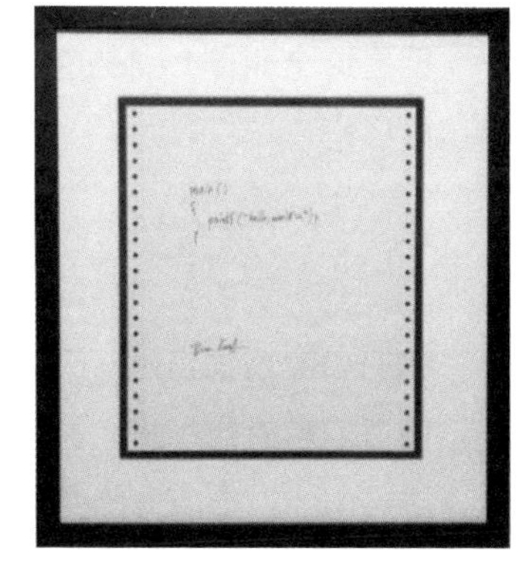

图 2.2　布莱恩手写的 C 语言版“hello,world”程序语句

首先介绍的就是如何运行一个“Hello,World!”程序。

源代码如下：

```
#include <stdio.h>
int main(void)
{
  printf("Hello,World!\n");
  return 0;
}
```

[1] 手写版中，“hello”和“world”首字母均为小写，不同于如今我们常见的“Hello,World!”打印形式。

这种代码是受过训练的人类——程序员可以读懂的，接近于人类的自然语言。但是想要计算机执行这段程序，代码必须通过如下语句被编译为二进制可执行程序：

```
$gcc hello.c -o hello
```

在终端下我们可以看到有了一个可以执行的程序：

```
$ ls -l
total 32
-rwxr-xr-x   1 lee   staff   8432 Aug   7 23:37 hello
-rw-r--r--   1 lee   staff     79 Aug   7 23:34 hello.c
```

但是这个叫作 hello 的二进制可执行文件是人类无法读懂的，而机器可以执行它：

```
$ file hello
hello: Mach-O 64-bit executable x86_64
```

我们知道 C 语言是一门高级语言。在计算机编程语言的发展历史上，还经历过汇编时代、十六进制时代。为了向大家进一步说明问题，我们将这段程序的汇编语言代码和十六进制代码分别列出，供有兴趣者参考。

```
/* 汇编语言代码
$gcc -S hello.c > hello.s
$cat hello.s
	.section	__TEXT,__text,regular,pure_instructions
	.build_version macos, 10, 14	sdk_version 10, 14
	.globl	_main                   ## -- Begin function main
	.p2align	4, 0x90
_main:                                  ## @main
	.cfi_startproc
## %bb.0:
	pushq	%rbp
	.cfi_def_cfa_offset 16
```

```
        .cfi_offset %rbp, -16
        movq    %rsp, %rbp
        .cfi_def_cfa_register %rbp
        subq    $16, %rsp
        movl    $0, -4(%rbp)
        leaq    L_.str(%rip), %rdi
        movb    $0, %al
        callq   _printf
        xorl    %ecx, %ecx
        movl    %eax, -8(%rbp)          ## 4-byte Spill
        movl    %ecx, %eax
        addq    $16, %rsp
        popq    %rbp
        retq
        .cfi_endproc
                                        ## -- End function
        .section    __TEXT,__cstring,cstring_literals
L_.str:                                 ## @.str
        .asciz  "Hello,World!\n"
.subsections_via_symbols
```

汇编语言代码是不是已经非常难以看懂了？但这仍然是供人类阅读的，我们再来看看十六进制代码编写的程序：

```
/* 十六进制的代码，不进行链接
$gcc -c hello.s -o hello.o
$ file hello.o
hello.o: Mach-O 64-bit object x86_64
$ od -h hello.o
0000000     facf  feed  0007  0100  0003  0000  0001  0000
0000020     0004  0000  0208  0000  2000  0000  0000  0000
0000040     0019  0000  0188  0000  0000  0000  0000  0000
0000060     0000  0000  0000  0000  0000  0000  0000  0000
```

```
0000100   0098 0000 0000 0000 0228 0000 0000 0000
0000120   0098 0000 0000 0000 0007 0000 0007 0000
0000140   0004 0000 0000 0000 5f5f 6574 7478 0000
0000160   0000 0000 0000 0000 5f5f 4554 5458 0000
0000200   0000 0000 0000 0000 0000 0000 0000 0000
0000220   002a 0000 0000 0000 0228 0000 0004 0000
0000240   02c0 0000 0002 0000 0400 8000 0000 0000
0000260   0000 0000 0000 0000 5f5f 7363 7274 6e69
0000300   0067 0000 0000 0000 5f5f 4554 5458 0000
0000320   0000 0000 0000 0000 002a 0000 0000 0000
0000340   000e 0000 0000 0000 0252 0000 0000 0000
0000360   0000 0000 0000 0000 0002 0000 0000 0000
0000400   0000 0000 0000 0000 5f5f 6f63 706d 6361
0000420   5f74 6e75 6977 646e 5f5f 444c 0000 0000
0000440   0000 0000 0000 0000 0038 0000 0000 0000
0000460   0020 0000 0000 0000 0260 0000 0003 0000
0000500   02d0 0000 0001 0000 0000 0200 0000 0000
0000520   0000 0000 0000 0000 5f5f 6865 665f 6172
0000540   656d 0000 0000 0000 5f5f 4554 5458 0000
0000560   0000 0000 0000 0000 0058 0000 0000 0000
0000600   0040 0000 0000 0000 0280 0000 0003 0000
0000620   0000 0000 0000 0000 000b 6800 0000 0000
0000640   0000 0000 0000 0000 0032 0000 0018 0000
0000660   0001 0000 0e00 000a 0e00 000a 0000 0000
0000700   0002 0000 0018 0000 02d8 0000 0002 0000
0000720   02f8 0000 0010 0000 000b 0000 0050 0000
0000740   0000 0000 0000 0000 0000 0000 0001 0000
0000760   0001 0000 0001 0000 0000 0000 0000 0000
0001000   0000 0000 0000 0000 0000 0000 0000 0000
*
0001040   0000 0000 0000 0000 4855 e589 8348 10ec
0001060   45c7 00fc 0000 4800 3d8d 0014 0000 00b0
```

```
0001100    00e8  0000  3100  89c9  f845  c889  8348  10c4
0001120    c35d  6548  6c6c  2c6f  6f57  6c72  2164  000a
0001140    0000  0000  0000  0000  002a  0000  0000  0100
0001160    0000  0000  0000  0000  0000  0000  0000  0000
0001200    0014  0000  0000  0000  7a01  0052  7801  0110
0001220    0c10  0807  0190  0000  0024  0000  001c  0000
0001240    ff88  ffff  ffff  ffff  002a  0000  0000  0000
0001260    4100  100e  0286  0d43  0006  0000  0000  0000
0001300    0019  0000  0001  2d00  0012  0000  0002  1500
0001320    0000  0000  0001  0600  0001  0000  010f  0000
0001340    0000  0000  0000  0000  0007  0000  0001  0000
0001360    0000  0000  0000  0000  5f00  616d  6e69  5f00
0001400    7270  6e69  6674  0000
0001410
```

这就是只有机器可以读懂的内容，不在人类的理解范围之内了。

继续正向理解：超级复杂的程序 / 软件

如果仅仅是对“Hello，World!”的显示的话，编程对人类本身的帮助是不大的，它需要将代码进行组合，让其执行更加复杂的功能，如前文描述的社交聊天、支付理财、浏览信息、播放电影等。限于本书所承载的内容，向导仅列举了一个人们使用较广泛的软件——Web 浏览器，它也是我们在前文中访问开源之道网站的工具。

注意

如果大家对其他开源软件感兴趣，比如 FFmpeg，可以仿照下面提到的方式进行类似的体验之旅。

无论是浏览器，还是网站，如今都成了大家日常使用和访问的内容。下面我们就分别来看看目前世界上比较流行的两款开放源代码软件：Chromium 和 Apache httpd。

安装 Chromium 的两种方法

想要正确安装和使用 Chromium 软件，通常有两个选择。

（1）直接下载其已经编译的最新的二进制代码程序，直接运行即可。

（2）按照其指示（通常是必须的），克隆源代码到对应的平台（操作系统、CPU），自行编译、消除故障。

第一种比较简单，现在大家计算机上的 Chromium 软件可能是从官方网站上下载的，也可能是操作系统发行版自带的，又或者是由第三方的分发渠道获得的。总而言之，你看到的 Chromium 是一个较大的软件。关于具体的 Chromium 的信息，可以在其输入框中输入以下内容获取：

```
chrome://about
```

或者是：

```
chrome://version
```

接下来，向导重点为大家描述一下获取源代码并对其进行编译的过程。

系统需求

- 基于 Intel 架构的 64 位 CPU，最小 8GB 内存；
- 硬盘至少有 100GB 的空闲空间；
- 最好是已经安装了 Git 与 Python 2 这样的版本控制系统和软件环境。

安装 Google 提供的工具 depot_tools

在任意的 Linux 或 macOS 操作系统中，打开终端输入以下命令：

```
$ git clone https://github.com/rust-skia/depot_tools
$ export PATH="$PATH:/path/to/depot_tools"
$ export PATH="$PATH:${HOME}/depot_tools"
```

获取代码

在任意的 Linux 或 macOS 操作系统中，打开终端输入以下命令：

```
$ mkdir ~/chromium && cd ~/chromium
$ fetch --nohooks chromium
$ cd src
```

接下来要安装一些编译构建 Chromium 之前的相关依赖：

```
$ ./build/install-build-deps.sh
$ gclient runhooks
```

然后是编译构建前的基本设置：

```
$ gn gen out/Default
```

一些额外的设置，例如是否使用 Intel C++ 编译器（Intel C++ Compiler，ICC）并行编译、是否采用临时文件系统（tmpfs）等，都可以由用户自行决定。

接下来开始编译构建：

```
$ autoninja -C out/Default chrome
$ gn ls out/Default
```

最后输入如下代码开始运行：

```
$ out/Default/chrome
```

保持和上游代码同步

```
$ git rebase-update
$ gclient sync
```

最后一步非常关键，我们称之为开源开发的精髓所在。上游优先（upstream first）作为参与开源的重要原则，向导会在《开源之道》中进行详述。而作为开发者，或者是对源代码充满兴趣的工作者，要时刻漫游在上游，因为上游是事情真正发生的地方，更何况除了代码，这里还有更为重要的内容。

以上便是通过源代码构建 Chromium 的主要步骤。要完成这个构建过程，需要操作者具备非常多的计算机相关知识，同时也是一个漫长而枯燥的过程。但是，这个过程非常详细地“讲述”了一款软件从源代码到可执行软件的完整实现步骤，胜过任何的自然语言描述。当然，为了呼应本节的题目，这个思考过程还是应该逆过来：软件是由源代码所构建出来的。

Apache httpd 从源代码到 Web 服务器

完整的万维网不仅需要有客户端，还必须有服务器端。httpd 使用 C 语言编写，从源代码到可执行文件的构建过程，需执行如下代码：

```
$ wget https://dlcdn.apache.org//httpd/httpd-2.4.51.tar.bz2 // 下载
$ gzip -d httpd-NN.tar.gz
$ tar xvf httpd-NN.tar
$ CC="pgcc" CFLAGS="-O2" ./configure --prefix=/sw/pkg/apache --enable-ldap=shared --enable-lua=shared
$ make
$ make install
$ PREFIX/bin/apachectl -k start // 启动
```

在上段代码中，apachectl 运行的程序就是你所访问的网站内容的服务提供者：Web 服务器。apachectl 会每周 7 × 24 小时一直运行，等待来自客户端的访问，一般对它的专业称呼是：“守护进程”，或“服务进程”。

第三章

开源世界的标志

人不像野兽那样生活在一个纯粹物质的世界里，而是生活在一个充满符号和象征的世界里。一块石头不只是人们撞上它后所感觉到硬的一个东西，它也许还是怀念已故先人的一块纪念碑。一团火焰不仅仅是能温暖人或者燃烧的某种东西，而且也许还是持久的家庭生活的一个象征符号，它会给游子提供一个流浪归来所向往的欢乐、饮食和庇护之所。

——约翰·杜威（John Dewey），《哲学的改造》

01

开源象征符号：世人识别的标志

关于标志和品牌的故事

阿兰 · 图灵（又译为艾伦 · 图灵，Alan Turing）选择终结自己生命的方式是吃了一口被氰化氢浸泡过的苹果。熟悉这个悲惨故事的人们，将苹果公司的标志解读为为了纪念这位计算机科学家。具体是不是这样的，我们可能无从考证，但是那个咬过的苹果，成了 IT 历史上的一个传奇，被世人所认同。据估计，Apple 品牌的价值超过 2000 亿美元。

在商业的历史上，成功打造品牌和独特识别标志的案例实在是太多了。比如可口可乐公司的传奇成长历程，简直就是一部品牌建设的教程。毫无疑问，就塑造成功的品牌而言，那些鲜明的标志是必要的。

对于标志，我们可能要追溯到原始部落的图腾崇拜。当然，能够发明出符号，进而进行抽象识别，并能够就其含义和作用达成共识，这也是人类意识发展进化的表现，而图腾则是人类合作战胜自然的主要工具和力量之一。

嗨，你们需要一个符号

人类具备合作的能力，但是需要首先达成共识。在血缘、语言之外，唯有符号可以让人获得认同感，可以标识自我，对组织的形成起到促进作用，并进一步让人们产生归属感。

开源也不能例外。开源世界的形成，也要得益于这些符号！

开源有什么明显的标志吗？

聪明的读者，这个时候可能你们又会转过头来询问你们忠诚的向导了：开源有什么明显的标志吗？

作为开源，同样也需要这些标志！这是人类的本性使然。对于抽象的事物，我们习惯上给它起一个统一的名称。即使如人本身，没有一个独特的名称的话，也是很难被识别的。开源除了其自身（即 Open Source）需要被识别之外，还需要一个能够被识别的阵营，这符合人类对事物的归类认知。这和归类自然界的事物没有什么不同，或者是与人类社会的那些边界和框框保持一致。

接下来，向导就带领读者一起来看一看开源世界的一些标志：那些能够让人产生归属感的符号。

02

标志性成就：那些震惊世人的卓越象征性标志

《可口可乐传：一部浩荡的品牌发展史诗》一书提到，时至今日，可口可乐的产品出现在全世界近 200 个国家和地区，比联合国的成员国还要多，因而成为世界上市场最广阔的饮料。除了“OK”之外，“Coca-Cola”是地球上获得最广泛认同的文字。

开源世界也不例外，想要获得世人的承认，就需要有冲击力的、最能代表自身的符号。首先映入读者眼帘的是两个巨大的动物——角马与企鹅，如图 3.1 所示。

这两个形象分别代表了最为重要的自由软件项目工程：GNU 工程和 Linux Kernel。

图 3.1　角马标志和企鹅标志

标志使我们能够进行形象化的理解和记忆。在开源世界，这样的带有象征意义的标志在某种程度上说明了开源也是可以通过形象化的、可爱的、抽象的图像获得人们认可的。不过这些标志除了帮助我们理解开源世界之外，并不能说明开源的本质，它仍然需要以实际作用于世界的软件项目来立足。也就是说，我们需要以更具普世意义的知识来理解这些标志背后的内容。不过这是后话了，我们先来识别一下，或者说是欣赏一下，开源世界里那些形形色色、精彩纷呈的形象吧。

Apache 软件基金会

和前面两个可爱的动物形象非常不同的是，有一支羽毛，代表着开源势力的一部分，它就是 Apache 软件基金会（Apache Software Foundation，ASF）的标志，如图 3.2 所示。截至 2021 年（也就是 ASF 成立 22 周年）时，ASF 是世界上最大的、与供应商无关的开放源代码基金会，有 800 多个个人成员、8100 多个提交者，在每个大洲都有 40000 多个代码贡献者。保守估计，ASF 的价值超过 220 亿美元。ASF 的 350 多个项目和 37 个孵化项目都是免费向广大公众开放的（图 3.3 展示了 ASF 旗下的部分项目），100%免费提供，并且没有许可费用。

图 3.2　Apache 软件基金会标志

这支羽毛也代表了 Apache 之道，一种纯粹的开源精神和方法指引。

图 3.3　ASF 旗下项目标志集合（此处仅列出部分）

Linux 基金会

作为全球最大也是最为成功的开源项目之一，Linux 背后的社会组织——Linux 基金会（Linux Foundation，LF），俨然是目前开源世界的耀眼“明星”，其标志如图 3.4 所示。

图 3.4　Linux 基金会标志

今天的 Linux 基金会远不止是 Linux 一个成员，目前 Linux 基金会的成员来自 40 多个国家，拥有超过 1600 家成员单位，有超过

40000 位开发者在项目中贡献代码，一共托管了超过 200 个关键的开源项目（图 3.5 展示了部分项目），如 Linux、Kubernetes。Linux 基金会的价值评估高达 541 亿美元。

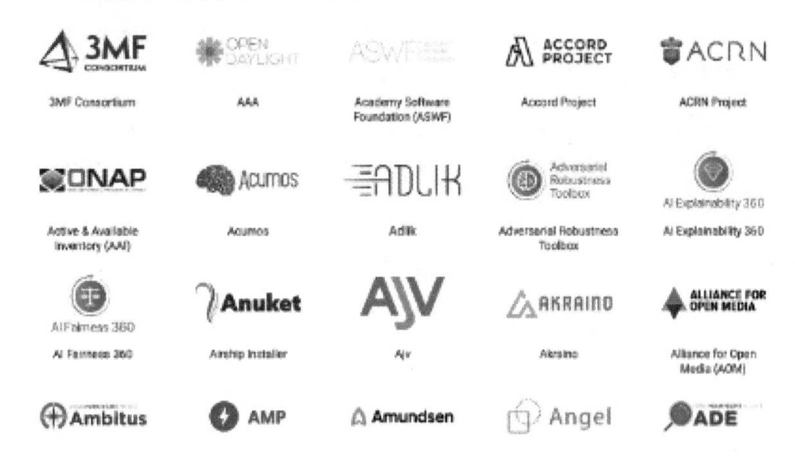

图 3.5　Linux 基金会托管的开源项目（此处仅展示部分）

开放源代码促进会

如果非要给开源世界选出一个最能代表其意义的代言者的话，向导以为并非上述这些重要的项目，或是每天被世人所采用的软件，而应该像人类团体一样，是人为规定的虚拟组织。这个组织就是你在开源世界大门口读到的那个定义开源软件十大特征的组织：开放源代码促进会（Open Source Initiative，OSI）。它的标志如图 3.6 所示。

图 3.6　开放源代码促进会标志

在开源世界，放眼望去，醒目的开源项目和组织标志到处都是，直看得人眼花缭乱。向导建议你一定要记得最关键的几个。我们的开源世界之旅才刚刚开始，待我们深入开源世界、见识了那里的城市，以及见上几个开源公民，识别这些标志就不是什么大问题了。你能识别出开源项目，就会认识它们的独特艺术符号。

第四章

开源：在所有人看得见的地方工作

不管何时，只要人们能充分地获得信息，他们就能实现自我治理。

——托马斯·杰斐逊（Thomas Jefferson）

欢迎来到透明的世界

眼见为实，是人类观察和学习的一个重要途径。工业革命以来，所谓“生产力观光”，备受后人推崇，人类也一直保持着这样的传统。此方面做得最好的莫过于亨利·福特（Henry Ford），他将修建在高地公园的T型车生产流水线公布于天下。《巨兽：工厂与现代世界的形成》一书的作者对于汽车工业的研发装配线有着精确的描述：“亨利·福特认识到，公众对生产福特汽车方法的兴趣，可能有助于促进汽车销售。除了提供高地公园工厂的观光游览外，他还让人在路上演示装配线操作。”

除了在工业生产中，在如今的日常生活中我们也有这样的感受，如果食物的原材料采购、加工、运输、存储等整个过程都能够在我们“眼皮子底下”进行，那么我们会格外放心。因此开放式厨房成为一种非常受欢迎的餐饮业经营方式。这些工作可溯源，公开透明，正是我们所期望的。

相信读者在了解完那些无比生动的符号或象征之后，迫不及待地想进一步知道，这些软件的代码是如何产生的。人类天生就具有好奇之心，当然，这里的“人类”指的是那些不愿做“洞穴人”的人。

但是人类也同样擅长隐匿一些事情，比如历史上只有少数人能够读懂文字，现代商业则隐藏更深，比如可口可乐的配方。在软件工业里，Oracle的数据库、微软的Windows操作系统等的制作细节就被隐藏起来，不仅隐藏，甚至还加密。这些屠龙英雄变恶龙的故事，在人类的历史上从来就没有间断过。

开源的魅力恰恰就在于它和这些隐匿的做法是完全相反的，它从发起的第一天起就是在公开透明的地方工作，面向全人类，可查阅、观看、参与、使用，当然不只是代码可看、可用。如果说开源仅指计算机代码公开的话，那么其实也没有我们什么事情了，向导也不必带着读者兜这么大一圈子了，大家能读懂代码即可。除了源代码之外，还有开源人工作的地方、工作中所有的沟通以及工作的流程等，即所有的生产过程都是开源的。学者斯蒂芬·韦伯（Stephen Weber）恰如其分地描述了开源的真正魅力：开源的核心并不是软件本身，而是软件创建的过程，要将软件本身作为一种拥有生产过程的人工制品来考虑。

我们前面谈论了福特汽车的流水线和开放式厨房，下面向导要描述的是开源真正的精髓。

公开、透明的开源流程

在开源世界，你可以了解和参与任何相关的事务（或事物）：代码、沟通、会议、讨论、文档，并且代码之外的事务（或事物）才是我们更应该重视的。

软件的开发——撰写计算机能够理解的代码，是一件专业的事情，开发者不仅需要具备诸如数学、英语、信息、网络等方面的知识，还要有通过不断刻意练习才能掌握的技能，其对于专注力的要求也是非常高的，而且它涉及大量的协作过程。既然如此，就必然需要采用现代社会解决问题的一个重要方式：工程，即将软件的开发视为工程，然后进行交付。不仅是交付，还要持续交付，因为这个世界从未停止加速前进。

谈到工程，那么必然会涉及非常多的环节，软件工程发展至今已经有 60 多年的时间，但是做的事情，从其创造伊始都没有变更过，即温斯顿 · 罗伊斯（Winston Royce）在国际软件工程大会（International Conference on Software Engineering，ICSE）发表的文章《管理大型软件系统的开发》（*Managing the Development of Large Software Systems*）中所提出的瀑布模型，如图 4.1 所示。

开源软件的项目开发同样要经历所有的过程，尽管不一定完全遵循这样的工程模式，但也同样是一个巨大的工程项目。《大教堂与集市》中这样描写林纳斯 · 托瓦兹（又译为莱纳斯 · 托瓦尔兹，Linus Torvalds）的开发风格：早发布、常发布、委托所有能委托的事、开放到几乎是混乱的程度，这些都令人感到惊讶不已。在 Linux 共同体里，没有建筑大教堂那样的安静和虔诚，倒更像是一个乱糟糟的大集市，允满了各种不同的计划和方法，而既稳定又一致的一个操作系统就这么诞生了，这真是奇迹中的奇迹。

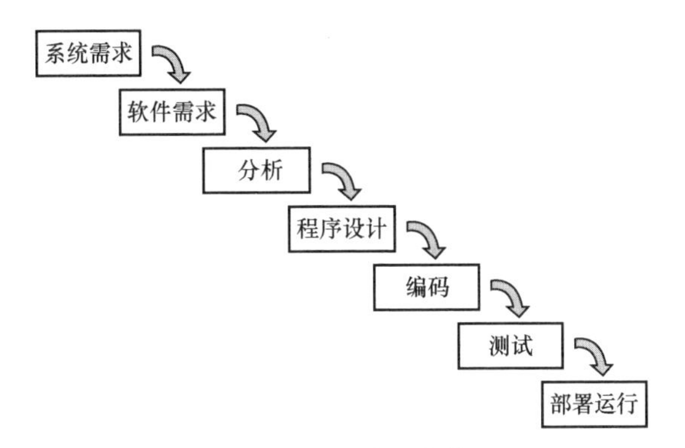

图 4.1　软件开发瀑布模型

同时，开源有一个非常重要的区别于其他方式的特色，那就是所有的工程环节都是对全互联网公开的，而这恰是我们需要阐明的内容。

代码从头开源

这句话译自英文：“Open Source from day one.”也就是说，从作者（们）提交第一行代码伊始就应该做到开源，史上非常著名的案例——林纳斯当年发出的邮件，就是最佳的佐证，如图 4.2 所示。

Linus Benedict Torvalds

Hello everybody out there using minix -

I'm doing a (free) operating system (just a hobby, won't be big and professional like gnu) for 386(486) AT clones. This has been brewing since april, and is starting to get ready. I'd like any feedback on things people like/dislike in minix, as my OS resembles it somewhat (same physical layout of the file-system (due to practical reasons) among other things).

I've currently ported bash(1.08) and gcc(1.40), and things seem to work. This implies that I'll get something practical within a few months, and I'd like to know what features most people would want. Any suggestions are welcome, but I won't promise I'll implement them :-)

Linus (torv...@kruuna.helsinki.fi)

PS. Yes - it's free of any minix code, and it has a multi-threaded fs. It is NOT protable (uses 386 task switching etc), and it probably never will support anything other than AT-harddisks, as that's all I have :-(.

图 4.2　林纳斯写的邮件

这封信（部分内容）的翻译如下。

使用 Minix 操作系统的各位，大家好。

我正在开发一个（自由的）操作系统［只是出于兴趣，这个系统不会像 386(486)AT 上的 GNU 系统那么庞大和专业］。这个系统从 4 月开始开发，现在已经逐渐可用了。我期待听到各位喜欢或不喜欢 Minix 的人们的反馈，因为这个系统参考了它的不少设计（比如出于实用的需要，它们的文件系统采用了相同的物理布局，除此之外还有一些别的相同之处）。

目前我已经移植了 bash(1.08) 和 gcc(1.40)，它们工作得还不错。这个实现意味着在接下来的几个月我还要做更多，而且我知道有些功能是人们迫切需要的。任何的建议都是欢迎的，但是我不承诺我能实现。

林纳斯

互联网是公开的，邮件列表通常是开源的首选，当然也有其他的工具，如使用 GitHub 创建一个仓库等。简而言之，就是让全互联网知道有这么一件事发生了，这也意味着让各类搜索引擎、社交媒体、聚合频道等获得此信息，一个开源项目从此诞生了。

04

想法公开

软件是不会无缘无故地被开发和创造的，每一个项目、每一条语句都是有着非常明确的目的的。软件的开发是一定有问题需要解决，如计算机本身，或者是相关业务问题，涉及的具体技术情景就是诸如容量、扩展、通信、交易、展示、速度、持续之类的问题。

最好是将所有的过程都形成文章，并接受所有同行的审阅，比如开源项目 Kubernetes 在开源的预热期就在国际计算机学会（Association for Computing Machinery，ACM）期刊 *ACM Queue* 上发表了论文：*Borg, Omega, and Kubernetes*。文章回顾了谷歌在 3 个容器集群管理系统的开发和维护方面的经验和教训，并公布了 Kubernetes 的设计思路。

当人们对一个项目提出新的特性或改进时，同样要以公开思路和设计的方式，在邮件列表或 GitHub 的 issue 中提交自己的想法，须以严谨的治学态度来对待这个非常重要的环节。

交流公开透明且归档

就和互联网同时发展的开源项目而言，凡是互联网能到达的地方，皆是它可以参与的终端，不受地理空间的限制。从互联网中衍生出了人类的媒介，使得跨地域的日常沟通成为可能，那么邮件列表无疑是非常重要的发明。正如我们刚才描述代码公开的时候谈及的林纳斯的著名邮件，它使用的邮件列表就是 comp.os.minix。开源项目使用邮件列表，保持异步通信，订阅该邮件列表的人都可以看到，在 Apache 软件基金会的指引下，甚至发展出来一条至关重要的原则：

凡是没有在邮件列表中讨论过的，等于什么也没有发生。

基于互联网的现代沟通工具非常之多，所以公开透明的交流方式也有非常多的选择，如 IRC、slack、GitHub issue 等。这里举个例子，如编程语言 Python 的邮件列表。

- comp.lang.python：通用邮件列表，发布关于 Python 的新闻等；
- python-dev：该列表用于讨论与 Python 开发相关的问题；
- python-idea：该列表用于征集关于 Python 的脑洞大开的想法。

订阅 Python 的邮件列表，或者查看其归档，可以让你一直追溯到 Python 项目初建时候的所有事情。

06 开发流水线公开可见

现代软件的方法论不断发展，相应的工具也层出不穷。代码撰写出来，需要经过各式各样的测试，测试完成后还需要集成，集成之后需要进行验证发布，发布之后可能还要经历上线交付，等等。现代常见的持续集成持续交付的流水线如图 4.3 所示。

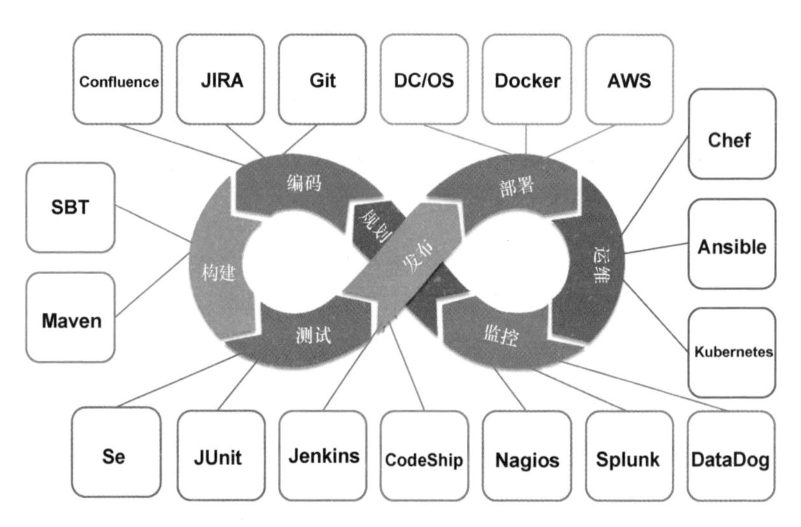

图 4.3 持续集成持续交付的流水线

通常情况下，开源项目不会与运行于真实环境中的 IT 服务联系起来，至于图 4.3 中的各个环节，向导会在后续《开源之道》中关于开源模式的章节介绍。

开源项目在持续集成环节都应该是公开的，而且在撰写配置时必须这么做。举个例子，知名机器学习项目 Tensorflow，所有的构建、发行环节均是随时可以查看的（例如在 AMD CPU 下的编译情况）。

在持续集成工具 Jenkins 中可以查看 Tensorflow 的每日构建。你可以看到所有需要的变更。另外要提及的一点是，GitHub 等现代代码托管平台，对于流水线所提供的支持服务是非常强大的，如 GitHub Actions、travis-ci.org 等自动化的构建平台，对于开发者而言，每次代码的变更和提交都会触发编译、测试、集成等动作，以快速获知反馈。所有的这些过程都是公开可查的。

例如向导主创的开源之道，实行的是公开的全流程自动化，如图 4.4 所示。

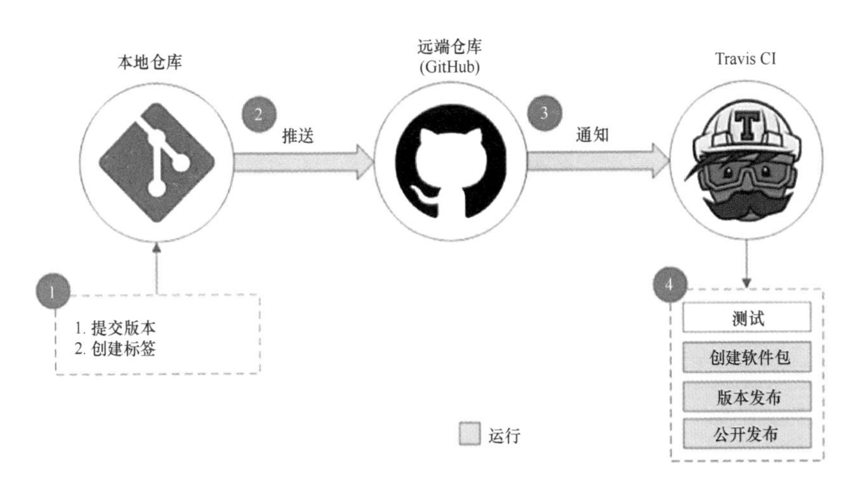

图 4.4 开源之道文章的自动化运作流程图

工作流程：第一步，在本地使用 Hugo 和 Markdown 撰写文章，然后使用 Git 提交；第二步，文章经检验没有问题后，推送到远程仓库 GitHub.com；第三步，GitHub 根据提交的事件触发构建系统 Travis CI，最后，Travis CI 会将代码克隆到服务器进行测试、编译并推送到 Web 服务器。以上所有步骤的输出都是对所有人可见的。这也就意味着中间的任何错误都是可以被捕捉到的。

视频会议录制并公开

随着接入网络带宽的不断增加，多媒体形式的视频会议再也没有了技术障碍。在 2020 年疫情期间，以 Zoom 为代表的在线视频会议帮助人们在家办公就说明了这一点。视频会议并不鼓励人们在技术范围内展开讨论，而非技术性的事务在开源中占据了很大比例，这时就必须考虑将音视频等多媒体存档，而且会议在前期要进行公开公示。例如 Linux 基金会旗下的共同体健康评估项目 CHAOSS，每周都会有在线的会议，由很多人进行讨论，并会进行录制，然后放在视频分享平台 YouTube 上供新人、有兴趣的人进行学习回看。

开源并不仅仅是源代码可见，开源包含着整个生产过程的公开、透明，这是开源之所以能够成功的最为吸引人的魅力之一。正如本节使用的标题所强调的一样，开源项目 / 共同体的工作是面对全部互联网公开可访问的，只要你愿意了解，是可以获得所有信息的。当然，如果软件有历史的话，那么了解的过程就会是一个非常艰巨和困难的任务，有的时候甚至是不可能的，因为巨大的信息量会将人瞬间淹没。

第五章

开源世界的日常

埃兹拉，你完全是一个乡下人。你从来没有在另一种文化中生活过。未在另一种文化中生活你如何理解美国社会？在你决定教书之前，应该负笈海外，在一种迥然不同的文化中生活并浸淫其间。

——弗洛伦斯·克拉克洪（Florence Kluckhohn）[1]

[1] 1957年，杰出的社会学家弗洛伦斯·克拉克洪这样告诫自己的研究助理埃兹拉·沃格尔（傅高义的英文名）

01

起居：开源世界居民的日常

既然是在所有人看得见的地方工作，那么读者你是不是有一些问题要问向导了呢？

“嗨，向导啊，你和我说了那么多的公开，我到底去哪里看开源世界的人工作呢？我平日里在开放式厨房看人家厨师做菜，可以切身感受到所谓‘在所有人看得见的地方工作’，那开源到底去哪里看呢？”

向导装出愁苦的样子，可怜巴巴地回答：“先容我想想……我将尽最大努力为你呈现他们的工作场所，即所谓‘公共空间’。”

人类从构建自己的生活伊始，就在构建自己的日常生活方式。人们选择了什么样的工作，也几乎就决定了自己的生活方式。

从一位打工者的生活轨迹说起

2021 年初，新冠肺炎疫情并没有散去，人们仍在和这个凶猛异常的疾病进行斗争。使用数字化的技术来追踪人们的活动轨迹是控制疫情的重要手段。我们可以看到对社会公布的流调信息中感染者的活动轨迹（为了保护隐私，以下地名使用 ×× 替代）：对检测阳性者前 14 天在某市 ×× 区的主要活动轨迹进行了排查，共排查出 24 个地点（包括地铁 ×× 号线、××× 超市、×× 卫生院、×× 包子铺、×× 游乐场、×× 检测点、×× 公司仓库等）。

管中窥豹，向导以为这是现代都市人典型的日常工作和生活状态。照猫画虎，读者也可以理解开源世界的人的日常是什么样子的。

开源世界公民的日常轨迹

其实，开源世界的公民和上述朋友的活动轨迹是类似的，不过他们在大多数时候是在网络空间（cyberspace）中活动，平时的生活是网络空间和物理空间相结合的一种状态。

打开计算机后，他们通常会先收取邮件，看看邮件列表里的信息有没有和自己相关的；然后会去相关的媒体网站，如 Hacker News、Medium 等浏览一下发生的事情；接下来会更新一下自己的代码仓库；然后去即时聊天中回答他人提出的问题；再去和自己有关的项目网站浏览浏览；最后可能看看附近是不是有线下聚会，好和朋友们晚上喝个啤酒聊聊天。当然，最重要的还是关注自己的工作：代码的开发。

在所有人看得见的地方工作

城市学家理查德 · 桑内特在其成名之作中描述了城市公共生活的重要性，比如古罗马的议会、土耳其的澡堂等。开源作为一种人类的公共活动，公共是其天然的属性。也就是说，在开源世界，人们每一次思考的表达、每一次问题的描述、每一个细节的探讨等都发生在公共的空间内，不隐匿是其重要的特性。那么作为一次旅行，向导在向你进一步介绍其中的人之前，还应该向你介绍一下开源世界的公共活动和场所：

需求与编码、代码仓库、问题跟踪、邮件列表、即时聊天、Web 站点、社交媒体、线下活动。

《比特城市：未来生活志》一书中曾经提过，网络空间里的场所是软件做成的建筑。这些软件无论在哪里运行——可以是网上的任何一台计算机，也可以是多台计算机——都为我们创造了交流环境，即我们可能进入的虚拟区域。

在这里大家不妨利用自己的想象力，或者是现实中的公共空间来进行类比。现实世界中的广场、公园就是最为典型的公共空间。

神秘的工作状态：编码及其他

向导的话

网络上有位叫西乔的设计师，创作了题目为《神秘的程序员》的系列漫画，相当出色地表现了软件开发者的日常。但是，真实的场景其实比西乔描绘的更为单调。

毫无疑问，说起软件，包括开源，大家常见的刻板印象就是一名沉默不语的神秘人士，不分昼夜地对着计算机敲打着什么，然后改变了整个世界。其实，事情远不是这样，尽管编写代码是最后交付的主要工作，但是它占据整个软件开发周期的比例还不是很大。

工厂的外在展现

前文提到亨利 · 福特特别擅长借助媒体宣传自己的工厂，在设计著名的福特高地公园工厂时，他专门派人为非员工的社会各界人士设置了参观通道，在汽车生产流水线上，看工人们如何将一个个零件，最后组装成一辆可以在马路上驰骋的汽车。

对比一下，全球最大的软件供应商，如微软，在外界看来往往神秘至极，尽管该公司在全球拥有近 17 万名员工，办公场所也豪华无比，但是没有人能够像参观福特汽车工厂那样，去观看这些工程师（开发者、测试人员、配置人员、支持人员等）是如何工作和集成的。换句话说，那些铸造微软产品，如 Windows、Office、Azure 等的工程师是神秘的，人们至少无法从庞大的建筑外面或办公室隔间去观察到他们的工作情况。

软件开发是一项脑力活动

软件开发是一项使用符号和逻辑的组合进行的活动，其理论基础是信息论、电子理论、离散数学等，然后利用计算机原理来进行对问题的解决和处理。换句话说，这是一项纯粹的脑力劳动，尽管也需要一些体力，但是敲键盘所使用的力气，是每个健康的人所拥有的，可以忽略不计。

通常情况下，从事软件开发的人员需要经过多年的训练，习得一些基本的技能，如掌握一门编程语言，理解计算机、网络等的原理。如果是从事业务方面工作的人员，也需要掌握一些所处行业的知识。软件开发的整个过程不会像汽车工厂生产流水线那样可以显现出来，开发者输入的是一些自然语言，而输出的是可运行的代码，中间的整个过程是不可见的。人类脑科学仍然在不断探索的领域，还无法通过现有的科学手段得以显式地表现。

另外，还有一个颇为复杂的过程，那就是从开发者所撰写的代码，到计算机最后的输出表现，这个过程是确定的，可以显现的，通过调试、打印日志等方式，是可以让整个代码的执行过程显式展现的，而这个过程是协作的基石。

传统开发团队：聚集一隅的集体生产

软件开发自从成为独立的生产过程以来，在很多时候，尤其是在早期，还是像人类的其他活动一样，人们聚集在一起，通过制度、流程、沟通、培训、教育、反馈等机制来达到最终的目的。这就像我们看到的历史照片和影像中，多数时候是人们同处一间办公室，或者是在同一座大型建筑物中工作，以达到最大的沟通效果。

即使到了现在，我们在创业团队、黑客松等环境中，仍然能够看到人们聚在一起，为了提高效率，常常是面对面地即时沟通，针对同一个问题，或者是同一行代码进行探讨。在软件开发方法论中，敏捷开发中就有结对编程的方法，该方法倡导的是至少两个人搭档，相互评审代码

（code review）。而且，这也是现代软件开发的主要形式。我们看到，很多软件公司、大中型互联网公司花巨资打造超大型办公场地，为方便开发者的沟通绞尽脑汁：开放式办公、随处可见的零食、美食、休息室（床）等，其实做这些只有一个目的：将这些人聚在一起工作。

开源的核心：编码

无论开源被主流媒体如何报道，秉持科学的求真者一定要知道，编码工作是开源的核心要素，没有编码，围绕着这个核心的其他所有内容都会消失。如果打个比方的话，向导会选择汽车与发动机的关系，汽车之所以能够走动，是因为有发动机燃烧汽油产生的动力。

编码工作是编程生产力（也称软件生产力）的核心行动，是每一位工程师的智慧和劳动的杰作。当然，他们不是一个人在战斗，而是依靠集体的智慧；在协作方面，他们的协作方式具备独一无二的魅力，也是全新的人类协作方式。

不可见：基于互联网的分布式协作

在不同的地理空间中完成自己擅长的工作，最后将工作成果集成，这是工业化和全球化背景下人们很容易理解和很常见的一种生产模式。但是软件的铸造需要考虑另外一个空间：网络空间。

全球的互联网和万维网将人们拉到了同一个空间内，一个人类无法用肉眼观察的空间，它是由数字信号组成的全新世界。然而，这个空间里的成员，即走进这个世界的创造者们，有一个受物理空间制约的肉身。他们在某个国家、某个经纬度、某个建筑物内受这些物理空间的限制仍然是事实，尽管其劳动是通过大脑的思考和手指的敲入代码而进行的。

在一个开源项目中，成员之间的协作同样是无法用肉眼直接观察的，而是通过版本控制系统、电子邮件、即时聊天、问题跟踪系统等在网络空间交流的工具得以显现的，这些也是我们下面要谈到的内容。

无限的代码修改：版本控制系统

毫无疑问，代码是开源的核心内容，这是一句有用的废话，仅作强调之用。不过考虑到读者的不同情况，向导还是举一两个现实的例子来说明版本控制系统对于源代码的作用。

写作版本的修改

我们常在小学三年级就开始进行写作练习，但凡撰写作文，总会遇到各种问题，极少出现一气呵成、直接将文章写成的情况。尤其是在学习写作的起步阶段，出现的问题有很多种，如错别字、病句……总而言之，我们往往需要修改很多次才会写出一篇看得过去的文章。下面以一个简单的文本来说明一下。

初次撰写《一个下午》：

这是个无聊的下午，没有人和我玩，我只能写作业。妹妹在看动画片。我也特别想看。老师说要完成才能看。

第二次撰写《一个有趣的下午》：

秋天的午后，总是带着丝丝的凉气，万物都在忙碌着准备过冬。家人还在午休，而我一点睡意也没有，因为我玩得兴致特别高。虽然我有作业需要去完成，但是我认为我可以先玩会，先不管老师千叮咛万嘱咐的话了，玩才是最重要的。

第三次撰写《一段有趣的午后时光》：

……

请读者自行补充，向导就不在这里啰唆了。

每次写作新版本，都意味着对上一版本修改、增加或删除内容，甚至会颠覆过去的想法。所以，同一篇文章就会有不同的版本。我们通常希望让人看到的是自己最满意的、错误最少的版本。

应用市场的软件更新

工业化时代的产品迭代是全球的宝贵财富，它从汽车、衣服开始，直到现在人们所依赖的移动设备。在本文开头，向导在帮助大家寻找开源软件的入口处时，介绍的都是大家日常使用的 App 和软件，如社交 App、浏览器等。此外，还有一个 App，也是大家每天要打交道的，那就是应用商店（Apple iOS 操作系统叫“App Store”，Google Android 操作系统叫“Google Play”）。应用商店几乎每时每刻都有 App 在更新。

正如查看 App 的许可协议一样，通常在“设置”→“关于”中有软件的版本信息，一般也会介绍一些诸如新特性、支持的新设备，以及缺陷修复等内容。

以上两个示例只是想向大家说明一个关于版本的问题，即同一个事物，在不同的时间会展现出不同的功能和特性，这也是数字化的优势之一。

版本控制系统

程序设计和代码撰写，如果是一个人来操作的话，只需要一个文件一直迭代即可。可偏偏软件代码的撰写不是一个人的事情，而是多个人共同努力协作的过程。越是复杂的系统，越需要更多的人进行协作。这就需要一种特殊的解决方案——版本控制系统：一种记录一个或若干文件的内容变化，以便将来查阅特定版本修订情况的系统。

有了它你就可以将某个文件回溯到之前的状态，甚至将整个项目都退回到过去某个时间点的状态；你可以比较文件的细节变化，查出最后是谁修改了哪个地方，从而找出导致怪异问题出现的原因；你还可以知道又是谁在何时报告了某个功能缺陷等。使用版本控制系统通常还意味

着，就算你乱来一气把整个项目中的文件改的改删的删，你也照样可以将其轻松恢复到原先的样子，并且几乎不增加额外的工作量。

计算机程序开发语言指令——源代码

第二章中为大家详细地介绍了最简单的程序的源代码，相信大家已经对代码有了一定的认知，这里再简单和大家聊几句。

刚才提到的作文，我们使用的就是文字，和日常口语保持一致。但是，计算机并不能识别这样的语言，计算机在执行任务的时候只能识别二进制的“0”和“1”，这是其特性。随着日积月累，人们可以使用一些稍高级些的语言，通过翻译、编译等过程，使编码这个过程更为高效地运作。于是，程序员这个职业诞生了，当然，也发展出了非常之多的编程语言。图 5.1 所示为知名软件公司 RedMonk 发布的 2020 年第三季度编程语言的排行情况。由这些语言所编写的程序是需要版本控制系统的。

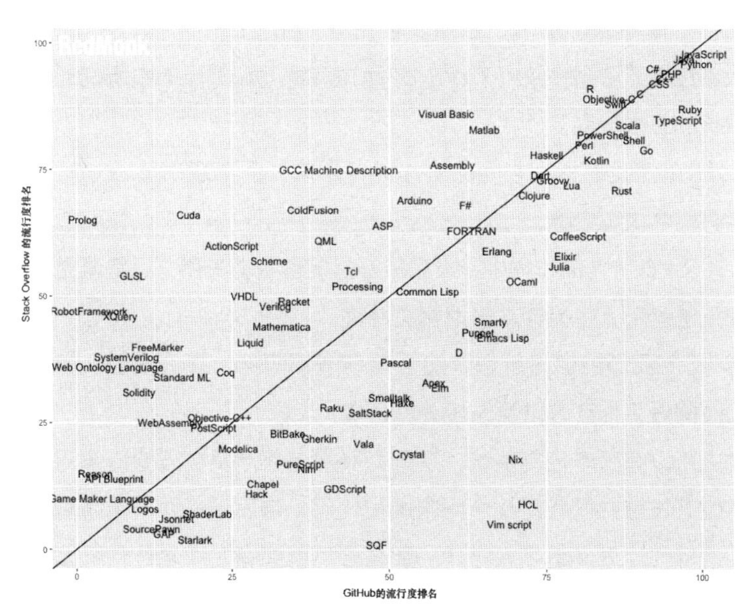

图 5.1　RedMonk 编程语言流行度排行（图片来源：RedMonk 官网）

版本控制系统概览

既然是程序员自己可以解决的问题，那么程序员一定能找到最好的方式，不过最简单的还是 diff 和 patch（diff 和 patch 是 Linux 中的一对工具，使用这对工具可以获取更新文件与历史文件的差异，并将更新的内容应用到历史文件上），后来又发展出更加复杂的系统。历经多代演化后，分布式版本控制系统 Git 是当前最为主流的方式之一。

提醒

有兴趣的读者可以了解一下历史上出现过的开源的版本控制系统，如 RCS、CVS、SVN 等。

有人说版本控制系统是基于人类的记忆发明的，因为只有人类才能将记忆形成经验、知识，正如埃里克 · 辛克（Eric Sink）在《实例讲解版本控制》（*Version Control by Example*）一书中所说的版本控制系统的三大功用。

（1）让我们相互之间的协作并行起来，而不是串行——某个时间只能有一个人在工作。

（2）在协作的过程中，大家最好是能够各得其所，尽量避免冲突，实在无法避免，也能够方便地解决冲突。

（3）我们能够将所做过的所有事情都归档，并可恢复，知道谁在什么时间做了什么，以及为什么这么做。

之所以有版本控制系统，是因为开发过程涉及多人的协作问题，即由多位开发者共同针对某个问题撰写代码，最后集成为一个完整的整体呈现的软件。既然是多人协作，那么必然就会有主次之分，所以在版本控制系统的设计上区分了两种形式：集中式和分布式。

◎ **集中式**

此类系统是符合人类现实的组织结构的一种设计方式，具体的实现项目有 CVS、Subversion 等。此类系统最大的特点就是只有一个称为主库的集中服务，其他所有开发者的改动均是基于该主干，而且可以有不同的权限，如某个目录只有某些人可以访问或提交。

◎ **分布式**

但是，人与人之间是平等的，任何人都不应在一开始的时候就比其他人拥有更多的权限。开发软件也应该是这样，所有人的起点都应该是一样的。基于这样的理念，去中心化的分布式版本控制系统出现了，如分布式版本控制系统 Git、Mercurial 等。除了诸如原子操作、合并分支等，分布式版本控制系统和集中式最大的区别在于，任何一个节点都可以是主库，没有过多的依赖。两种版本控制系统如图 5.2 所示。

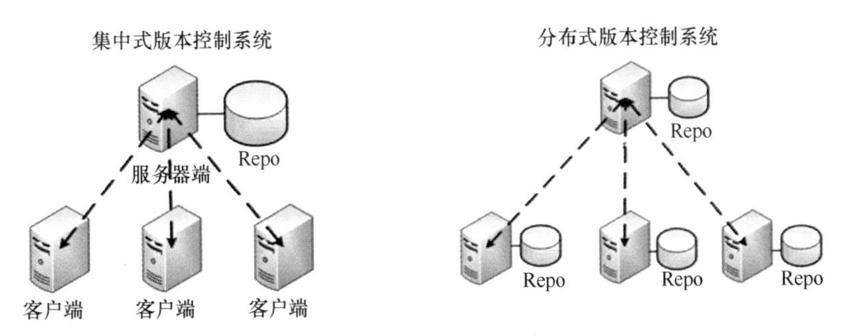

图 5.2　集中式版本控制系统与分布式版本控制系统对比

合并时的探讨

一个补丁是否能够实现预计的功能？是否会带来新的问题？是否修复了过去的缺陷？修复后的风格和以前是否一致？算法是否合适？……这些都是开发者们日常要探讨的内容，也是协作的基石，看似毫无惊奇之处，但是它们却是开源的协作得以进行的最小操作单元。

在版本控制系统应用于实际的开发流程当中时，除了常见的提交、合并、挑选（cherry-pick 指令）等之外，最为重要的莫过于在合并的时候出现的互相评审代码、产生冲突、提出建议等工作状态了。这时就是考验交流沟通技巧的时候了。可以毫不夸张地说，开源的文化、技术、协作全部都可以在这个过程中显现。

探讨过程中可能用到邮件列表，也可能用到专门的功能，如 GitHub 的合并代码（Pull Requests，PR），我们将在后面几节中详细介绍它们。这里要特别提醒的是，要注意关键的过程，如解决了什么问题，修改或优化了哪些具体的内容，等等。当然，这些过程必须在开发者和工程师日常使用的工具中体现出来。

作为开放源代码的日常提交和与他人协作的主要工具，版本控制系统无疑是开源世界公民的日常必备工具 / 技能。向导特别提醒读者，进入开源世界后，读者不仅需要能看懂项目所呈现出来的代码，还要了解这些代码是如何变成现在这个样子的。此时，只有版本控制系统能够帮助你。

◎ 合并代码：优雅的代码协作

当一个人编辑一份文件的时候，是可以根据自己的时间安排和意愿进行的，可以随意增加、修改、删除。当多人协作编写一个文件或项目的时候，就需要换一种方式，因为有可能两人或多人同时改动同一个地方，或者是增加 / 删除了同类内容。这种方式就是聪明的发明：patch。正如英文单词的本意，patch 用于将改动的部分，像在衣服上添加补丁一样和原先的代码形成新的整体。

下面就以 hello.c 文件为例，做一个 patch，为大家生动地展示一下这个有趣的过程。

该程序是在屏幕上打印出“Hello,World!”：

```
#include <stdio.h>
```

```
int main(void)
{
  printf("Hello,World!\n");
  return 0;
}
```

然后，复制 hello.c，形成一个新的副本 hello.c.orig:

```
$ cp hello.c hello.c.orig
```

首先，编辑 hello.c，增加新的内容：

```
#include <stdio.h>
int main(void)
{
  printf("Hello,World!\n");
  printf("This is my first patch!\n")
  return 0;
}
```

使用 diff 生成 patch:

```
$ diff -Naur hello.c.orig hello.c > hello-output-first-patch.patch
```

测试 patch 的有效性：

```
$ cp hello.c.orig hello.c // 恢复原来的样子
$ cat hello.c
#include <stdio.h>
int main(void)
{
  printf("Hello,World!\n");
  return 0;
}
```

使用 patch 指令：

```
$ patch < hello-output-first-patch.patch
```

```
patching file hello.c
$ cat hello.c
#include <stdio.h>
int main(void)
{
  printf("Hello,World!\n");
  printf("This is my first patch!\n")
  return 0;
}
```

目前，patch 仍然是代码协作的基本工具，不过现代的版本控制系统里均已内置了该功能。关于 Git 生成 patch 的应用案例，开源项目 Linux Kernel 的补丁提交方式是最佳典范，读者可以自行查阅 Linux Kernel 开发指南进行学习。

更进一步，像诸如 GitHub、GitLab 这样的平台，将这个过程进行了整合和创新，用户基于 Web 界面即可完成这个复杂的过程，而且还支持跨版本库的方式。

合并代码功能可让你在 GitHub 上向其他人告知自己已经推送到仓库中的分支的更改。在拉取请求打开后，你可以与协作者讨论并审查潜在的更改，在更改合并到基本分支之前添加跟进并提交。

关于如何创建合并代码功能网上有很多案例，向导就不在这里赘述了，可参考在线编程学习平台 FreeCodeCamp 的一篇文章：*How to make your first pull request on GitHub*。

代码的撰写、修改、删除、重构是软件开发的核心动作。每一位开发者和工程师都需要利用自己的知识和理解能力，将一行行的代码写到文件中，然后交给计算机去编译，进而形成软件。而管理代码的这些细节的版本控制系统，是开源世界最为基础的组成部分，也是一切的来源。

形成闭环：问题跟踪系统

向导的话

你仔细想想，开发者们整天除了埋头写代码、提交、合并之外，还在干什么？

开发者们一定是在看自己开发的代码有没有生效；程序是否按照自己意料之中的在运行，或者是能不能运行；输入不同的内容是否有相应不同的效果，或是否会崩溃；抑或哪里还有不满意的地方需要改进，上一个版本是否有这样的问题。这一切都是因为开发者需要和用户之间形成一个正反向的反馈闭环。也就是说开发的代码是需要经过测试验证的，并且这是软件开发这个生产活动最为重要的一部分，一点也不亚于撰写代码本身。

问题跟踪

几乎很少有人能写出没有问题的代码，除非是在撰写代码之前就做了大量的数学求证工作，像唐纳德 · 克努特（Donald Knuth，其中文名高德纳更为中国人所熟知）教授那样。再退一步讲，即使是高德纳教授，也会出现最常见的拼写错误。既然这是个常态，那么就需要专门的系统来处理这一切，这就是问题跟踪系统，也叫“缺陷跟踪系统”“bug 跟踪系统”。

任何一个开源软件项目都有问题跟踪系统，这里向导列出了一些著名项目公开的问题跟踪系统的访问地址，如表 5.1 所示。

表 5.1 项目问题跟踪系统的访问地址

项目	问题跟踪系统的访问地址
Linux Kernel	https://bugzilla.kernel.org/
Red Hat 开源项目	https://bugzilla.redhat.com/
Firefox Web 浏览器	https://bugzilla.mozilla.org/home
Python 开发语言	https://bugs.python.org/
Apache 旗下项目	https://issues.apache.org/jira/secure/Dashboard.jspa
Kubernetes	https://github.com/kubernetes/kubernetes/issues
Trac 系统	https://trac.edgewall.org/

无论是哪种实现，它们都有着非常相似的功能：报告问题。通常项目也会提供一些模版供测试人员、用户、开发者等填写描述信息，一般包括以下内容。

- 项目或组件：通常是某个项目或子项目的名称；
- 版本：该问题发生在哪个版本；
- 标题：简要说明该问题，要求醒目、能说明大概情况；
- 详细描述：通常这部分是重点，要将项目的环境、操作、复现步骤等全部写清楚；
- 附件：诸如日志、调试信息等；
- 标签：根据实际情况对过程进行描述，如 bug、新特性等。

在有争议的问题上，我们会看到非常多的讨论，包括询问各种条件的，对解决方案进行探讨的。总归一句话，问题跟踪系统是我们了解开源项目的要塞。毫不夸张地说，在这里你可以了解到所有项目的进度和流程，以及开发人员的素质，即使你对代码不怎么精通。

细节探讨真正发生的地方

问题跟踪系统是沟通发生的重要之地，也是了解一个项目的核心需要花时间最多的地方。这里虽然没有真正的代码，但是它是人们围绕代码进行沟通协作的桥梁。也就是说，这里汇集了人们要解决的和发现的问题，而围绕问题的讨论和跟踪毫无疑问是最为重要的。

阅读源代码的最佳实践，除了求助于代码注释之外，次要的选择就是看问题跟踪系统，从而通过理解上下文来理解这些问题。通常我们不仅要看正处于处理状态的问题，而且还要回溯和关注那些已经是归档、关闭状态下的问题。

之所以说问题跟踪系统是细节探讨真正发生的地方，是因为有的时候我们在这里看到的是良性的互动、工程师之间在技能上的切磋；有的时候我们看到的是友好的回答，体现了一个导师的良好素养；有的时候我们也会看到争吵，上纲上线的也是大有人在。

在这里我们可以看到开源共同体的外在表现，文化、习俗、制度、风格等统统都可以在问题跟踪系统里展现无遗；这里也是研究一个项目的最佳场所。

研究开源的论文，在 GitHub 成立之前发表的，所分析的文本是邮件列表；而在 GitHub 时代，基本上都是分析 issue，这时虽然无法做到完整的文本分析，还是以一些特征为主，不过实现精准的文本分析指日可待。

不止于 bug

问题跟踪系统的外延要更为广阔，和项目有关的一切几乎都可使用该系统来进行跟踪，这也是任何软件开发方法论都离不开问题跟踪系统的原因。

◎ 功能改进

人们是不可能一次性就把事情做好的，所以对已经实现的功能进行进一步的改进是问题跟踪系统的日常，读者可以在 GitHub 任意项目的 issue 系统里看到写着“功能改进”字样的标签，也可以在 BugZilla、

Jira 等系统中找到专门的列表。

◎ 提出新特性

如果你对某软件有新的需求或想法，在问题跟踪系统中进行描述是一件非常受欢迎的事情，甚至很多团队都倡导使用问题跟踪系统来进行新功能的提案撰写，即对新功能的详尽描述，具体包括：

- 为什么；
- 是什么；
- 该如何做。

然后，这个提案在全项目范围内被讨论，进而被完善或否决。

◎ 版本发布

众所周知，开源项目有一条非常重要的原则：早发布，常发布。版本发布对整个项目的管理有着巨大作用，利用问题跟踪系统来发布版本可以对上述所有的事情进行总结：

- 修复了多少 bug；
- 增加了什么功能；
- 改进了哪些地方；
- 花了多久时间。

◎ Wiki 多人协作和知识库

关于知识的问题，每个项目开发者的理解是不同的，所以问题跟踪系统是否和知识管理系统整合是一件可选择的事情。Trac 和 GitHub 等平台是非常重视围绕项目进行知识协作的，所以更为传统的知识协作整合问题跟踪系统就是这类系统的重点。

这要看项目的参与者如何理解代码、系统知识之间的关系了，而没有其他特别的要求。举几个例子：GNU/Linux 发行版 Fedora 开源项目围绕 Wikipedia 系统建立，Bugzilla 作为辅助工具，问题跟踪系统和知识库通过超链接进行协作；采用开源编程语言 Python 的项目，知识采用传统的文本提案方式——Python 增强建议书（Python Enhancement Proposals，PEP），使用 GitHub 平台进行代码协作，问题跟踪系统使用 Roundup。这样设计毫无违和感，用户自己用着高效即可。

问题跟踪系统是开发者和相关工程师碰撞最多的地方。GitHub 的个人主页将问题列为工作项，并总是将其设置在最醒目的地方，如果你是生活在开源世界的公民，基于问题的跟踪系统，就是你的日常，也是显示你工作能力的重要依据。如 GitHub 按照 4 种工作类型对每位开发者的工作量进行了统计（按年度），某 GitHub 开发者的年度工作情况如图 5.3 所示。

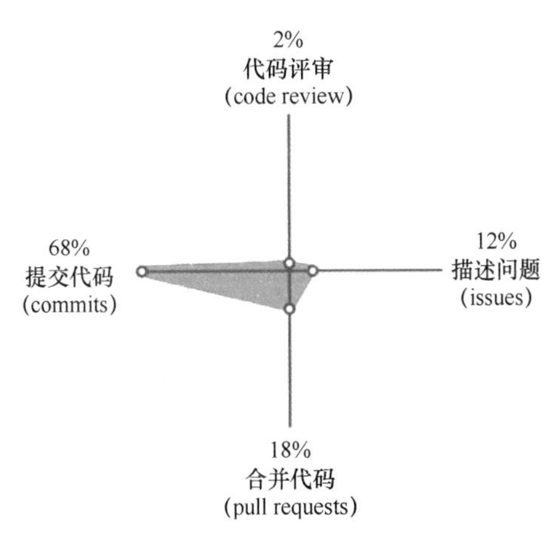

图 5.3　某 GitHub 开发者的年度工作情况

沟通交流的重地：邮件列表

互联网不仅实现了机器与机器之间的互联，而且实现了人与人之间的互联。

邮政：人类沟通的重大飞跃

人类自从发明文字之后，就有了跨越时空的传播和交流能力。再加上行政规划使得人们对地理位置进行统一命名成为可能，于是邮政便发展起来了。人们通过马匹、火车、汽车等运输工具，实现了跨越地理位置的沟通。

当今的年轻人，可能对邮局、寄信这样的概念比较模糊，而收发快递是大家最为熟悉的方式。其实，从邮寄业务发展起来的企业，历史上还真不少，目前的互联网巨头 Amazon、Netflix 都是从邮寄业务开始的。

中国在历史上对于邮寄概念的描述是颇早的，据考证："春秋战国时，各诸侯国已经有了邮驿，往返传送官府文书。"就普通人的认知而言，邮寄真正的普及，是在改革开放之后，它和电报、电话与农村信用社一起遍及中华大地的每一个角落。

电子邮件：互联网的灵魂

互联网建立之初，即美国的 ARPAnet 在 1969 年投入使用之时，在整个 20 世纪 70 年代都发展缓慢。一个非常显然的原因是人们找不到接入这个网络的实际用途，直到雷 · 汤姆林森（Ray Tomlinson）发明了使用"@"符号的电子邮件系统，尽管他发送的全球第一封电子邮件是一串没有任何意义的字母。1973 年的一次网络使用情况调研显示，75% 的网络使用都是收发电子邮件，而不是科学家们发明互联网的初衷——研究文件的传输问题。对此，学者吴修铭的原话是这样说的：

“电子邮件是互联网上第一个杀手级应用软件——第一个证明了对整个网络的投入没有白费的程序。

“如果说电子邮件拯救了互联网，使其免于胎死腹中，那么它还预言了其存在的最终意义。这项技术成就将不同的网络平台连为一个整体。但对于个人而言，最为重要的是它赋予了人们与其他任意一人联系的能力，无论是商业洽谈、社交或是做其他事情。事实证明，这些联系中产生的内容在多样性上同样具有惊人的潜力，至此互联网开始快速吞没人类的注意力。”

电子邮件有利于人与人之间信任的建立，以及更紧密的人际网络的形成。从互联网早期的发展过程我们得知，每位拥有主机和用户的科研人员（即姓名 @ 主机名）本身就在一个现实网络中彼此相识，大多数时候，互联网是纸质媒介的替代品。但是，互联网的神奇作用在于，它可以无限放大一个既有网络。

电子邮件的本质还是人类通过文字表达来交流的方式，只不过不同于过去的通过信纸、邮差，也避免了遭遇恶劣天气就得延迟的不便，电子邮件可以在极短的时间内送达，只要接入互联网即可。也就是说，电子邮件发送的确定性增加了很多倍，其余的就看对方的答复速度了。

撰写邮件是一个极为严肃的过程，尤其是对于中国这样有着悠久历史的国家，文字的神圣性被提到非常高的高度。这也就意味着你必须理性和经过深度思考后才能对邮件进行撰写和答复。

电子邮件还有一个特性非常值得一提，那就是接收邮件的人不再受地理位置和时间的限制，可随时随地查阅和回复邮件，条件是拥有一台连接到互联网的计算机。这也是现代人提高效率的一种重要方式，人们不必固守一地，只要拥有合法的电子邮箱账号就可以实现跨越地理障碍的对话和沟通。

电子邮件的附件功能：可以携带代码

对于计算机来说，携带多少文本它根本不在乎；对于网络来说，它仅仅在意的是“包”的传输。电子邮件除了可以发送正文之外，还可以附加多媒体内容，如图片、文档等，当然也包含纯文本了，也就是和我们所说的主题关系相当紧密的源代码。

在早期的基于互联网协作的开发活动中，开发者使用邮件提交patch。这种方式非常高效，至今仍然被很多项目选用，其中就包含开源史上最大的项目之一 Linux。还有读者熟悉的 Git，它也是有命令直接支持发送邮件和合并来自邮件的 patch 的。

开源项目中的邮件列表 / 新闻组

在前文中，向导提到了著名的林纳斯发出的邮件，他发的地址是comp.os.minix。如果你想及时获得与 Python 语言开发相关的信息，则应该订阅新闻组 comp.lang.python。

在万维网没有像今天这么普及流行时，新闻组就是基于电子邮件的讨论方式的重要技术实现，历史学家尼尔 · 弗格森（Niall Ferguson）将以电子邮件为代表的网络比作广场。Web 2.0 技术出现之后，Facebook、Twitter 等崛起，新闻组除了一些专门讨论的话题外就基本没有什么人问津了。

不过，对于开源项目乃至整个互联网的发展来说，新闻组和邮件列表都是极为重要的实现。它们是很多基础技术交流的重要场所，比如 C 语言，它的邮件列表地址为 comp.lang.c。

Apache 软件基金会的博客对邮件列表是如此表述的：

Apache 软件基金会的所有正式的通信都通过邮件列表进行。为了解决地理位置分布在全球不同时区的问题，邮件列表可以保证良好的异步通信，几乎所有的 Apache 社区都坚持和认同这样的做法。

- 一件事如果没有在邮件列表中讨论过，那么它就没有发生过；
- 为了保证 Apache Groups 建立在透明的文化基础之上，所有的协作都需要在邮件列表中进行；
- 自 Apache 软件基金会成立以来，340000 多位作者撰写了 17.5 万封之多的电子邮件，涵盖了超过 7.5 万个主题，归档了 1247 份邮件列表，这些都是可以公开访问的（截至 2018 年年初）。

基于异步通信、理性思考、公开透明的电子邮件，是开源协作的基石。向导对此方式敬重而充满渴求，也想借着为读者做向导的机会，特别声明、郑重强调这个实现对开源世界的塑造。

提醒

《开源之思》中会详尽地说明为何邮件列表是开源项目的重要工具，以及其背后的公共空间的原理。想要保证开放和透明，工具的选择是极其重要的一环。

以 Linux Kernel 邮件列表为例

向导的话

如果读者觉得上述内容比较枯燥抽象的话，那么接下来，向导将带领你了解一下开源世界中最为活跃的邮件列表。

Linux Kernel 邮件列表（Linux Kernel Mailing List，LKML）是 Linux Kernel 邮件的归档站点，如果你需要订阅的话，可以访问 Linux 内核组织的官网，通过发送邮件订阅，它不支持万维网上的操作。

在 LKML 站点，我们可以看到当天和昨天的邮件，以及最热的邮件。这里显示的是随机打开的一封公开邮件，如图 5.4 所示。

```
From     Greg Kroah-Hartman <>
Subject  [PATCH 5.10 174/199] net_sched: reject silly cell_log in qdisc_get_rtab()
Date     Mon, 25 Jan 2021 19:39:56 +0100

From: Eric Dumazet <edumazet@google.com>

commit e4bedf48aaa5552bc1f49703abd17606e7e6e82a upstream.

iproute2 probably never goes beyond 8 for the cell exponent,
but stick to the max shift exponent for signed 32bit.

UBSAN reported:
UBSAN: shift-out-of-bounds in net/sched/sch_api.c:389:22
shift exponent 130 is too large for 32-bit type 'int'
CPU: 1 PID: 8450 Comm: syz-executor586 Not tainted 5.11.0-rc3-syzkaller #0
Hardware name: Google Google Compute Engine/Google Compute Engine, BIOS Google 01/01/2011
Call Trace:
 __dump_stack lib/dump_stack.c:79 [inline]
 dump_stack+0x183/0x22e lib/dump_stack.c:120
 ubsan_epilogue lib/ubsan.c:148 [inline]
 __ubsan_handle_shift_out_of_bounds+0x432/0x4d0 lib/ubsan.c:395
 __detect_linklayer+0x2a9/0x330 net/sched/sch_api.c:389
 qdisc_get_rtab+0x2b5/0x410 net/sched/sch_api.c:435
 cbq_init+0x28f/0x12c0 net/sched/sch_cbq.c:1180
 qdisc_create+0x801/0x1470 net/sched/sch_api.c:1246
 tc_modify_qdisc+0x9e3/0x1fc0 net/sched/sch_api.c:1662
 rtnetlink_rcv_msg+0xb1d/0xe60 net/core/rtnetlink.c:5564
 netlink_rcv_skb+0x1f0/0x460 net/netlink/af_netlink.c:2494
 netlink_unicast_kernel net/netlink/af_netlink.c:1304 [inline]
 netlink_unicast+0x7de/0x9b0 net/netlink/af_netlink.c:1330
 netlink_sendmsg+0xaa6/0xe90 net/netlink/af_netlink.c:1919
 sock_sendmsg_nosec net/socket.c:652 [inline]
 sock_sendmsg net/socket.c:672 [inline]
 ____sys_sendmsg+0x5a2/0x900 net/socket.c:2345
 ___sys_sendmsg net/socket.c:2399 [inline]
 __sys_sendmsg+0x319/0x400 net/socket.c:2432
 do_syscall_64+0x2d/0x70 arch/x86/entry/common.c:46
 entry_SYSCALL_64_after_hwframe+0x44/0xa9
```

图 5.4 LKML 站点邮件（部分）（内容摘自 LKML 网站）

这就是 Linux Kernel 开发的日常。这封邮件的标题是 [PATCH 5.10 174/199]，表示的是，这是一个基于 Kernel 5.10 版的 patch，总共有 199 个文件，这是第 174 个。net_sched: reject silly cell_log in qdisc_get_rtab() 表示具体的函数实现。邮件正文是 Greg 对他人问题的回复，附件中则提供了 patch 的纯文本。

LKML 是令无数社会学家着迷的地方，这里可以让他们产生众多的思考，例如著名社会学家理查德·森尼特就跟踪了 LKML 两年，从中收集了其卓越的著作《匠人》一书的分析案例。

> **开源逸事**
>
> 2021 年 4 月中，Linux 内核组织发布了一个严正的申明，指责明尼苏达大学官网滥发补丁故意引入 bug，以测试 Linux Kernel 的开发安全性，一时之间引起了不少的热议。Linux 内核组织决定封禁来自该高校的所有邮件。
>
> 这个故事告诉我们，即使是开源项目的开发环节内部，也能引出社会问题来。这就是在所有人看得到的地方工作的有利一面。

06

同时在线的沟通：即时聊天

虚拟形象：打造自己的人设

社会学家将人类的成长过程称为社会化，而自我也是在社会化的过程中逐渐形成的。但这是社会学家在互联网出现之前的理论和解释。自从互联网发展起来之后，特别是早期的时候，计算机所呈现的多媒体还没有这么发达的时候，人们的交流和沟通是通过文字来实现的，也都是通过敲键盘来实现的。

这使得人们有机会通过文字表达的方式来塑造自己的形象，是乐于助人的还是咄咄逼人的，是会恶意中伤他人的还是友好充满善意的，面对某一难题是否有专业的技能或是丰富的经验，均可以通过即时通信工具得以呈现。

即时沟通

在电话发明之后，人类实现了跨距离的单人之间的通话，让沟通成本减少了很多。互联网发明之后，只有异步的电子邮件，这显然不能满足人们渴望实时沟通的意愿。通过计算机和互联网做媒介，实现即时的沟通显然在技术上没有什么障碍。在互联网上建立一个类似现实中的茶室，任何人都可以对自己感兴趣的主题进行选择，然后进入“茶室”开始聊天。

在围绕一个开源项目形成的“茶室”中，无论是用户讨论和反馈使用的问题，还是开发者们探讨技术的实现细节，甚至大家只是简单聊聊天气，通常都会得到实时的响应。

IRC 与 Slack

如果没有时区的障碍，大家的工作时间保持一致，即时的聊天往往能够达到比电子邮件更好的效果。当然，前提是各方都在这个时间段里没有进行其他工作，比如需要深度思考的编码工作。

在开源项目的日常里，即时聊天是必需项，所有的开源项目都会开通这样的服务，根据项目启用一个频道，在一个频道中可以根据事务建立相应的聊天室，聊天室里的人们可以进行即时的交谈和互动，可以 ping[2] 对方，有人违规也可以将其踢掉。而且最重要的，所有的聊天内容都可以导出为文本，放在万维网上供检索，以达到开放、透明的目的。

较为早期的服务项目使用的是因特网中继聊天（Internet Relay Chat，IRC），IRC 是互联网古老的协议和实现之一，是纯粹的文本，友好的接口可以让大家开发相应的自动化程序。而如今，随着图片、视频、表情符号等元素在社交网络领域的流行，单纯的文本交流已经无法满足人们的需求，于是类似 Slack 这样更为友好的服务开始盛行于开源项目中。Slack 集成了聊天群组、大规模工具集成、文件整合和统一搜索等功能，可以把各种碎片化的企业沟通和协作工作集中到一起。Slack 的野心甚至是想让开发者们基于聊天室就可以完成所有的工作，在这里几乎可以触摸到一个项目的所有方面，整个开发的流水线都可以在 Slack 中展现：从探讨特性、其他类型的协作，到提交代码，再到 bug 反馈，乃至合并代码，部署到线上等都可以实现。但是它无论怎么强大，都是围绕实时沟通而开发的。

请大家千万不要认为 IRC 代表着陈旧和落后，IRC 拥有互联网最初的那种完全开放和透明的精神，其纯文本可检索的特点，对于开源项目来说是无比珍贵的。为了保持这个传统，Apache 软件基金会每年的

---

[2] ping 是 UNIX/Linux 下的一个 TCP/IP 的应用程序，用于检测另外一端的主机是否有响应，或者线路是否相通，或者路由是否配置正确。这里使用 ping，指的是检测在聊天室内对方是否在线。

董事会选举仍然使用 IRC 来进行。

不适合开源沟通的工具：微信

下面我要谈及的是一个反面的例子，我们经常使用的社交工具微信有着大量的用户，这些用户可以根据亲疏关系组建一个个“群”。这款即时聊天工具能受到大家的青睐，是有其文化背景影响以及社会心理学规律的，比如群的人数上限是 500 人，管理员只能有 3 位，这是符合著名的邓巴定律的。

微信的一个非常有违于开源文化的功能是，微信群的新加入者无法查阅过去的消息。也就是说，当你进入某一个微信群的时候，你无法了解这个群过去的历史消息，那么你只能先观察和听从他人。对于开源项目和共同体来说，公开和透明是第一要素，若无法让参与者清楚过去的消息，那么冲突是无法避免的。

微信另一个“不友好”的地方是，无法将某一个对话形成一个独立的统一资源定位系统[3]供任何人查阅。也就是说，微信并非完整的万维网，而是有限制的，人们无法从外部进行访问。

所以，开源的即时通信是不可以选择类似微信这样的工具的。但是微信和 Facebook 一样，具有非常大的黏性，你越是在这个地方分享和完善自己的资料，就越是依赖它而无法自拔，那么时间和稀缺的注意力就会不够用。

---

[3] 统一资源定位系统（Uniform Resource Locator，URL）是因特网的万维网服务程序上用于指定信息位置的方法。此处指的是将一段对话形成一个链接。

展示和宣传：网站及其他

你需要让别人找到你

作为普适化最具代表性的技术成果，万维网的发明是伟大的创举，它让任何人都有机会展现自我。尽管它至今也没有完全实现伯纳斯－李当初设想的目标——可共享全世界所有的知识，但是它也确确实实给了所有人一个展现自己的机会，而你只需要做如下几件事情：

- 申请一个域名；
- 搭建一台 Web 服务器（或者是使用 GitHub Page 等托管服务）；
- 准备一台可访问互联网的计算机和一个浏览器客户端。

然后，你就可以向全世界（你力所能及的网络）宣布自己的开源项目了。

媒介

著名原创媒介理论家马歇尔·麦克卢汉（Marshall McLuhan）教授写过一本经典的著作《理解媒介：论人的延伸》，从人的心理、社会规范、技术等方面论述了媒介的重要作用。当然我们这里不会大论特论媒介如何影响人们的生活和思维方式，我们来谈论开源被媒介传播、渲染、夸大等内容。

显而易见的是，开源项目需要被人们所知晓，当开发者们要发布一个版本的时候，或者是新创建了一个改变世界的项目（通常不会）时，又或者是解决了某个重大的安全问题时，更多的是希望被更大范围内的人们使用，以及招募更多的开发者。

从开源的目的来说，开源项目的开发者希望项目得到更多人的认可，或者是想让自己的项目被更多人知道。这些都需要媒介的帮助，所以和媒介打交道也是开源人的日常行为。

至于媒介网站，向导简单为大家列举几个相对来说对开源的报道比较多的站点：

- linux.com；
- opensource.com；
- lwn.net；
- 至顶网（ZDNet）的 open source 频道。

博客：关键人物的观点

博客的出现，使得每个人都有机会在公开的场合发表自己的观点。有的时候，非常个人化的主张、观点、思考也会成为众人关注的焦点。通常开源世界的人，都有能力搭建自己的 Web 服务器以及博客系统。

阅读热衷于表达的开源人士的博客，也是引发对开源的思考的好方法。当然，开源项目的成员通过博客表达对自身项目相关的思考是最为常见的一种形式，很多开源的公司也会采用博客这样的方式发布新产品，以及公司的动态信息等。

博客的技术样式其实不太重要，有的使用纯粹的 HTML 和简单的层叠样式表（Cascading Style Sheets，CSS）样式，如埃里克 · 雷蒙德（Eric Raymond）的博客，也有的使用 WordPress 这样的专门的博客系统进行定制，还有的在 Medium 这样的发布平台上进行托管。当然，使用聚合器将项目（如 GNOME、Python、Fedora、Kubernetes 等）的所有相关博客聚拢起来也是常见的做法。

聚合类站点：话题热点

有两个聚合类站点，也是有趣和有个性的开源项目与人物争相获取注意力的主要场所：

- reddit.com；
- Hacker news。

当然，聚合类站点只是将人们筛选出来的热点进行排名，自己本身不生产任何的内容。如果一款开源项目没有在这些站点上崭露头角，那么很可能也没什么机会被更多人知道了。

授予地位

大众传媒授予人、组织和公共议题相关的地位。大家很可能听说过每到年底，总有一些开源世界的名人获得了这个奖那个奖。当然这些还是比不了那些由社会名流所捐赠创立的基金会设置的奖项，如诺贝尔奖、计算机领域的图灵奖。开源也是需要得到社会的认可的。

比如知名出版公司 O'Reilly 在每年的开源大会（Open Source Convention，开源大会）上都会颁发一个开源奖，对开源做出卓越贡献的人进行鼓励。大家在这份名单上可以看到很多名人和英雄人物。

国内的思否、InfoQ、开源中国等媒体也会进行类似的奖项颁发，不过这些奖项不太知名且仅针对中国本土的开源从业人员进行颁发，相比之下影响力确实是小了一些，有兴趣的读者可以搜索查阅进行了解。

订阅与推送

欲理解这部分内容，应该和前面提及的邮件列表的相关内容结合起来，或者是短信息，如果是移动端的话就是 App 的推送功能。

将所有的新闻、教程、案例、活动、实践等文本或多媒体，通过订阅的方式向人们提供，类似新闻组 / 邮件列表的技术探讨一样，这个比发送垃圾邮件要好很多，因为大多数关注开源的人，也希望能够主动获得一些消息，而不是被动地被推送。

这看似给了用户一个主动权，其实订阅者很快就会被淹没，如果你想获得用户的信任，那么还是要生产优质的内容。毕竟这是夺取稀缺注意力的唯一可靠方式。

垂直论坛

询问问题是一件非常具有挑战性的事情，初学者也好，进阶者也罢，我们总会遇到各种各样的问题。我们通常的反应就是，这个问题是不是别人也遇到过？如果其他人遇到的问题和我遇到的一样，这个问题是不是有人已经解决了？

IT 问答网站 Stack Overflow 这样的专门针对程序的技术问答平台，是很多项目需要维护的平台，类似的平台和搜索引擎保持着良好关系。类似于国内有知乎这样的问答网站，开源项目会安排专门的人员在这样的地方进行维护，通常会获得不错的回报。当然，前提是认真对待用户的任何问题，有的时候，这会成为一个公关事件。

传统媒体

当然，互联网上的媒体并非唯一的媒体，尽管现在是主流，但是传统意义上的报纸、电视台都还是有人关注的，开源人想要在传统媒体发布点自己的消息也是没有问题的。

说到成功的案例，向导还是要夸赞一下 Firefox 当年购买《纽约时报》一个版面所产生的效应，其在艺术上也极具创新精神：将所有贡献者的名字“覆盖”在一个版面上，足足有 5 万名之多，如图 5.5 所示。这一事件至今仍然是开源成功获得社会关注的一个经典营销案例。

利用热点事件

有些人是非常擅长抓住人们稀缺的注意力的，这里举一个让人们意识到开源组件安全的重要性的标志性事件：开源项目 OpenSSL 爆发的代号为 Heartbleed 的安全漏洞事件。

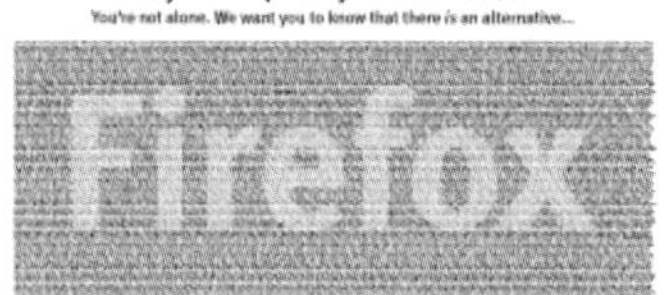

图 5.5 Firefox 在《纽约时报》一个版面上做的宣传（图片来自 Mozilla 网站）

OpenSSL 在互联网服务器上有着极为广泛的用户，Heartbleed 安全漏洞使得攻击者可以轻松获得系统的超级用户权限。它早在 2012 年就被引入软件中，2014 年 4 月首次向公众披露，影响范围非常之广，主流的网络站点都受到了威胁。

然而在此次事件之前，OpenSSL 项目本身是并不为人们所熟知的，甚至是陌生的。更加让人不可思议的是，该项目的维护者只有寥寥数人，而且还均是业余时间进行维护。Heartbleed 安全漏洞事件让 OpenSSL 变得人人皆知，此时又有时任锤子科技有限公司 CEO 的罗永浩提出为该项目捐款。一时之间，这件事又被提升到引发社会关注的新高度。

我们先不管罗永浩的善于抓住网民眼球的直觉和能力，总之，OpenSSL 从此受到了它应该有的重视，不仅成立了相应的基金会，还招聘到了优秀的安全工程师。真可谓是“塞翁失马，焉知非福”。

搜索引擎

自从万维网被发明以来，基于万维网的站点以指数级的方式疯狂增加，在万维网中查找信息远远超过人们自身的能力。就像人们去图书馆寻找书需要检索一样，面对海量的网站信息，我们实在是太依赖于互联网搜索引擎了。以 Google 为首的服务商恰如其分地提供了这种服务，换句话说，搜索引擎在我们的网络生活中占据了一个入口的位置。

开源项目的站点、文档、归档邮件列表等信息，理应为搜索引擎所检索，而且高质量的内容才会被搜索算法优先搜索到。那么了解搜索引擎所采用的技术就非常重要了，通常人们采用的主要技术手段叫作 SEO，即英文 Search Engine Optimization（搜索引擎优化）的缩写。顾名思义，它就是利用搜索引擎的规则提高网站在有关搜索引擎内的自然排名。

人们的注意力是稀缺的，这是现代世界的特点，所以不要指望你的开源项目在没有任何的行动时就能被相关人士找到，这是不可能发生的事情。

酒香也怕巷子深

加速的社会节奏下，注意力成为所有人争夺的对象。开源世界的媒体展示和表达显得极为重要，无论是依靠传统的口碑效应，还是现代社交媒体的营销手段，开源项目和人物都需要被世人所熟知。虽然相对于代码的社会传播和扩散，这么做的效果是大打折扣的，但总归是一件产生效应的事情。

开源项目无论多么卓越，让媒体去做有效的传播，总归是一件值得颂扬的积极事件。

08

形成网络：社交媒体放大效应

我们是天生的社交动物

人类学家罗宾·邓巴（Robin Dunbar）认为，人有更高级的大脑皮质，从而在进化过程中，个人能维持规模为150人左右的社交团体的正常运转，对于黑猩猩来说这个数字是50。确实，人类应该被称为“网络人”，社会学家尼古拉斯·克里斯塔基斯（Nicholas Christakis）和詹姆斯·福勒（James Fowler）对此做出了解释：“我们的大脑似乎就是为社会网络而构建的。”

开源作为一种同行生产（peer production）的典型模式，没有发达的社交网络，是无法实现今天的繁荣的。其实这是人建立的关系，我们在前面几节提到的电子邮件、即时聊天、代码审核等，都会产生很强的连接关系。与其说是这些开发者创造了开源，不如说是他们彼此协作、建立关系成就了开源项目。

而围绕开源项目形成的网络也是开源贡献者的主要交流场所和事情发生的地方。但是，这里的专业性相当强，专业术语、缩略语、具体的代码、历史的共鸣等都是远离大众的，因而开源为大众所忽略。因此必然就会产生“溢出”，即那些愿意花时间的人，会以通俗的话语，用大众可以理解的语言与之交流和对开源进行宣传。

Web 2.0与社交

万维网的出现，尤其是Web 2.0的诞生和发展，使得围绕社交而产生的网络服务一波胜过一波，不断地抢占着人们稀缺的注意力，如基于140个字的Twitter、围绕日常事件流的Facebook、围绕视频创作的YouTube、基于朋友圈的微信等。

这些社交媒体不仅强化了用户的强连接，也让更多的信息传递到用户的弱连接处，所以发布一些带有话题的内容，是个相当不错的主意。事实上，大家也都是这么做的，当然这些多数时候是代码核心之外的延伸，有很多的噪声，需要旁观者有一定的心理表征，相比于真正的开发过程，在具体的协作上也弱了许多，更多的是横向的彼此互联。因为开源项目从来不是靠单打独斗存活下来的，而是抱团取暖，联合一切可能联合的力量，即形成开源共同体。

话题性

社会热点事件可以吸引人们的注意力，开源圈内也从来不缺类似的争议事件，尤其涉及商业利益的时候，比如Amazon云科技在开源项目MongoDB、Elastic Search中切出分支，Python创始人退休之后又加入微软，微软公开“示爱”开源，某厂商更改了自己下一个版本开源项目的许可协议，Chef开发者因为移民问题而删除代码库等。这样的话题总是可以在社交媒体上引发争论。

这些带有争议的热点，或者是令人好奇的话题，是能够带来一定的广而告之的效应的，甚至超过了商业广告，当然，有些话题是可遇而不可求的。以Twitter为例，带有#opensource的话题，每天都不断有新内容跟进。

网络

人与人之间构成了一定的网络关系，自人类社会出现之后，这个网络就一直存在着，并不断发展，而且随着文明程度的提高、科学技术的发展，这个网络还在进一步进化。基于互联网的职业网络，或者是同一产业的网络，无疑是全球化以来最为伟大的产物。

硅谷就一个想法展开的讨论，可以和中关村保持同步，并在东京引起热议，首尔也不怎么消停，悉尼的人们保持微笑，印度的朋友在忙个不停，非洲的朋友则在击鼓庆祝。

围绕开源的网络所进行的信息传递和关系维持，是前所未有的。茫茫人海之中，有那么一些人，做着类似的事情，有着类似的想法，基于开放源代码这一共识进行观念探讨、信息传播、观点表达，场面热闹非凡，而且声音此起彼伏，远没有减缓或停止的迹象。

实践

如果你想了解开源，社交媒体确实是个不错的渠道。有很多优秀的开发者，也非常热衷于在社交媒体展现自己的才华，而且还是制造话题的高手。这是在一个代码之外接触他们的非常不错的机会，你可以和他们互动，或者帮助转发他们的话题，而你自己也要积极发表观点。只要你有想法，就大胆地表达出来，这也是绝大多数开源项目所鼓励的。

村落效应：重要而必需的线下见面会

在《社区运营的艺术》（第2版）一书中，约诺·培根（Jono Bacon）在开篇就对自己参加的一次Linux的聚会有着极为精彩的描述：

值得庆幸的是，这世上最长的机械长龙空出了一个缺口。在意识到这点之前，我发觉自己到了一个从未来过的城市，站在一条从未来过的街道上，将要步入一间满是陌生的房间，这些都是由一个简单的符号关联起来的——一只企鹅。

一个小时前，那只企鹅看起来是如此的友善好客。它是一个标志，囊括了它所代表的所有活动，这些活动将我们从精神到心灵聚集在一起，建立起一个系统，来驱动新一代的技术和自由；在陌生的街区、陌生的城市，陌生的人们组成用户小组，来庆祝这个驱动力。可当我站在那儿，已经按下门铃时，我还未清晰地意识到这些；相反，在走进那个我既想进去又不想进去的地方时，约诺·培根的大脑正在未雨绸缪，预备迎接最终的无可比拟的不适感。

然后，门开了，一个非常和善，叫作尼尔的小伙子欢迎我来到他家。

我们必须向身边的人学习

互联网、万维网、App、个人计算机……这些事物，相比漫长的人类文明历史而言，最长也就存在了50多年而已，但是我们的肉身和大脑还没有进化到非常适应这个网络无处不在的时代的地步。我们依然需要向身边的人学习：通过与父母、老师、同学以及各种社会团体的人进行面对面的交谈，观察他们的表情和肢体语言，以及更进一步的日常寒暄来学习。而这一切只能在现实中实现。

村落效应

“村落效应”这个词汇来自同名的非虚构著作，论述了人类并没有完全适应通信发达的社会，尽管花了大量的时间在线上，但是我们仍然渴望回到人与人面对面的交谈当中。当然，强迫人们改变这种健康的生活方式的，还有不断加快的城市化进程。大量的研究调查显示，在成熟、治安良好的社区，人际关系稳定，人与人之间能够有深度的交流和沟通，这在健康、长寿、社会和谐等方面取得的成绩也是显而易见的。

但是，科技的进步，经济的稳定，也带来了人口的增长，而这又必然需要更为快速的城市化进程。如今，能够在街角的零售店与人闲聊已成为一种奢望，但这并不表示人类不渴望这些。

线下聚会：为开源而聚

古人有云：“方以类聚，物以群分。”围绕开源而举行的线下聚会，能够吸引相关的人在工作和生活之余，抽出时间来找寻同道中人。虽然参加聚会的人各有各的目的，而无论是秉承着什么样的短期价值或长期价值，参与面对面的聚会，都能够将这个价值放大。

线下聚会对于开源的传播有着不可替代的作用，其传播力要远远强于媒体和社交平台上的争吵与热议，又或者是闲聊。在今天，面对面的交流仍然是最为高效的沟通方式，也是发展盟友的最佳途径。向导根据自身多年的经验总结了参与开源线下聚会的价值，如表 5.2 所示。

表 5.2　参与开源线下聚会的价值

短期价值	长期价值
解决自身关于开源的问题和挑战	深度理解和掌握与开源相关的知识、思想和价值
探索开源是什么的捷径	心智革命：从被动教育到主动学习

续表

短期价值	长期价值
开源人的归属感	建立网络和关系
了解和探索开源之道	建立自身的职业口碑
开源相关的学术论文搜集和阅读	对与开源相关的职业强烈的认同感

线下聚会对于开源项目来说也是不可或缺的一个环节。拥有共同体的开源项目会经常举办线下聚会，甚至会进行全球 / 全国性的巡回分享之类的活动。比如著名的开源项目 Kubernetes、Ansible 等，都拥有非常专业的线下聚会组织经验。

有需求的地方就有生意，专门为线下聚会而设立的 Meetup 网站就是最好的明证。该网站可以花最少的时间来举办和组织一场专业的活动，而且活动类型极具多样性，开源项目和共同体也是其忠实的用户。使用 Open Source 关键字在当地进行搜索，你一定可以获得满意的结果。

线下聚会通常做什么？

线下聚会有着进行面对面这样的高效交流的空间，对于开源项目和共同体来说是不可多得的发展成员的好机会。线下聚会可以开展的形式或内容如下：

- 演讲分享；
- 现场演示；
- 问题探讨；
- 答疑咨询；
- 圆桌论坛；
- 社交。

当然，形式固然比较单一，但是举办方仍然可以就内容进行深度思考，用尽浑身力气来将线下聚会的优势发挥到最大。

- 邀请开源项目中的资深工程师进行分享；
- 为项目的参与者提供提升声誉的机会；
- 选择开放的空间，让更多的人进行社交；
- 采取良好的交流形式，让每个人都有讨论问题的机会；
- 提升视野，保持开放的头脑。

本土优秀线下聚会案例分享

本土的开源线下聚会是非常多的，限于篇幅，向导不能带领读者将所有的活动都扫一遍。如果你有足够时间的话，开源的任何活动都是向你开放的。这里为大家介绍的 Apache 本地共同体（北京）（Apache Local Community Beijing，ALC Beijing）的活动绝对是其中的典范[4]。

什么是 Apache 本地共同体（ALC）？

顾名思义，ALC 是由一群分布在各地的开源爱好者，尤其是 Apache 开源爱好者所组成的。因为是本地组织，ALC 是按照城市或地区的方式进行划分的，类似的机构有谷歌开发者社区（Google Developer Group，GDG）、Facebook Developer Circles、Mozilla Reps 等，你可以代表自己所在的城市向 ALC 提出申请创建本地的组织。

在北京地区，ALC Beijing 的成员们会定期举办线下聚会，通过项目与文化的主题吸引各方对 Apache 感兴趣的人们。某次的线下聚会如图 5.6 所示。

[4] 向导也是 ALC Beijing 的主要成员之一。

图 5.6　ALC Beijing 线下聚会

如何寻找本地的线下聚会？

在本土寻找线下聚会，绝对是一门技术活儿，需要你花费一些心思。由于微信群的割裂特性，在本土的网络下很难利用搜索引擎获取到线下聚会的信息。向导在这里主要对可访问的网站发布的线下聚会信息进行一些总结性的描述。

当然，首先跟身边的人打听是个非常不错的主意。

请放心大胆地去参加这些活动吧，其他人大多和你一样害怕社交，但是你们有一个共同点，那就是总有共同的话题：关于开源、Linux、Kubernetes 等。

◎ 举例一：Kubernetes 活动查看

Kubernetes 是历史上最为成功的开源项目之一，其共同体的运营可谓业界典范。在它的网站上你可以对它所有的活动一目了然，无论是线上直播 / 录播，还是线下聚会。

你也可以通过邮件列表、Slack 频道等渠道发起和征集议题。

◎ **举例二：「开源之书 · 共读」小组**

「开源之书 · 共读」是向导发起的一个阅读相关开源书籍和论文的小组。小组每月会在北京、上海、深圳等城市举办线下聚会。这是一个完全公开的、倡导开源之道的类似读书会性质的匿名小组。你可以通过如下方式获得该小组的线下活动：

- 在开源之道网站上获得每月的最新消息，访问网址 http://opensourceway.community；
- 订阅其邮件列表 reading-open-source-way@googlegroups.com；
- 在 Slack 频道上访问网址 https://ocselected.slack.com；
- 在 Calendly 上预定，访问网址 https://calendly.com/opensourceway/reading；
- 关注微信公众号“开源之道”。

怎么组织线下聚会？

如果你感兴趣的内容，比如某个较为前沿的技术，没有人组织，那么你就可以在自己所生活的城市 / 街区组织这样的活动。作为开放的共识，我们都知道，不是所有事情都已经被安排好，有些事情是需要自己推动，才可能按照自己的意愿发展的。

具体如何做，请读者移步本系列图书的《开源之道》了解详情。

教育：书籍、纪录片与培训

向导的话

欲寻求知识的系统化，主要还是看书籍和艺术作品。如果你问某个想了解开源是什么的人，他一定会推荐你阅读书籍，以及和书的功能接近的载体，如纪录片、接近实践的训练。

开源之书

毫无疑问，在今天，书籍仍然是人类知识积累的最重要的载体之一。

书籍的流行程度，不仅是衡量当地的教育水平、阅读普及程度的指标，也是流行趋势、社会发展的风向标。计算机或相关人员通过逛本地的新华书店，在某种程度上即可了解各项技术的流行程度。

当然，有人会说实体书店正在消失，而我们也无法判断网络上图书数据的真实性。是的，没错，但越是如此，我们才越能明白经典的可贵。另外，豆瓣的评分也是一个参考的标准。还有最为重要的一个方法，就是把书读厚，换句话说，就是你得从书中去寻找书。退一步讲，尽管现在写书也不是什么艰巨的事情，但是你要知道，开源可不是什么流行的主流文化，而是亚文化，是只有少数人才会关注的领域，如果想找一本带着“开源”二字的图书，其实能够检索出来的书籍没多少。

◎ 层出不穷的技术书籍

技术可以实实在在地立即解决某个现实的问题，比如搭建一个网站、实现一套推荐算法、从数据库里导出数据以及对数据进行分析等，所以讲解开源具体的技术实现或操作的书籍越来越多了。或是一门编程语言，或是一个系统，或者是一个框架，或者是项目实战等，每年都会有大量的关于开源技术实现的书籍出版。

越是流行的项目，相关的出版物就越多，比如 Python 编程、Linux 实战、Spring Boot 开发等。图 5.7 所示展示了部分讲述流行项目的图书。

图 5.7 流行项目出版物

在每一本这样的技术图书中，都会对开源进行简要的描述，当然大多仅仅说一下该技术实现是开源的。比如讲解 Linux 的系统管理书籍，就会简单介绍一下 Linux 是一款开源的内核项目，发行版是由谁或者哪家公司创立后开源的。抛开这一点，其实这些开源项目的技术图书和其他的技术图书没啥差别。

良心作品通常会介绍一下该开源项目的共同体；如果有基金会的话，也会提及一下基金会的概况。比如在很多介绍 Apache 旗下大数据的图书中，作者都会介绍一下 Apache 软件基金会，以及 Apache 的一些文化。

◎ 开源文化与方法论

如果说讲解开源技术的书籍多如牛毛的话，那么谈开源的文化和方法论的书籍则可称之为稀缺了，读者现在正在读的这本《开源之迷》算是少见的作品了。在开源的解释和反思方面，还是有不少优秀的作品面世的。

《大教堂与集市》《UNIX 编程艺术》《黑客：计算机革命的英雄》《制造开源软件：如何成功运营自由软件项目》《OPENSOURCES 革命之声》、*Perspectives on Free and Open Source Software*……均是不错的作品。

这些作者通过仔细观察、亲身实践、科学探究，以及深度思考，并最终以精练的文字进行表达，试图从人类的心理、社会、法律、经济、工程、技术等诸多视角对开源进行诠释。

这个过程从来没有停止过，不断有新人加入，大家试图弄明白、搞清楚开源的来龙去脉，挖掘出其最本质的原因和发展脉络。我们认为必须将这一探索和记录的过程作为和代码本身的撰写一样的开源工作的日常，它是开源世界必要的组成部分。

记录的艺术

我们从来不敢忽视艺术的重要性，在自由 / 开源软件运动发展的历史上，我们很难想象没有艺术人士的帮忙，仅仅依靠专注于代码的人而能使开源获得足够的社会效应。大众的纪录片以更为通俗的方式表达，让更多人理解，实乃艺术也。

◎《操作系统的革命》

这是一部在自由 / 开源运动发展的顶峰期制作的纪录片，其社会效应要远远大于它本身的历史价值。该纪录片通过对几个自由 / 开源领袖的采访，以及关键事件——Red Hat 和 VALinux 上市、抵抗微软捆绑硬件街头活动、微软被指控垄断等，来反映这场革命的轰动性和效应。

该纪录片是任何想要了解自由和开源的人都要花时间去仔细品鉴的作品。

◎ **《代码》**（*The Code*）

和《操作系统革命》不同，《代码》更聚焦于林纳斯 · 托瓦兹个人的经历，他是如何从一个害羞的“书呆子”成长为受人信任和尊重的一代技术黑客的？毫无疑问，Linux 的成功是开源史上最为坚实的基石，其前置条件是什么？为什么是林纳斯？或许你可以从这部纪录片中找到自己想要的答案。

◎ **《数万亿次的服务：关于 Apache 软件基金会（ASF）的纪录片》**（*Trillions and Trillions Served: the documentary on The Apache Software Foundation*）

Apache 软件基金会在其一年一度的北美峰会 ApacheCon 上发布了一部纪录片，该片以采访为主，通过对来自全球的 Apache 贡献者们的采访，将 Apache 之道、Apache 项目、Apache 许可协议、开源等以一种讲故事的方式展开介绍，你一定不能错过这部精彩的艺术作品。

◎ **《Vue.js：纪录片》**（*Vue.js: The Documentary*）

这是一部对 Vue.js 项目团队成员进行采访而形成的纪录片，其中有一段的拍摄场地在上海。纪录片出场的人物主要是 Vue.js 项目的核心团队成员，他们讲述了本土的文化，以及这个共同体的协作过程，当然还有他们每个人对开源的看法和思考。

培训：技能的传播

代码是一种技术的实现，涉及对知识的传授和训练的过程，也就是入门、练习、掌握技能的过程。由于开源所实现的技术栈已经是非常系统化的了，所以相应的课程也可以及时跟进。有的组织将培训作为主要的收入来源，如 Red Hat、Linux 基金会等。

开源相关的技能特别依赖于实践，也就是说它们的理论或科学基础没有那么复杂，但是在实现过程中，需要操作者对技能的应用非常熟练，这样才能有所创新。但是，这个培训的过程通常针对性特别强，尤其是多媒体直播等平台崛起之后，诸如 1 元钱学 Python 编程之类的培训可以说是泛滥成灾。

但是，和开源图书中的技术图书一样，大部分的培训仅仅是提及一些现在所讲述的课程背后的项目是开源项目，然后就是技术环节的内容了。当然，培训对于开源项目的技能传播和学习有着非常重要的作用，掌握 Linux 操作系统的使用成为计算机学习的默认技能，不能不说这些培训机构起着至关重要的作用。

开源不是具体的行为，尽管它可以指导我们如何去做，告诉我们这些开源项目的具体执行者该做什么、为什么去做。开源文化是一种无法自现的共有认识。这就是我们每一位开源人无法言说的部分，只能去实践。然而，还是有敏锐如埃里克 · 雷蒙德、史蒂文 · 利维（Steven Levy）这样的书写工作者，通过观察、访谈、实践的方式，试图将开源所蕴含的文化以符号的方式表达出来，供我们这些后人去学习和追求。某种程度上来说，本书（《开源之迷》）以及接下来的两本书（《开源之道》《开源之思》）也是步这些伟大作品的后尘，做一些事后的总结。

12 日常行为规范和准则

中国有句古话叫“入乡随俗”，意指当一个人到一个地方时，就要顺从当地的习俗。但是，这里往往有个潜在的陷阱，就是如果你从来没有去过这个“乡”，怎么知道当地的“俗”？幸亏人类有文字来进行描述，人们通常会把这些“俗”写在介绍当地的旅行手册上。作为向导的我，有必要和大家说一下开源世界的日常行为规范和准则，聪明的读者就当是自己在看一份旅行手册。

张贴在“大门”上的规范和准则

向导一点都不担心，因为大家在每个项目的醒目位置都会看到这些规范和准则。也就是说，每个开源项目共同体都非常重视日常行为规范和准则，不仅是基于互联网的日常沟通和交流，还包括线下面对面的活动，要求更多。这些明文通常以文本的形式展示在相应项目的网站，例如 Python 软件基金会的网站首页在醒目位置给出了成员参与社区活动需要遵守的行为准则。

当然，对倡导多样性的开源共同体而言，项目之间有着不同的行为规范和准则，和开源项目许可协议的多样性有的一拼。但是，我们仍然可以从众多的规范和准则中提炼出共性来，如贡献者盟约就专门将行为准则进行向导式的定义，包括众多的开源项目都遵循这个准则，其中有 Linux、Kubernetes、Git、Eclipse、GoLang 等。

通常情况下，行为准则会从以下几个方面进行描述。

- 行为准则在哪里有效？[只在 issues(问题)与 pull requests(合

并代码），或者社区活动？]

- 行为准则适用于谁？（社区成员以及维护者，那赞助商呢？）
- 如果有人违反了行为准则会怎样？
- 大家如何举报违规行为？

“通用”的法则

我们有的时候都会犯懒，或者是由于有其他事情要处理，而忘记了阅读这些细则，这个时候怎么办呢？简单来说，谨记以下几条“锦囊妙计”定会安然无恙。

◎ 尊重多样性

我们所生活的地球，拥有众多不同的文化和习俗，而开源中最大的准则就是允许任何人参与，多样性这一点必须得到保证和尊重。

◎ 保持同理心

设身处地、感同身受地对他人的处境、文化、情感等方面进行全方位的思考，这不仅是保证多样性的前提，也是进一步协作和沟通的重要前提。我们不能一味地将自己的意愿和对事物的理解强加于他人。

◎ 尊重他人

因为加入共同体的人的背景、知识、文化等的不同，一些人可能会提出一些比较初级的问题，也可能会问一些想当然的问题，此时尤其考验人的耐心和对待他人的态度，要懂得尊重他人。

◎ 使用欢迎和包容的语言

中国有句俗语叫“嗔拳不打笑面”，友好而包容的欢迎语言，全世界的人都不排斥。

◎ **不知道怎么做的时候，及时求助**

当以上所有法则都用不着的时候，就不要着急去回复或做什么，而是应该停下来，环顾四周，及时向周围的朋友进行求助，或者花些时间阅读行为准则，利用互联网的资源进行搜索等，来获得最佳的应对方式。

当然，最好的方式还是运用人类最原始然而也最有效的法则：观察法。开源项目的哲学是保持公开和透明，所以其历史记录都是可以查阅的，那么就需要我们多点耐心，认真查阅邮件列表、代码提交记录、问题跟踪系统、即时聊天等，剩下的就是顺其自然地融入了。

违反准则的后果

著名法学教授劳伦斯·莱斯格（又译为劳伦斯·莱西格，Lawrence Lessig）在其名著《代码 2.0：网络空间中的法律》一书中，阐明了对于现实的规制四元素：法律、商业、代码和共同体规范，如图 5.8 所示。

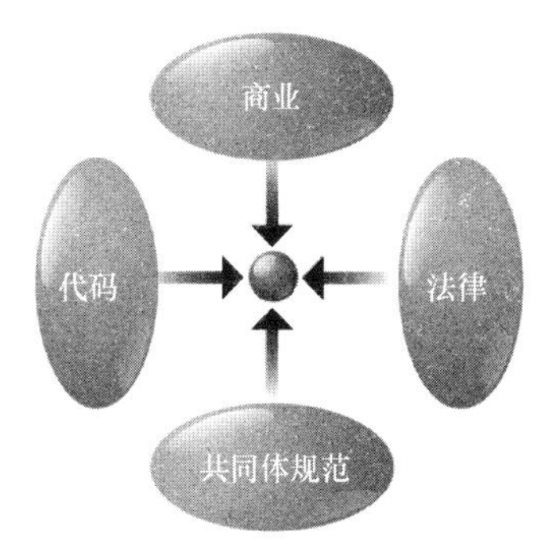

图 5.8 四元素对现实的规制

共同体规范是一个道德上的底线，它不是一种法律，也不是一种要求人们必须执行的强制准则，但人们违背了它之后会损失相应的社会成本，诸如信任、威望、声誉等。

这个后果是非常严重的，所以共同体规范对项目及其共同体的发展至关重要。我们知道 Linux 创始人林纳斯经常在技术方面出言不逊，但是大家都认为这是他的一种在技术上的追求，无伤大雅，直到在 2018 年发生的事情使得林纳斯被迫休息了两个星期，并在返回时郑重向大家道歉。从此，林纳斯的邮件列表中，再也没有最初理查德 · 森尼特所描述的吵吵闹闹的场景了。

另外，随着开源在现实社会中发挥着越来越重要的作用，共同体内的很多事情都会被社会所关注，甚至放大，以至于发展出了新式的伦理开源，对开源共同体的项目去向、使用条件等都做了严肃的声明。

更多违反项目行为准则的事件，有兴趣的读者可以自行研究和调查。内心对开源世界这个群体保持一种敬畏和友好的态度，是加入这个世界的条件。相应地，认同开源的文化，遵守其中的约束，也是这个世界能够正常进行生产，为人类的美好明天贡献力量的关键所在。所以请：

按照开源共同体的行为准则行事！

网络空间不是一处地点，它是由许多地点构成的，这些地点有着本质差别。这些差异部分来自居住在这些地方的人的差异。但是仅人口统计尚无法对此区别作出解释。更多的东西还有待发现。

——劳伦斯·莱斯格（Lawrence Lessig），《代码 2.0：网络空间中的法律》

01 聚集：开源世界的城市与重镇

一旦你掌握了识别开放源代码的技能，而且还找到了入口，那么就等于打开了一个全新的世界。

在前文中，向导带着读者寻找到了开源世界的入口——那些我们能够日常接触到的软件。在进一步深入之后，读者将会看到一个全新的世界：充满源代码的网络空间。向导想要带着读者领略开源世界的风光，总是要找一些能够代表这里的人类聚集地，供读者参观和游玩。下面，就让向导带着读者来到开源世界里人群聚集的地方——那些代表开源世界的巨大“城市”和“重镇”。

来谈谈人类的聚集地

自从人类进入农耕时代之后，也就是可以定居到某一固定的地点之后，从村庄到乡镇再到城市，以及现在出现的几千万人口的超级大城市，因为分工的精细化，人类不断缔造辉煌的文明。

旅行是现代人主要的休闲方式之一，每到节假日，人们纷纷在微信朋友圈“晒”出自己的“打卡”旅行照：从自然风光到城市建筑，再到历史博物馆，乃至纯娱乐场所。那些旅行的先锋们，甚至将旅行提高到了和读书同样的高度：

要么读书，要么旅行，身体和灵魂总有一个要在路上。

是的，在某种程度上，作为本次开源之旅向导的我，也曾绞尽脑汁地想各种办法来介绍开源世界，直到日常的旅行给我带来了很大的灵感：从标志性的城市或建筑开始，进而介绍风土人情和文化，以及令人信服的标志：生产力。

顺着这个思路，本章向导就带领读者来领略一下开源世界的城市、建筑和地标。

欢迎来到开源世界

◎ 开源世界入口处的文字介绍：Open Source 的由来

开源并不是指某个具体的事物，它是一种抽象的名词，准确地说是指具备一系列特征的软件，但事实上它的含义要比这个广泛得多。不然，向导也不会想用一套书来试图说明这个词汇的全部指向。

1998 年，网景（Netscape）通信公司打算开源其浏览器源代码时，一名叫克里斯蒂娜 · 彼得森（Christine Peterson）的女士提出了 Open Source 一词。1998 年 4 月 7 日，在由蒂姆 · 奥赖利（又译作蒂姆 · 奥莱利，Tim O' Reilly）组织的一次开源会议上，大家（图 6.1 展示了核心人物）经集体讨论决定避开使用“自由软件”，而使用“开源”一词。稍后由布鲁斯 · 裴伦斯（Bruce Perens）和埃里克 · 雷蒙德成立了开放源代码促进会（OSI），进一步定义了开源的含义。

图 6.1 开源会议核心成员合影

◎ 非虚构的进一步说明

开源世界并非虚构，而是真实存在的，但是它需要人们以虚构的方式来理解。因为读者和向导以及世界上的其他人拥有的共同经历实在是太少了，我们只能通过流行度非常高的娱乐内容（电影、游戏等）来进行隐喻。开源世界也是我们大脑中的想象空间，并不存在于现实生活中，而是由互联网、掌握编程技能的人、人类语言、计算机编程语言等媒介或符号打造而成的意义世界。

在开源世界，有哪些高度聚集的地方呢？我们大致进行了如下划分。

- 代码的汇聚之地：代码托管平台；
- 由相关职业组成的有机团体：开源共同体；
- 和现实的政治接轨的方式：非营利基金会；
- 可持续发展的商业机构：拥抱开源的商业公司；
- 着眼于解释和展望的团体：学术研究机构；
- 嘉年华：开源世界的大型会议与活动。

如果你愿意的话，可以给它们中的每一个起一个浪漫的名字。

开源世界边缘地带的重镇：维基百科（Wikipedia）

请允许向导在这里引用倡导开放科学的物理学家迈克尔·尼尔森（Michael Nielsen）对城市的描述，不过正如向导希望将开源世界中开展重大协作的地方比喻为城市一样，他描述的城市也是世界上最大的开源协作项目之一——维基百科。

“维基百科不是一部百科全书。它是一座虚拟城市，这座城市对世界的主要贡献就是上面的百科文章，不过这座城市本身也有自己的内部生活。这所有的页面都反映了维基百科内部的关键任务，它把运行一部百科全书这样庞大的工作拆分成了许多更小的任务。而且正如一座运转良好的真实城市一样，这种分工并不是某个中央委员会能够提前决定的，它是根据维基百科‘居民’——维基百科的编辑者们——的需要和欲望而有组织地涌现出来的。”

聪明的读者非常明确地知道自己是在读一本关于软件的图书，但是，有的时候软件的原始组织形式和人类社会其他符号的意义界限不是那么清晰。比方说，在某种程度上，维基百科也像开源软件，因为它是由来自全球各地的纯粹的志愿者在没有任何经济报酬的情况下主动参与撰写的。

这座伟大的重镇，无论你从哪个方向想要进入开源世界，它都和开源世界比邻而居。这是目前人类所构建的最庞大的知识库，几乎囊括了人们所有能够想到的任何知识。而构建如此无所不包的伟大百科全书的主角，并不是某个国家、宗教团体，乃至商业公司，尽管他（或它）们都尝试过，而是全球人类的集体智慧，最重要的是，所有贡献者都是没有任何酬劳的。

维基百科允许注册用户进行编辑——添加、删除、更改现有的所有内容，也可以链接站内和其他万维网的内容，而且同一个页面（也叫词条）允许多人协同编辑，人们可以进行沟通和协商，这是其最大的特点。毫不夸张地说，如果维基百科编写的不是人类的自然语言，而是代码的话，它就是一款开源的软件项目。

如果你没有编写过任何的软件程序的话，那么可以从维基百科的撰写过程来理解多人协作的过程，尽管这个类比和绝大多数类比一样苍白，但是不算离谱。

02

汇聚：代码托管平台

我们在前文中介绍过，编码是开源世界的核心要务，并且围绕编码这个动作可以做很多事情。这里打个工业时代的比方，编码之于软件产业，可以理解为发动机之于汽车、锂电池之于电动车，即代码是开源世界生产和周转的核心。

那么围绕代码，以版本控制系统为骨干，利用 Web 2.0 技术所打造的协作平台，就成为聚集这个世界上最多开发者和工程师，或者叫作代码工作者的最佳场所。在这个平台，大家为代码而来，以代码为沟通语言，相互赠送代码作为交换礼物，俨然就是现实世界的城市般的存在：人们为了分工而聚集，为了高效而协作；伴随着代码工匠的崛起，周边的服务也相应而生。这就是开源世界里拥有最多“人口”的聚集地：围绕版本控制系统而提供的网络服务平台，即代码托管平台。

GitHub

在我们当前所处的世界中，有一个以巨大的章鱼猫（Octocat）为标志的地方——GitHub，这里会聚了近 6000 万代码相关工作者，它是人类世界罕见的协作奇迹，正如其对世人所展示的巨大艺术表现一样：每一次跨大洲 / 地域的合并代码（Pull Request，PR），都会在地球的表面大气层之外画出一道美丽的弧线。图 6.2 展示了 GitHub 的标志章鱼猫。

图 6.2　GitHub 的标志章鱼猫

◎ 如何成为 GitHub 的居民？

GitHub 像很多基于互联网的“城市”一样，只要你拥有一个收发电子邮件的邮箱（现在知道为什么向导强调电子邮件的重要性了吧！怎么强调都不为过），还有就是你所在地区不在 GitHub 禁止的名单上，就可以注册一个账号，然后 GitHub 会为你分配一些资源，这个资源的配额看起来就像是无限的，但其实会有一些限制。

如果你不愿意注册的话，也没有关系，可以随便逛逛，GitHub 也提供了一些“城市地图”“城市服务”以及一些贴心的向导。哦，对了，它还提供了复制一个 GitHub 到企业私有网络中的功能（即 GitHub 软件的企业版本），只不过复制的只是“城市”的硬件设施，现有的 GitHub 居民并不会过去。

◎ 在 GitHub 社交

用户一旦成功注册了 GitHub 账户，登录之后就拥有了自己的信息，可以设置一些社交账号。当然，最为重要的是 GitHub 本身就是社交平台，如果你知道身边好友的账号 ID，直接检索即可。找到你的朋友后，直接关注（follow），你们就建立了联系，然后你就可以浏览好友的项目和状态等信息。

GitHub是以“码”会友，你有自己感兴趣的项目，找到一个项目之后，就会看到这个项目的参与者，以及他提交过的代码，觉得不错的话，你可以直接跟进，然后尝试着去联系，不过记得要通过与别人切磋交流代码、项目、问题（issue）等方式，千万不要像在通常的社交场合一样直接打招呼，否则通常不会有啥效果，还可能碰一鼻子灰。

◎ 在 GitHub 中参与开源项目

参与开源项目是能够在GitHub安身立命的根本，但是，在开始之前，一定要记得阅读开源指南，网址为 https://opensource.guide。

你需要掌握一点技能——对版本控制系统 Git 的使用。不过你也不用担心，虽然 Git 的学习门槛可能有点高，但是 GitHub 有你更为擅长的特性——社交，也就是说，你先不用懂代码，先找人，观察这些人都在做什么，或者是其最为重大的创新：例如基于 README 的项目展示，你可以先观察这里发生了什么，都有些什么人。

当然，如果你本身已经是一位资深的代码工作者了，那么可以跳过这些，直接进行与软件工程相关的事宜：创建协作组织 / 项目、构建流程、撰写规范、提交代码、评审（review）代码、进行 DevOps（Development 和 Operations 的组合词，是一组过程、方法与系统的统称）实践、持续集成、持续交付、代码安全等具体的事项。

哦，对了，GitHub 像很多优秀的互联网公司一样，提供非常友好的 API，这也就意味着你不仅可以基于这些 API 做一些事情，而且也可以找到其他和 GitHub 进行集成和提供服务的庞大周边：GitHub Marketplace。

作为新手，如果你想要体验一把 GitHub 人的日常，最好的途径之一莫过于提交你的第一个 issue，这是了解这个地方的不二法门。

在熙熙攘攘、车水马龙的 GitHub 背后，还有众多围绕代码的平台。请读者不要被 GitHub 极高的活跃度和人气搞得流连忘返，我们还是要看看其他地方的。

GitHub 这座用于撰写代码的“城市”，有着我们在上一章所提到的所有内容。换句话说，如果你满足于现状的话，GitHub 可以提供给你在开源世界生存所需的一切。

SourceForge

代码的历史和软件的历史是同一个物体的两面，它们基于不同的角度，具有不同的表现。开源早在 GitHub 出现之前就发生了。在那个 Git 远远还不是主流，版本控制系统多使用如 CVS、SVN 的时代，在代码的托管和软件的下载方面，还是有众多开拓者的，其中SourceForge 就是颇具规模的站点。

在 SourceForge 中曾经出现过非常优秀的项目，如 JBoss、PHPMyadmin、MediaWiki 等。除了提供 SVN 等中央代码仓库之外，SourceForge 还提供下载分发功能。它最大的特点是用户下载某个软件的二进制版本或源代码打包时，会看到有广告显示，还会有等待 20 秒不等的滞留时间。更为过分的是，也是造成 SourceForge 声誉下降最重要的原因是，它“劫持”下载的包，强行植入广告。

SourceForge 自身的技术经历了几次换代，目前为开源的 Apache Allura，当然，它背后的运营公司更是几次易主。

GitLab

空间大部分时候是混合而成的，GitHub 尽管是目前最大的开源代码托管和社交平台之一，但其本身的站点却是封闭的，也就是说，GitHub 提供的服务所使用的软件的代码并没有全部向世人公开，当然，这也是它被很多人所诟病和拒绝的原因。于是，另外一个不仅提供和 GitHub 类似的功能，而且平台代码全部开放的平台应运而生，这个平台就是 GitLab。

这个时候，向导和读者不得不发点牢骚：“有的时候，这个世界就是这么充满讽刺！”

GitLab 的公司运营模式是颇值得介绍的，全员基于 GitLab 进行日常的交流和决策，而且员工遍布全球，默认远程工作。GitLab 也提供基于互联网和万维网的代码托管服务。不过其主营业务是提供商业版的服务，类似 OpenCore 模式。如果有企业在自己的机房里部署 GitLab，它可以下载免费使用的开源版本，也可以使用付费后提供服务的商业版本。

GitLab 是 GitHub 强有力的竞争对手，但是这不是一个单纯的技术或是否开源的竞争，而是产品和商业规划的竞争，以及用户使用习惯和社交黏度的竞争。GitLab 虽然没有像 GitHub 那么多的项目，但是仍然拥有一些重量级的开源项目，例如 Inkspace、F-Driod，以及 GitLab 自带的众多开源项目。

当你掌握了 GitHub 的使用技能后，就可以无缝切换到 GitLab。

GNU Savannah

谈及开源，我们始终不能忘记自由软件的存在，有的代码托管平台对项目的要求非常严格，非自由软件不得入驻，而 GNU［“GNU's Not UNIX!”（GNU 并非 UNIX！）的首字母递归缩写］无疑是其中“态度”最为坚定的平台。

专门为自由软件提供代码托管的平台，就是如此诞生的。GNU 旗下的项目也使用着不同的版本控制系统，包括 CVS、SVN、Git、Mercurial、Bazaar 等。Savannah 不属于大型的项目托管平台，旗下项目不足 4000 个，但是它的存在至关重要。

作为自由软件的倡导者，GNU 非常看重的是，平台要不要对代码进行扫描和审核。更进一步的内容，向导会在《开源之思》中为大家进行诠释。

Fedora Pagure

软件项目是极其多样而复杂的，即使像 GitHub、GitLab 这样的强大平台也不能满足用户的所有需求，比如 Python 软件基金会仅仅在代码开发中使用了 GitHub，问题跟踪系统仍然使用其自身特定的系统。

对于 Linux 发行版这样的系统来说，它很可能面对的是采用多个版本控制系统的项目来源，而且要和包管理工具进行集成，现有的工具用得未必顺手，比如 Fedora 又开发了更加适合自身需要的 Pagure 平台。

对于 Linux 发行版这样庞大的、涉及几万个软件的开源项目来讲，让几万个软件住在一个“城市”显然是不合适的，更多的时候，它像我们现实世界的工业区一样，需要一个独立的空间，将其他城市的输出整合起来。

其他

通常，非营利开源软件基金会都会提供代码托管仓库的服务，如 Apache 软件基金会、Eclipse 基金会；特别大型的项目也会自行提供托管仓库的服务，如 Android 就是独立的。

作为开源世界的“城市”代表，代码托管平台具有巨大的促进和推动作用。

问题

亲爱的读者，作为在城市中生活的你，挑选居住城市的标准是什么？大家考虑的因素可能是房价、文化、学习氛围、建筑、语言、亲戚与好友、所在行业、人脉、交通、配偶等。

但如果要选择一个以代码和文本协作为主的“城市”，你会如何选择自己的“定居”方式？或者换个角度，如果你来经营一家代码托管平台，会如何做？

03

虚拟的社会组织：开源共同体

作为一种生物，人类最为卓越的地方，是其社会性的合作。生物学家约瑟夫·亨里奇（Joseph Henrich）说，我们跟黑猩猩的区别，不仅仅是更大的脑容量或更少的毛发。人类种族成功的秘诀在于“人类社会的集体智慧”。

开源的生产方式：同行生产（peer production）

人们合作的方式有很多种，现代社会最为多见的是围绕着资本的法律实体，即公司，大家为了达到某个目的而行动一致。但是这个世界上一直以来都有一种组织形式，虽然它从来没有成为历史的主流，但是一直没有绝迹：人按照自主性自愿结盟，进而达到某个目的。

这样的合作在互联网之前的时代是几乎不可能实现的，尽管我们可以看到其中的一些雏形。在英国皇家学会这样的机构出现之后，科学革命时期的通信慢慢地变为一种集体行为。由于地理上的天然限制，这些同行们的合作是以走访的形式完成的。

互联网的形成，让这样的合作方式成为可能。互联网让人们摆脱了地理上的限制，可以进行无障碍的交流。开放源代码的软件开发方式，毫无疑问就是其中最为典型的代表。而且互联网和开源彼此成就，互联网的爆发式发展，也和其自身是由开源项目所构建的有极大的关系。

围绕项目而结识和组织

开源项目是来自网络空间的同行自愿进行合作的项目，这些同行里的一个个独立的个体所组成的团体，就是开源最为核心的组织：开源共同体。

不过，这个概念对于中国本土的人们来说，是有违于文化直觉的外来文化，需要一点特别的解释。向导这里稍微偏离一下主线，和读者介绍一下这个开源共同体。

这里先要从我国著名人类学家费孝通先生说起，费孝通先生在其经典名著《乡土中国》中描述过一种群体：

西洋的社会有些像我们在田里捆柴，几根稻草束成一把，几把束成一扎，几扎束成一捆，几捆束成一挑。每一根柴在整个挑里都属于一定的捆、扎、把。每一根柴也可以找到同把、同扎、同捆的柴，分扎得清楚不会乱的。在社会，这些单位就是团体……团体是有一定界限的，谁是团体里的人，谁是团体外的人，不能模糊，一定分得清楚。在团体里的人是一伙，对于团体的关系是相同的，如果同一团体中有组别或等级的分别，那也是先规定的……我们不妨称之为团体格局。

它对应于我们非常熟悉，甚至没有察觉的差序格局：围绕亲疏远近关系而建立起来的“同心圆”格局。

无独有偶，和其同时代的许烺光教授也有一部脍炙人口的佳作《美国人与中国人》，里面谈到两种不同的社会环境，如图 6.3 所示。

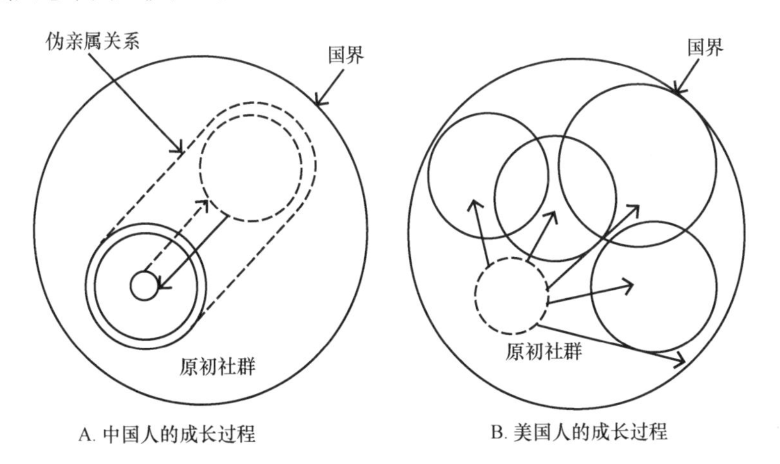

图 6.3 两种不同的社会环境

在了解了上述两个说法之后，我们再来回看开源生产的主要组织方式——共同体，它指的是围绕某一个具体的软件相关项目所形成的宽松的人的组织。我们不妨在这里画一个大的超集——开源，然后里面有着无数的集合：基本上可以概括为每一个开源项目就会是一个共同体。当然，根据技术的耦合程度，共同体之间的交集也有不同的大小。如果将每一个重大开源项目 / 共同体作为一个圆，就会形成一个庞大的网络图，如图 6.4 所示。

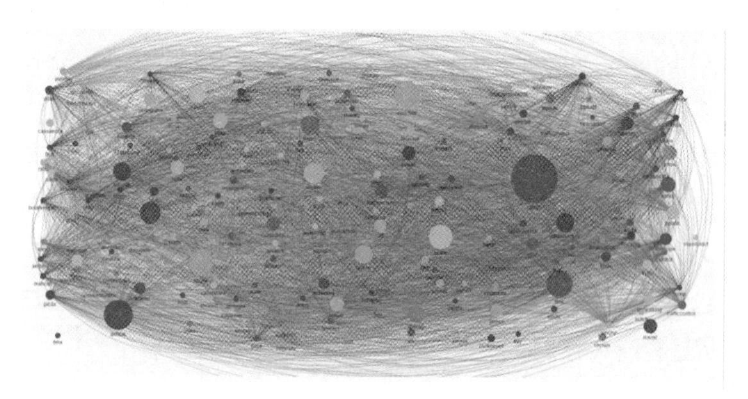

图 6.4　开源项目之间的关联图示（摘自 Apache 软件基金会 2020 年度报告）

跨越地理位置

随着互联网的发展，来自全球的人们纷纷将自己的计算机接入这个庞大的新型网络，机器联结的后果是这个世界上的人通过机器也获得了联结：先是名字 @ 域名，接下来便是根据自身的特征来对自身进行塑造，而这在各个空间中表现得还完全不一样。

超越文化与语言

在开源世界中，首先，开源共同体成员有一个共同的特点，即从事的工作和软件的编码相关，然后是技术的设计和实现，最后是源代码开放。开源共同体的成员会将自己在现实中的身份放下，如宗教信仰、性别、民族等，然后根据职业进行协作，通常讨论的都是具体的技术细节：

数据结构如何表示，支持哪个处理器，API 如何设计等。

符号与标识

开源共同体和人类其他共同体的形式是一致的，和瑜伽爱好者团体、美食达人团体、长跑爱好者团体等有非常多的共性，比如也会为自己设计一些标志，会在使命或主旨上达成共识，会制定一些规范，会在网络空间构造一些基础设施，甚至还会定期进行聚会，有些规模大一点的甚至会成立委员会、申请免税政策等。

这里为大家介绍一个成立时间比较久、影响力也非常大的开源共同体：Debian，它的标志如图 6.5 所示。

Debian 的使命或宗旨是通过完全由个人组成的联合会打造一个完全自由的操作系统。

图 6.5 Debian 标志

Debian 社会契约是构成 Debian 项目道德议程的文件，它所指出的价值观不仅是 Debian 自由软件指导方针的基本原则，也是开放源代码定义的基础。

Debian 目前的版本是 Version1.1，于 2004 年 4 月 26 日获准通过。

Debian 坚信，当用户委托其控制计算机的时候，自由软件操作系统的制造商应提供以下保证（及说明）。

1. Debian 将始终是 100% 的自由软件

我们制定了一个名为 Debian 自由软件指导方针的标准，以便于我们判定某项作品自由与否。我们保证 Debian 系统机器附带的软件包遵循这些自由软件的方针。我们将同时支持在 Debian 上开发及使用自由或者非自由软件的用户。但是，我们决不让这个系统依赖于任何非自由软件。

2. 我们将回报自由软件社群

当我们编写 Debian 系统新的软件程序之时，我们将使其遵循 Debian 自由软件指导方针的理念。我们将尽最大努力，打造最优秀的系统，以便自由软件得到最广泛的使用及传播。我们将反馈那些作品（例如涉及缺陷的修正、改良的意见以及用户的需求等这些信息的作品）给我们系统收录的上游作者。

3. 我们绝不隐瞒问题

我们将始终把我们整个的缺陷报告数据库开放给公众阅读。由用户在线提交的报告，将会很快出现在其他人的眼前。

4. 我们将优先考虑用户及自由软件

我们由用户及自由软件社群的需要所导向，将优先考虑他们的利益。我们将在多种计算环境中支持我们的用户的操作需要。我们不反对在 Debian 系统上使用非自由软件，我们也不会尝试向创建和使用这部分软件的用户索取费用。我们允许他人在没有我们的资金的参与下，制造 Debian 以及商业软件的增值套件。为了达成用户的这些目标，我们将提供一套集成的、高质量的、100% 自由的软件，而不附加任何有碍于目标达成的法律限制。

5. 哪些作品不符合我们的自由软件规范

我们清楚地知道，某些用户需要使用不符合 Debian 自由软件指导方针的作品。我们为这些作品在 FTP 库中留出了 contrib 以及 non-free 目录。在这些目录下的软件包并不属于 Debian 系统，尽管它们已被配置成可以在 Debian 下使用。我们鼓励光盘制造商阅读这些目录下的软件的许可协议，以判断他们是否可以在光盘中发行这些软件。所以，尽管非自由软件并非 Debian 系统的一部分，我们仍支持它们的使用，并且我们为非自由软件提供了公共资源（诸如问题跟踪系统以及邮件列表）。

Debian 章程是一个自发组织走上治理之路的指引，是共同做事的法则、共识，让人们遇事有章可循，那么它的细节和其他社会组织就没有什么差别了。

Debian 章程目前的版本是 v1.7，于 2016 年 8 月 14 日发布。这里给出 Debian 章程的大纲。

- Debian 项目是由独立的个体开发的；
- 角色分工：独立开发者、项目领导人（DPL）、技术委员会、项目秘书等；
- 投票流程和系统；
- 发布角色，具体的领导者；
- 网站、邮件列表及其他。

读者可访问 Debian 的官网获得更多信息。

Debian 是合法的接受社会捐赠机构，隶属于公共利益软件（Software in the Public Interest，SPI）组织。SPI 发起的初衷非常简单——为了不受制于自由软件基金会。当然，该基金会资助 Debian 项目一年多，而 Debian 需要更多资金，并接受捐赠，于是成立了 501（c）（3）非营利组织，在纽约注册，时间是 1997 年 6 月 16 日，距今已经 24 年。该组织的成立目的就是为自由 / 开源软件或硬件提供庇护。任何人都有资格申请该组织的会员资格，并且加入自由软件社区的人都可以获得“贡献会员资格”。

共同体的定义

我们现在可以给基于开源项目的共同体下一个定义了：

为了实现一个开源软件项目，基于互联网，由企业、个人、非营利组织等形成的团体成员（接受过现代计算机科学的训练），在文化上能够达成一定共识，来去自由，能进行一定的社会治理、活动、交流等，所形成的合作共同体。

更多关于共同体的描述，请读者跳至后续章节“核心组织：繁荣的共同体”中了解。关于共同体的构建以及共同体为什么能够有效协作，请继续关注本书的“续集”《开源之道》与《开源之思》。

04

共同体的代言人：非营利基金会

开源共同体就发展的历史环境而言，是随着互联网的发展而产生的，也就是个体通过编码这个承载之物形成的一个群体。这也就意味着，这是一个无形的、难以识别的群体。随着这个群体的壮大，它必然要和现实世界产生联系，并且获得认可，那么它如何才能被主流世界识别呢？

开源项目被认可的正式组织

让一部分人困惑的是，一群“乌合之众”怎么可能做出改变人类历史的工程呢？一些怀着非常严重偏见的人在聊起开源世界的人们时，满脸的鄙夷与不屑，认为他们不过是一些躲在地下室里、缺乏社交技能且满头长发的“怪咖”。在人类被组织起来以后，这种偏见就从来没有消失过。

互联网让世界变得“更大”，有着相同兴趣的人再也不必局限在某个村落或城市的街区了，而是通过互联网保持联系，为了共同的目标而行动。也就是说这些人来自全球各地，比如 Linux 项目发展早期阶段（20 世纪 90 年代）的主要开发者就来自不同的国家。正如《Linux 红帽旋风》描绘的那样：

由 Torvalds（注：托瓦兹）监管的核心，只是 Linux 的一小部分，Torvalds 掌控着开发核心的协作，而生产核心是由英格兰的 Alan Cox（注：艾伦·考克斯）监督，Cox 是一位大块头的英国人。顶层的核心开发人员大约有 8 个人，除了 Torvalds 和 Cox 之外，还有一位是 David Miller（注：大卫·米勒），住在圣克拉拉，还有来自匈牙利的 Ingo Molnar、东海岸的 Steven Twedy 和 Ted T'so，以及新手 Andrea

Arkangeli。

这就带来了一个古老的问题：如何建立信任？托马斯·霍布斯（Thomas Hobbes）提出的解决办法就是建立国家，而马克斯·韦伯（Max Weber）则进一步主张建立科层制的大型组织，后来的股份公司的诞生也在维护着这个人类得之不易的发明创造。

那么，当项目变得流行起来，这些围绕某个技术项目的共同体是否也需要一个组织来和世界的其他组织打交道呢？如果我们不懂得深奥的代码，该如何和开发者们进行沟通交流？

此时就需要一个正式的组织机构，也就是在政府注册的、得到法律保护的组织。于是非营利性的软件基金会诞生了。向导从学者西沃恩·奥马奥尼（Siobhan O'Mahony）的论文《非营利基金会及其在项目共同体商业公司软件合作中的作用》（*Nonprofit Foundations and Their Role in Community-Firm Software Collaboration*）中找到了非营利基金会的角色介绍图并进行了翻译和更新，如图 6.6 所示。

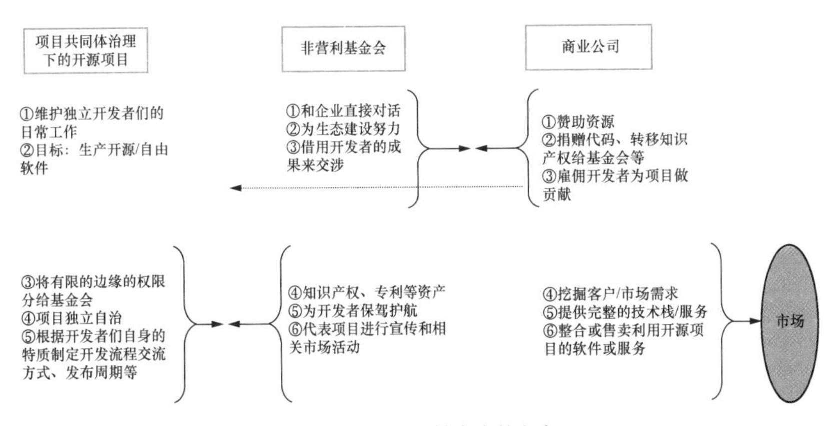

图 6.6 非营利基金会的角色

由图 6.5 我们可以清晰地看到：基金会的作用就是在项目共同体和商业公司等组织机构之间搭起一座桥梁，商业公司等组织并不能直接干涉开源项目共同体的事务，尤其是开发进度和日常的开发决策，而是通过基金会这个组织，来对项目的可持续性发展做出自己该有的贡献。基金会的日常工作内容如下：

- 处理非代码相关的法律事务；
- 到政府部门注册；
- 赞助和捐赠；
- 为项目提供宣传服务等。

之所以这么做，是因为商业的力量是非常强大的，尤其是公司垄断和霸占开源项目的不公平、不正当的市场行为是非常有可能发生的。而非营利性的基金会这个法律实体，因为其独特的中立性，可以获得各类商业公司的资助，对开源项目的可持续发展确实是个不错的途径。更多关于基金会出现和崛起的内在原理的内容，在《开源之思》中会进行详细阐述。

开源非营利基金会的诞生和发展时间轴

代理制的创造和发明，绝对是人类的一大进步，开源世界里的组织当然也没有理由拒绝这一优秀的方法，非营利性基金会应运而生。从时间的维度来看，最早的基金会要追溯到 20 世纪 70 年代末，也就是互联网发展期。这不是无缘无故的，读者从本书时常谈及的开源与互联网之间不可分割的关系中就可以看出这一点。

下面，让我们从时间的维度来回顾一下非营利基金会的创建及相关事件，如图 6.7 所示。

从这个时间轴我们可以看出，在开放源代码促进会建立以后，也就是说开源有了确定的意义之后，开源非营利基金会迎来了发展的高速期，而且在不断地成长。目前非营利基金会仍然在进一步的发展中，我们甚至不知道它的终点在哪里，只知道它仍然在成长。

我们深信这个时间轴上未来将会加入更多的开源非营利基金会。相

信本书的下个版本中定会多出更多的开源非营利组织。

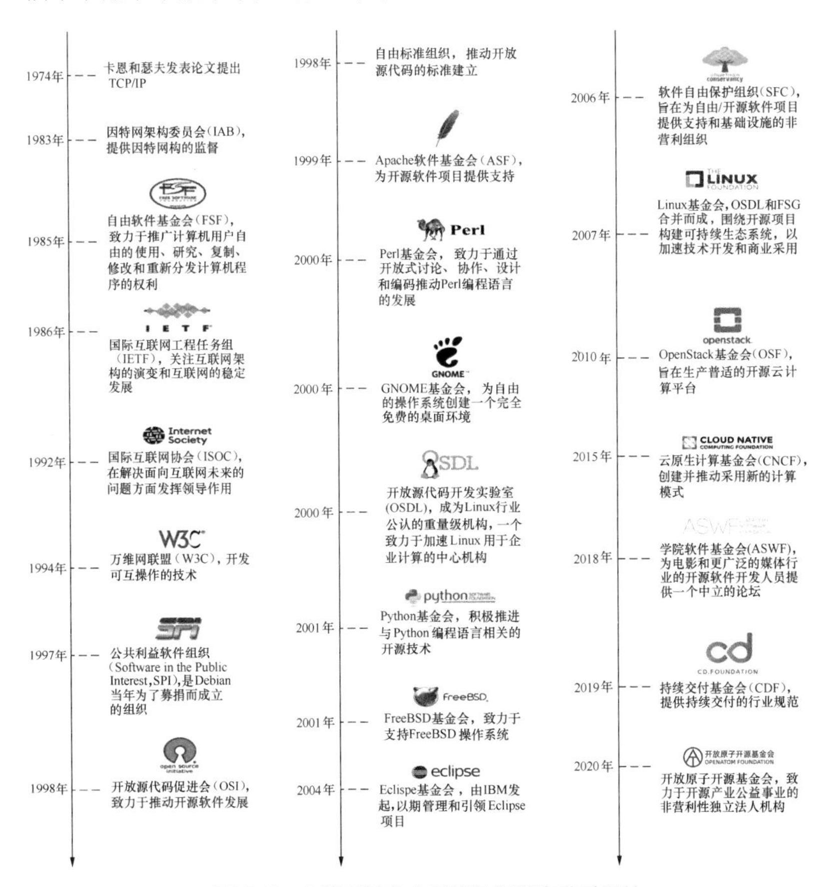

图 6.7 非营利基金会创建及相关事件时间轴

从几个维度来看开源非营利基金会的崛起

◎ 非营利基金会的增多

在上一节我们看到的是以时间轴来展现的、相对来说比较成功且知名度颇高的开源非营利基金会。事实上,已注册的开源非营利基金会远远不止这些。据不完全统计,在美国政府注册的开源非营利基金会就不下 50 家，而且目前还在增加。在美国之外，包括中国在内，也成立了众多的非营利基金会。

◎ 越来越多的开源项目托管需求

毫不夸张地说，每天都会有新的开源项目进入或准备进入开源非营利基金会，特别是上一节提到的基金会中，“跃跃欲试”的软件项目相当之多。有时甚至项目的托管形式都无法满足发展的需要。在大的基金会下成立相对独立的子基金会也是相当流行的做法，如 Linux 基金会下有 Ceph 基金会、TARS 基金会等子基金会。

众所周知，开源项目是一项失败率极高的工程。知名开源活跃人士 Henrik Ingo 写过一篇说服力极高的博客：《如何让你的开源项目以 10 倍速增长，并获得 5 倍的收入》（*How to grow your open source project 10x and revenues 5x*）。显然，加入中立的基金会是极其有利的：

“加入中立的非营利基金会增长得很快，规模也更大。”

向导在此建议读者，到各大基金会所推出的孵化机制的沙箱中去看看，如 Apache Incubator、CNCF Sandbox 等，哪个非营利基金会的沙箱更活跃，大家就会更愿意参加哪个非营利基金会。

◎ 产生的价值逐日增多

根据 2020 年的年度报告，全球的开源非营利基金会所托管的项目价值达到了几千亿美元，而且这个数字仍然在不断增加。

◎ 规模在扩张

随着项目的增多，要做的事情也在不断地增加，所以基金会的人员数量和规模也在不断增长。

◎ 商业公司的捐赠情况

由于是非营利的中立组织，再加上非商业的特性，绝大部分开源非营利基金会是依靠成员的捐赠获得可持续性发展的，所以商业公司每年的赞助就非常关键。到目前为止，上述基金会都有着较为稳定的口碑，商业公司的赞助每年都有，而且目前显示都是不断增多的情形。

开源非营利基金会的功能

这么多的基金会（以下除特别指出外，“基金会”就是指开源非营利基金会），他们的日常工作都有哪些呢？接下来我们就来捋一捋。

◎ 处理法律事务

软件是建立在知识产权之上的，理解这一点至关重要，开源也同样需要知识产权的保护。如果是个人的项目，有许可协议护身即可畅行无阻，但如果是一个庞大的开源共同体的项目，也就是有很多人参与和贡献的项目，如GCC、Linux等，则需要处理很多的法律事务，举例如下：

- 知识产权政策；
- 商标管理；
- 知识产权保护；
- 许可协议建议与扫描。

这些与开发者密切相关却无暇顾及的必要事务都可以交由非营利基金会处理。

◎ 向政府申请注册

我们在日常生活中经常听到“正式的”“国营的”“正规的”等词汇，比如银行的营业网点就会经常打出标语，提醒人们不要相信政府认可之外的资金筹集渠道。这对于任何一个人都是非常关键的，因为人性是复杂的，人类的历史是复杂的，也是曲折的，人与人之间的信任建立从来就不是一件容易的事。

对于互联网这个发展只有区区半个世纪的新生事物，常人保持一颗警惕心是没错的。由个体发起的软件项目如何获得现实世界政府的认可，是一个颇为重要的问题。虚拟组织想要获得世人的认可，还是需要政府的介入的，而政府是有其自身的政策和规定的。以美国的非营利性机构为例，满足税法 501（C）（3）或 501（C）（6）的组织就可以向政府申请注册，记录在案，并且可以获得免税的资格。当然这也意味着要接受政府的监管。

这是开源软件项目获得大众认可的重要一步，若没有这样的正式注册机制，以及相关的法律法规，那么就会非常影响开源的发展。以上述时间轴（图 6.7）为例，我们看到顶级的大型基金会均是注册在美国政府名下的，欧洲的极少，中国则是在 2020 年才出现一个。

◎ 接受社会捐赠

软件是由人所开发的，开源项目也不能例外，那么这些开源人作为被保护的知识创造个体，理应得到公正的社会回报，或者说他们应该用自己的聪明才智换回生活的必需品。这个道理是毋庸置疑的。

很多企业和组织是需要合法的机构来进行工作对接的，既然有了政府承认的机构，接受来自社会各界的捐赠就顺理成章、名正言顺了。

接受社会捐赠是开源项目得以可持续发展的重要因素！作为人类最困难的软件工程，开源是一项代价极为高昂的事业，没有社会的资助，是寸步难行的。

◎ 孵化开源项目

当前的开源软件不能解决所有问题，需要进一步的发展。开源作为软件的一种开发模式，是验证有效的，那么是不是可以从个人、企业征集项目意向，然后进行开源项目的孵化呢？这样做可以欢迎有技术，但缺少方法论和其他软实力的个人或团体来到基金会的大帐篷下，大家一起携手同行，让项目惠及更多人，为世界的美好未来做点事情。

于是孵化项目也就成了基金会的重要功能之一，目前也正在成为很多新项目的不二之选，业内非常知名的孵化机制有 Apache 软件基金会孵化项目和云原生计算基金会孵化项目。

◎ 中立信任

非营利性的自由 / 开源软件基金会的内在精神是非竞争的、讲究合作的，基金会更多的是从整个社会的角度出发进行思考。也正是由于其对项目知识产权的管理和拥有所有权，项目成了一个中立的地方，使企业之间的协作成为可能。

由于不竞争，商业组织可以放心地进行协作，自己也可以从中获得利润，而无须担心自己的工作转变为竞争对手的优势。基金会拥有开源项目的知识产权，而且不从该项目中获取任何商业利益，即基金会不出售基于该项目的产品或服务。项目的版权则由贡献者通过会员协议、转让或许可协议（有时是项目开源许可本身）等各种方式分配或授权给基金会。专利也通常会给基金会，这样的话，基金会的中立性就成为现实，基金会为个人、公司提供合作的场地，进而让贡献者共同体进一步获得扩展。

在这里我们也可以举一些相反的事例，那就是商业公司开源的项目。商业公司拥有所有权，所以就会出现修改许可协议、出售等情况，如 MySQL 被 SUN 收购，Elastic 修改许可协议等，让参与开发的公司显得异常被动。

在市场和公司这两个组织机制中，公司是时刻要保护自我的，毕竟占据市场是所有公司追求的终极目标，“忍痛割爱”这种共建机制是违反直觉的。当然，理性的人通过博弈的结果得知，找中立的机构，收益远远大于亏损，而这也是基金会不断发展的重要动力。

在《开源软件基金会的崛起与演化》（*The rise and evolution of open source foundation*）一文中，作者对于中立信任作了颇为精准的描述，读者可以在向导的开源之道站点中阅读一系列的关于开源基金会的介绍文章。

◎ **功能仍在拓展中**

限于篇幅，向导就不再将作为一个基金会应具有的所有功能（如市场宣传、教育培训、大型会议举办等）都介绍一遍了，而且基金会所起的作用和具有的功能也不会止步于此，基金会仍然在持续发展。比如，Linux 基金会在 2020 年发布的一份白皮书当中提出了全新的功能：行业内的跨项目合作。这意味着基金会迎来了新的时代，在日益繁荣的数字化世界中，随着开源软件的广泛应用，基金会将发挥越来越重要和关键的作用。

新教伦理：拥抱开源的商业公司

几乎所有人都认为，创业就是开一家赚钱的公司，而这并非其本意。如果向导没有猜错的话，很多读者翻完目录之后，可能就直接跳到这里来读了。因为这里是激起绝大多数人好奇心的地方，尤其是那些开发者们，始终不明白为什么开源还可以有生意可做。

在进一步讲述这些公司之前，向导需要向读者说明两件事，第一件就是为什么人们对开源软件的商业化有违直觉，第二件就是对标题的释义。只有说清楚这两件事之后，本书方能继续，否则，直接讲公司显得过于突兀，以至于让人莫名其妙。

软件商业化的法律依据

众所周知，软件是在 20 世纪 60 年代从硬件中分离出来的，在整个 70 年代，对于软件的价值，大家是达成共识的。软件的开发是一项要求非常高的智力活动，不仅从业者需要接受多年的训练，而且开发过程中容易出错。开发人员的主要分歧点是软件的分发，即在分发时是否为消费者提供源代码。当然还有进一步的可能性，即提供了源代码，则用户可以参与到代码的开发中来，形成一个良性的闭环。

但是，我们不要高估了人性，人类是很难抵挡得住免费的诱惑的，既然软件的复制（无论是源代码，还是二进制代码）都是非常容易的，没有任何的额外成本，那么我们为什么还要自掏腰包呢？与此同时，对软件的理解更为深刻的一部分专业人员认为，哪怕是这样，也不能将软件闭源，因为这对用户来说是巨大的伤害。其中最为著名的故事莫过于，微软联合创始人比尔·盖茨（Bill Gates）在推出 Basic 语言编译器后的“策反”公开信，如图 6.8 所示。

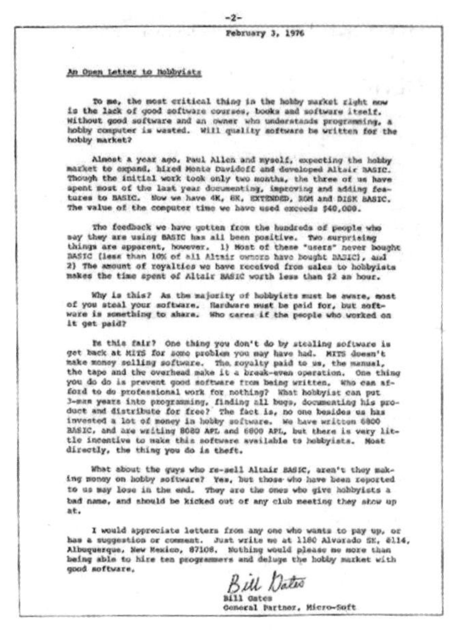

-2-

February 3, 1976

An Open Letter to Hobbyists

To me, the most critical thing in the hobby market right now is the lack of good software courses, books and software itself. Without good software and an owner who understands programming, a hobby computer is wasted. Will quality software be written for the hobby market?

Almost a year ago, Paul Allen and myself, expecting the hobby market to expand, hired Monte Davidoff and developed Altair BASIC. Though the initial work took only two months, the three of us have spent most of the last year documenting, improving and adding features to BASIC. Now we have 4K, 8K, EXTENDED, ROM and DISK BASIC. The value of the computer time we have used exceeds $40,000.

The feedback we have gotten from the hundreds of people who say they are using BASIC has all been positive. Two surprising things are apparent, however. 1) Most of these "users" never bought BASIC (less than 10% of all Altair owners have bought BASIC), and 2) The amount of royalties we have received from sales to hobbyists makes the time spent of Altair BASIC worth less than $2 an hour.

Why is this? As the majority of hobbyists must be aware, most of you steal your software. Hardware must be paid for, but software is something to share. Who cares if the people who worked on it get paid?

Is this fair? One thing you don't do by stealing software is get back at MITS for some problem you may have had. MITS doesn't make money selling software. The royalty paid to us, the manual, the tape and the overhead make it a break-even operation. One thing you do do is prevent good software from being written. Who can afford to do professional work for nothing? What hobbyist can put 3-man years into programming, finding all bugs, documenting his product and distribute for free? The fact is, no one besides us has invested a lot of money in hobby software. We have written 6800 BASIC, and are writing 8080 APL and 6800 APL, but there is very little incentive to make this software available to hobbyists. Most directly, the thing you do is theft.

What about the guys who re-sell Altair BASIC, aren't they making money on hobby software? Yes, but those who have been reported to us may lose in the end. They are the ones who give hobbyists a bad name, and should be kicked out of any club meeting they show up at.

I would appreciate letters from any one who wants to pay up, or has a suggestion or comment. Just write me at 1180 Alvarado SE, #114, Albuquerque, New Mexico, 87108. Nothing would please me more than being able to hire ten programmers and deluge the hobby market with good software.

Bill Gates

Bill Gates
General Partner, Micro-Soft

图 6.8　推出 Basic 语言编译器后的“策反”公开信（图片来自维基百科）

这封信中的关键一句是如此说的：“为何如此？多数的计算机爱好者必须明白，你们中大多数人使用的软件是偷的。硬件必须要付款购买，可软件却变成了某种共享的东西。谁会关心开发软件的人是否得到报酬？”

比尔·盖茨非常狡猾地完成了软件需要闭源分发的合理性阐述，而且还赢得了同行们的认同和追随。后来的故事大家都知道了，支持闭源的公司聘请了最好的律师，成功地说服了立法人员，随之而来的便是软件商业帝国的来临，以微软、Oracle、SAP 为代表的闭源软件巨头崛起，几乎垄断了软件市场。

但是，开源并没有因此而被灭绝，因为软件开发技术的特殊性，开放是最具竞争力的开发模式，对于绝大多数开发者有着天然的吸引力。另外，仍然有一部分聪明的用户，当然也是经过训练的用户，按照诚实交易这一古老的法则，为能够提供源代码及用户可以参与共同开发的软件付费，虽然在过去的几十年里没有那么多的钱财，但是开源软件还是牢牢站稳了脚跟。

何谓新教伦理

说起新教伦理，我们得说一下德国著名社会学家马克斯·韦伯和他的经典著作《新教伦理与资本主义精神》，该著作奠定了商业的正当性，让商业成为合理的社会因素。

无独有偶，在信息产业当中，依靠隐藏信息来获取高额利润的企业并不能占据社会高点，这甚至是非常有风险的事情，如被控告垄断。计算机思想家佩卡·希马宁（又译为派卡·海曼，Pekka Himanen）深度探索了计算机和网络的本质，并对其商业性质进行了观察，以致敬马克斯·韦伯的方式回应了这一现实，也就是隐藏源代码的做法是不合理的，开源仍然可以有很好的商业途径。

商业活动是人类众多活动中非常有益的一种，基于开放源代码的软件供应商，或者基于开源的互联网服务提供商，是可以从事商业活动的，没有任何的不妥，而且从法律的角度来看这也是站得住脚的。这里可以用某电影中的台词来形容这样的企业：站着把钱挣了。

基于开源的商业公司

开源公司中最为典型和成功的就是 Red Hat。Red Hat 是一家上市公司，其营收状况可公开查阅。这家公司基于 Linux Kernel 和 GNU 相关的自由 / 开源软件，凭借着出色的创新能力、人才的加盟，以及资本的介入，成功地打造出了围绕开源的基础设施软件产品的发行版，如图 6.9 所示。

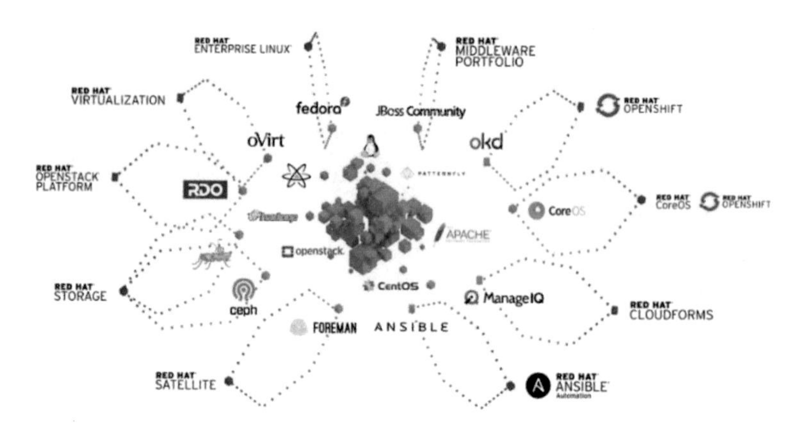

图 6.9　Red Hat 旗下的开源基础设施软件产品的发行版（图片来自 Red Hat 网站）

Red Hat 旗下的旗舰产品 Red Hat Enterprise Linux 为众多行业提供服务，稳居业内老大地位。而且源代码也是始终坚守承诺、坚守原则，一直为用户提供，哪怕是出现过严重的被抄袭事件，Red Hat 都没有动摇过。甚至更进一步，在云原生时代来临时，Red Hat 积极地投入以 Kubernetes 为代表的上游原生项目，打造 OpenShift 这个新时代的云产品。

除 Red Hat 之外，还有很多的以开源为原则和哲学底线的商业公司，完全不理会二进制授权的法律框架，而且一直试图从法理上将软件扳回到原初的状态：软件天生开源。这种做法和理念也得到一部分法学界人士的认同和支持，因为软件事关新时代的规制。

售卖开源软件或者是基于开源项目发展起来的一些商业模式还有很多，如博客系统 Wordpress 背后的公司 Automattic 的大部分收入来自附加的订阅服务，向导就不在这里为读者一一列举了，大家可以自行进行查阅。

拥抱开源的互联网巨头

图 6.10 展示的 Google 开源页面中有一句克里斯·迪博纳（Chris

DiBona）的知名评价：Without open source software, the entire internet as we know it would not exist（离开了开源，互联网将不复存在）。

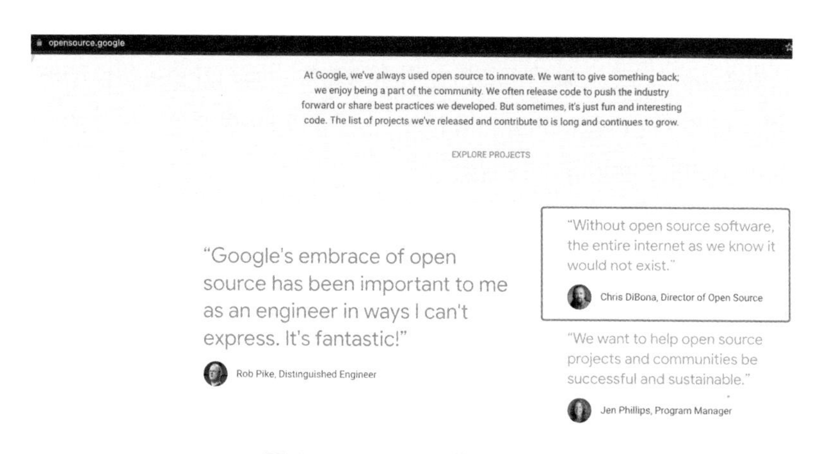

图 6.10 Google 的开源页面

互联网和开源相互成就，彼此水乳交融，谁也无法将对方置之不顾。提供互联网服务的公司，如提供搜索、电商、视频流、社交、云计算之类服务的公司，其基础设施都是架构在开源项目之上的。

互联网公司相比专门售卖二进制授权模式的软件的公司，起步要晚 20 年。Yahoo、Google 在创业之初，建设基于互联网的服务的时候，是没有能力购买这些公司昂贵的软件授权的，这些公司的软件也不具有定制的能力，版本开发周期长到让人无法忍受，而且错误频出。于是这些互联网公司在创业初期都是拥抱开源项目，基于开源的基础设施软件进行开发，从操作系统到编译器再到编程语言，只要有选择开源的可能，就不会不选！而且这个法则也被创业公司默认。所以后来的 Facebook、Twitter、LinkedIn、Netflix，都是拥抱开源的公司，而且公司内的项目也积极开源，开源成为公司战略的一部分，没有丝毫的动摇。

正在路上的传统商业公司

所谓传统商业公司，主要和工业革命时代崛起的产业有关，信息和数字化对这些公司来说是一个加速器。在早期阶段，这些公司采用的策略均是直接购买软件及相关的服务。随着时代的变化，显然，封闭的二进制授权模式已无法满足企业日益增多的需求。拥抱开源是最佳的解决方法。在数字化转型、后云计算时代，这些公司面对变化，最佳的应对方式就是拥抱开放式的协作方式。

这些公司涵盖了各个行业，如电信、电力、金融等。正如 Linux 基金会在所做的报告中指出的，在数字化转型过程中，开源是这些行业的最佳选择。

基于开源项目的初创公司

随着数字化时代的来临，软件的复杂度日益增加，闭源的软件已几乎不会被人们考虑。企业在早期的获取和观察、后期参与，以及和同类的比较、观望过程中的表现或做法，都决定了软件的商业模式的变化，而开源是其中深受重视的一项。软件的商业模式，如订阅、托管、服务等逐渐被认可，这时不再是单一的二进制授权模式了。这是一种应对市场变化的进步。

当时间进入 21 世纪之后，基于开源项目的商业公司开始被资本所关注，有组织专门对新获得融资的基于开源项目的商业公司进行了统计，列表每周都有更新，也就是说新的基于开源项目的公司在不断获得融资。

06

被其他世界承认或建交的部门：机构

鉴于本土文化的特色，本书专门写了这一章，期望能为读者提供进入开源世界的多样化入口。

从 Linux 的“总部”说起

现代的商业公司都会精心打造自己充满象征意义的总部，如苹果的飞船总部大楼、Googleplex 等。从各种媒体以及这些公司的公关中，我们可以获知这些科技感十足、充满艺术气息且独具特色的建筑，它们通常具备了这个时代的所有特征：精英、资本、积极向上。那么开源的机构是什么样子的呢？

我们就先来看看史上最大的开源项目之一 Linux 的总部，如图 6.11 所示。

图 6.11 Linux 创始人正在家里为大家介绍他的工作环境和计算机等设备

虽然有点调侃的味道，但这个场景是真实的！这也充分说明了开源项目的机构和现实的机构是有区别的。

Apache 软件基金会的总部

Apache 软件基金会的功绩有目共睹，但是作为开源势力的一部分，从成立到现在这 20 多年里，Apache 软件基金会却没有实体的办公室。也就是说 Apache 软件基金会是没有总部的，只有一根象征性的羽毛，图 6.12 展示了 Apache 软件基金会成员正在 ApacheCon 2019 北美会议上为新制作的标志签名。

图 6.12 Apache 软件基金会成员正在 ApacheCon 2019 北美会议上为新制作的标志签名

而 Apache 软件基金会每年都会进行一次选举，董事会成员每年也都会变化。当然基金会成员现在已经遍布全球了。

通过以上两个例子，作者想说明的是，开源的机构在现实世界中不是那么好找。本书前面提到的那些明显的标志，不会出现在高速路边的巨幅广告牌上，也不会出现在机场的行李转盘旁的 LED 显示屏上，当然也不会出现在都市繁华地带的楼宇里。但是，既然开源创造了如此之大的社会价值，现实世界应该给其留有一处容身之地！当然，这需要我们去努力寻找。

聪明的现代读者，当你想起一个组织或机构的时候，想到的一定是自己所在的公司，或者是所在的事业单位。那么去这些公司或组织是不是可以找到开源？或者称之为开源机构的部门？

找到对的人才算是和这个机构建立了联系，否则就会像文学作品卡夫卡（Kafka）的《城堡》里的主人公一样一直徘徊在城堡门口，开源世界的机构就在那里，可是你永远到达不了。

大公司的开源项目办公室

开源项目办公室（Open Source Program Office，OSPO）是现代每个对软件有强烈业务需求的公司必备的一个部门，尤其是在当下的数字化转型时代，我们从 Linux 基金会旗下的 TODO（Talk Openly Develop Openly）工作组（TODO Group）的成员名单中就能看出，OSPO 对于现代的公司是多么重要。

TODO Group 近来发起一个项目：绘制一幅设立了 OSPO 的公司的全景图。由于更新速度很快，本书就不给出全景图了，但是提供了网站的访问链接 https://landscape.todogroup.org/，感兴趣的读者可以自行查看。

身处 OSPO 的人，大多数在开源项目或共同体中工作了多年。这也就是说，当你找到这些公司之后，再找到 OSPO，然后找到 OSPO 里的人，就算是找到了开源世界的机构了，而且这里的变动很小。

当然，有时候会出现一个外行出现在 OSPO 的情况。不要惊讶，通常这是领导层对开源的误读，将之视为一个闲差，这是错误的做法，不会影响到本书的观点。

举例来说，微软这家公司在 2014 年拥抱开源之后，就成立了 OSPO，然后你就可以找到 OSPO 主任斯托米 · 彼得斯（Stormy

Peters），如果你能和她聊起来，那么就说明你可以打开这个开源世界的大门了。

◎ Red Hat 的 OSPO

作为当今世界围绕开源而成功形成自己独特模式的商业公司，Red Hat 也设立了专门的 OSPO，该部门形成了工程团队规划共同体并倡导为上游做贡献。

这个部门还有一个名称：开源和开放标准（open source and open standard）。也就是说，这是一个专门为 Red Hat 的商业模式提供最佳决策的部门，如：

- 如何参与到上游的开源项目；
- 为员工提供有关什么是开源的教育；
- 帮助选择开源许可协议；
- 确保 Red Hat 所依赖的开源共同体的健康和繁荣；
- 如何实践开源开发模式（Wiki、IRC 等协作工具的日常化使用）；
- 为衡量成功与否提供量化依据。

Red Hat 的 OSPO 在 2020 年年底发布的《参与开源实践指南》（*Open source participation guidelines*）绝对是业界佳作，值得很多团队学习。而对这些材料的发布和研究，不过是 OSPO 的日常工作罢了。

我们可以看到，随着开源的崛起，越来越多的企业开始重视开源为其带来的益处，再也不会对开源视而不见。

高校 / 学术机构

作为现代科学的重镇，高校 / 学术机构在任何领域都有自己独特的一块空间。诞生于高校的开源项目有很多，高校也是重要的进行自由 / 开源项目维护的组织，FreeBSD、Kerberos 等均是来自高校的项目，

而开源项目许可协议中非常宽松的 MIT 许可协议，是美国高校麻省理工学院的创举。

本土的民间行业联合体

中国是一个极具特色的文化大国，开源方面的机构也和我们常见的自下而上所形成的共同体是不一样的。由于民众对机构的信任，开源成为事业单位所推动的事情就顺理成章了。本土主要有以下几个开源的联盟：

- 中国开源软件推进联盟；
- 中国开源云联盟；
- 云计算开源产业联盟。

这几个联盟均属于在中国政府事业单位监管下的实体，积极推动着开源在本土的发展。这是颇具中国特色的地方，背后的机理，向导将会在本三部曲中的《开源之思》中进行详细的叙述。

本土企业中国有企业占据主力，这是一股强大的力量，也遇到了不少难题。这些联盟责任重大，也是想拥抱开源的企业应该联络的重要机构。

对于无法接触到的开源机构，本土的人们充满了疑惑与好奇，也无法进行想象。本章是作为某种隐喻下的中间结果，希望有助于读者理解开源。因为理解开源，需要先理解个人主义，然后是法国历史学家托克维尔在其《论美国的民主》中所描述的自由结社，而互联网和万维网不过是人的延伸罢了，本质上仍然是人的组织。

但向导还是建议，如果读者能够从项目的共同体入口处，就不要从本章的“机构”处进入开源世界，后者仅仅是帮助读者理解开源的一个途径。

07 嘉年华：开源世界的大型会议与活动

互联网的发展，拉近了人与人之间的距离。但是，我们仍然无法忽视地理位置和物理上的隔离，线下聚会仍然有其局限性，它更加适合在同一个城市或区域进行。而开源世界是覆盖全部现实地域的，大型会议就成了来自全球各地的开源居民们的盛大聚会。

在互联网出现之前，人们说市场的时候，指的是具体的某个地点；在互联网出现之后，人们再说市场的时候，脑子里浮现的再也不是一个地理位置——地球上的某个地点——而是一个网络，一个虚实结合的网络，因为信息和沟通是无处不在的。但是，网络就能替代人类的大型线下聚会了吗？

答案是不能！相比之下，现在人们聚得更加频繁，领域更加细化。

需要大型聚会的内在缘由

谈了那么多需要我们自己去构建的世界，实际上，现实中的人，那些活灵活现、有说有笑的同行们，才是构建开源世界的真正核心，那么怎么才能遇到这些人呢？那些只会出现在代码编写、邮件往来、问题跟踪系统中的人，如何才能见上一面？答案就是参加人类的伟大创举：嘉年华！一个由同行举办的研讨会、展览会。

就职业人聚会这个事情而言，我们必须提及阿图尔·加万德（又译为阿图·葛文德，Atul Gawande）医生在《医生的修炼：在不完美中探索行医的真相》中的描述：

我们渴望与人接触，也希望找到一种归属感。也许，我们都是为了

一些实际的理由而聚集在此的，像是学习新知识、了解新器械、追求地位、凑学分或是忙里偷闲。

每一年，我们都会不远千里来到这个地方，在这儿，你会发现同伴，他们也许正向你走来，也许就坐在你的右边。……在这几天内，我们形成了一个大联盟。

豪华的大型商业会议

就商品展示而言，从世界工业博览会到电子产品展，简直不亚于任何的人类庆典与仪式。而 IT 界尤其擅长这个，当你翻阅讲述 IT 历史的资料时，你会发现那些精彩的瞬间，往往就出现在某个会议上。

以苹果公司为例，1977 年 4 月 15 日，苹果在西岸计算机展上发布了面向大众用户的个人计算机 Apple II，由此开启了个人计算机革命。乃至后来的每次新产品发布会都成了苹果公司最大的仪式，尤其其创始人史蒂夫·乔布斯的经典三件套和经典名言“One More Thing”更是成了永恒的经典象征。

在软件和互联网发展起来之后，新产品发布会几乎是每家公司的必选项了，随之而来的是新产品发布、答谢客户、媒体公关等诸多活动的“大拼盘”，甚至包括跨国公司一年一度的见面会。

以最大的开源公司之一 Red Hat 为例，其每年都会举办一次 Red Hat 峰会（Red Hat Summit），每年都尝试不同的主题，通过主题演讲来向世人宣布公司的理念、文化和愿景，然后是合作伙伴的案例分享，以及开源圈的纯技术前沿分享。当然，通常还会有附带小礼品赠送的产品展示活动。

开源世界的大型会议

开源世界也是一样的，没有人能够抵挡得住遇到同类这种诱惑。如果我们想领略开源世界，除了在虚拟的网络空间中靠想象力随意地构造外，也要偶尔回归一下现实社会。我们的一些本性，经过几千年的进化都未曾改变，比如倾诉与对照。

我们所处的环境，或多或少都会限制我们的想象力，比如向导在这里向读者描述的开源让世界缩小成了“地球村”就较难想象。虽然来自世界各地的人都在参与开源，但是开源带给人们的感受其实和看虚构的电影或小说给人们的感受没有多大区别，除非你到工作 / 活动现场见到这些开源世界的人们，方能真真切切地感受到开源所带来的让人着迷的魅力。

如果你没有亲自参加过一场来自开源世界的大型聚会，就无法切身地感受到开源带给人们的力量和鼓舞。

开源世界的大型聚会其实不算多，我们把有几千人参加的会议称为开源盛宴，举例如下：

- OSCon（Open Source Conference）；
- Open Source Summit；
- CNCFCon/KubeCon；
- ApacheCon；
- FOSDEM；
- 中国开源年会 COSCon；
- ……

上述这些都是非常了不起的大型聚会。林纳斯在 2017 年参加了 LC3（LinuxCon、CloudOpen 和 ContainerCon）大会，如图 6.13 所示。

图 6.13 LC3 大会现场

参与大型开源会议的意义

开源会议对于开源的发展是至关重要的一环，在前面其实向导已经非常明确地阐述了各式各样的会议形式。生活在开源世界的人们也需要交流，需要形成个人的社交网络，也需要分享知识，需要商业和资本力量的加速推动。大型会议的意义是显而易见的，它犹如人类世界的广场：每个城市都无法或缺的公共场所。

上面列举的开源世界的大型会议就是开源世界的大型广场。在这个大型广场里，人们可以在达到主办方要求——尊重多样性和遵守行为准则——的情况下，进行自由交流，观看经过认真审核的技术宣讲，到赞助商区域参观厂商最新最酷的产品和服务展览，到大牌技术明星区自由交流和询问，以及不能错过的——观看开源世界大人物的主题演讲。

在这个广场中，你可以找到归属感，因为放眼望去，都是和你差不多经历的开发者，或认同开源模式的开源爱好者；你不再孤独，感觉到某种真实力量的存在，觉得自己的选择并不是虚无缥缈的。这是开源世界最具魅力的事情之一。

以色列历史学家尤瓦尔·赫拉利（又译作尤瓦尔·哈拉里，Yuval Harari）在《人类简史》中提出，人类能够建立宗教、神话、货币等具有叙事诗特点的语言体系，以此来统一人们的“描述方式”，巩固更为庞大、更为复杂的人类组织形式，这是人类的一种能力。“农业革命为造就人口密集的城市和强大的帝国提供了可能，人们开始创造出种种故事，宣扬伟大的上帝、祖国、股份公司等，从而营造出他们需要的各种联系，当人类的进化历程还在龟速前进时，人类的想象力就已经为大规模合作缔结了叹为观止的人际关系网，这是地球上任何其他生物所不能企及的。”赫拉利如此写道。

开源以技术为依托，以互联网为载体，发展出前所未有的惊人的协作力量，没有大型会议，这恐怕是无法想象的。退一万步讲，会议可以提供曝光的机会，无论是从个人的角度，还是商业公司的角度来看，曝光总是没错的。

会议之外其实还有非常多的大型活动，如黑客松、夏令营、算法竞赛、代码大赛等。保持每年活跃的、声誉一直在业界保持高水准的活动也有很多。接下来，就由向导带领大家看看全球最具人气的开源大型活动之一，它就是 Google 编程之夏。

Google 编程之夏

Google 编程之夏（Google Summer of Code，GSoC）是由 Google 公司主办的面向全球在校大学生（包括本科生、硕士生和博士生）的年度带薪开源编程项目。它的标志如图 6.14 所示。该活动由 Google 联合创始人拉里·佩奇（Larry Page）发起，意在鼓励青年学生通过参与真实的开源软件开发来提升自身技术水平。

首届活动于 2005 年举办，当时只有 42 个开源组织和 410 名学生参与。历经十几年的稳步发展，在 2021 年的 GSoC 活动中，共有来自全球各地的 202 个开源组织入选，有 31 个开源共同体首次入选。

图 6.14　Google 编程之夏的标志

GSoC 分为两个阶段。

• 第一阶段，Google 公司面向全球征集开源组织。每个组织都会提供一系列的开源项目供学生申请；

• 第二阶段，开源组织审核来自学生的申请书。入选学生名单一般于每年的 4 月底或 5 月初公布。之后每位学生会在一名或多名来自开源组织的导师（mentor）的指导下，在 5 月中旬到 8 月中旬的 12 周时间内完成指定项目。整个过程均为在线进行。

最终通过审核的学生除了可以获得来自 Google 的电子证书和小纪念品（T 恤和笔记本）之外，还可以得到一笔奖学金。这笔奖学金的数额根据大学所属地的购买力而定。2021 年大陆地区为每人 1800 美元。近 3 年 GSoC 入选学生的最终平均通过率为 86.6%。

GSoC 的入选项目覆盖面极广，涵盖云计算、操作系统、图形处理、医疗、编程语言、数据库、机器人、科学计算和安全等多个领域。其中既有 Linux 基金会、GNU、Mozilla 基金会等大型开源组织，也有如哈佛大学伯克曼互联网与社会研究中心和欧洲核子研究组织等大学与研究机构，更有大量的中小型开源项目。

据周迪之博士介绍，在 GSoC 的带动下，近些年来全球涌现出多个类似的带薪编程活动，如由欧洲空间局（ESA）举办的、针对航空航天和深空探索的太空编程之夏（ESA Summer of Code in Space），针对少数族裔群体与女性群体的 Outreachy 和 Rails Girls Summer of Code 项目等。专门针对开源项目的编码活动对学生的激励还是非常有效的，更何况这样的活动还能在自己的简历上留下亮点，因此是值得花时间和精力去努力争取的。

作为一位教授，我更倾向于认为历史是由非个人的力量驱动的。但当你身处历史当中的时候，你会看到伟大人物所产生的重要影响。

——亨利·基辛格（Henry Kissinger）

不起眼的推动者：大众驱动的开源

开源项目的主力

通常在每一个开源项目的主目录下都会有一个文件：contributor. md 或者 contributor. txt，Linux 则是叫作 CREDITS。该文件中会记录为该项目做出贡献的人们。有的时候则是在每次软件新版本发布时，由掌管发布的经理将当前版本周期内做出贡献的人的名字都一一列出并致谢。

从广义上说，这份名单才是构成开源的真正主力。开源的产出正是由无数的开源贡献者们构成的，他们所做的事情全部都是围绕软件开发的相关活动：提需求、撰写代码、设计、测试、反馈漏洞、沟通、会议组织、布道等。

另外，有一个技巧可以用来查看项目贡献的方式，不过只能看到代码的提交。大家可以使用当下开源主流的分布式版本控制系统 Git 来查看，下面是输出所有贡献者提交数的代码：

```
git shortlog -s -n -e
```

无限多样性的群体

在任何一个运转良好的开源项目中，我们所看到的参与者——那些为项目的发展做着自己该做的事情的人们，和我们一样非常普通，也许是一名正在读计算机专业硕士的学生，也许是在某个商业公司就职的程序员，也许是某个非营利组织的雇员，他可能还是两个孩子的家长，也可能是独立的不婚主义者。就描述的词汇和范围来说，我们可以使用很多标签，如大洲、国家、肤色、性别、职业、关系等。

这是一个让我们必须使用《社会学的想象力》的作者 C. 赖特 · 米尔斯（C.Wright Mills）笔下的想象力方能在头脑中塑造出来的整体形象，这一点也不比 2008 年北京夏季奥运会开幕式上展现的几千张笑脸的收集难度低。但是我们仍然可以寻找到这些人的共同点：围绕开源项目的参与者！

在开源项目里，他们组成了新的共同体，找到特别的归属感，并为了将项目做好而尽力而为。

互联网空间的新连接

计算机、互联网和万维网技术铸就了人类新的空间，这个空间跨越了传统地理意义上的障碍，也消除了时间上的沟壑。而掌握了计算机本身技术的，也就是打造了这个空间基础设施的人们，同样利用开源这个匠人本身该有的特质而彼此协作。

GitHub 的网站首页有一个模拟地球的动态图，将 PR（Pull Request）形象化地展示为一条优雅的抛物线，从此点到彼点，全球任何接入互联网的地方都可以进行协作。我们仿若拥有了上帝视角，将开源的协作精神完美地进行了表达。这是一个全新空间的沟通协作，这是人类的伟大创举。社交媒体微信客户端的启动界面也为人们打开了一个全新的视角，暗示着人们对社交的渴望，而开源世界的表达、每次代码的协作也应该是最伟大的人类价值的体现。

这就是由许多除了开源项目之外再没有任何联系的默默无名的人，跨越空间距离相互协作，进而打造出的一幅无比壮丽的星云图。

技术的民主化

一般来讲，参与开源项目是不需要什么资格的，参与开源项目的组织和个人是可以选择匿名的。例如比特币的创始人中本聪，从发起项目到退出项目，对于外界来说他一直是个神秘的存在，但是这并不影响此人对整个项目的贡献。

参与开源项目的组织和个人可以随时退出，也没有人限制分叉，相反，开源项目通常还鼓励大家这么去做。进行决策时，大多数时候是靠具体做出来的事情来平息争议的。这似乎是一个理想的技术乌托邦，而人本身反而是被淡化了的。这无疑是真正意义上的技术民主化。

如何识别他们？

本书不止一次强调，开源工作的核心是编写代码，那么如何找到这些编码人呢？当然是前面两章所着力描述的到开源世界里，循着这些人日常的足迹来找到他们。当然，看见是一回事，接近他们是另一回事。向导这里概要地描述一下如何和他们“搭讪”。

想要“搭讪”，首先需要会讲开源项目的语言，如 Linux 讲的是 C 语言，Django 讲的是 Python 语言。接着要知道他们在做什么事，如 Linux 是搞定操作系统内核的，这个项目要解决硬件的管理和驱动问题，还要为上层应用提供服务，是一个巨大的、复杂无比的系统；而 Django 是一个万维网开发框架，可以使用它来满足用户构建站点的需求。然后进入这个项目，找到与他们进行日常沟通的渠道，如邮件列表、IRC、GitHub、Slack 等。最后围绕技术本身进行相应的活动即可，例如提需求、撰写代码、测试等。

当你在进行这些活动的时候，这些人自然就会出现，甚至还会热心地帮助你，有的时候也会呵斥你，但大多数时候是友好的，不过有的时候也几乎不出现。去做吧，然后你就知道他们是谁了。

科学家：奠定开放的基石

开放，科学的要素

1665年，英国皇家学会《哲学会刊》（*Philosophical Transactions*）创刊，其中声明了科学的基石原则：常规的技术和成果的分享，以让其他人可以其为基础进行发展。

而这也是我们整个现代世界发展的基石。开源不是凭空产生的，它的源头就是科学。如果读者你和我一样，也在还原开源的发展脉络的话，就会在20世纪50～60年代发现代码开放的踪影。

我们很难想象，如果当年图灵、冯·诺伊曼（又译为冯·诺依曼，von Neumann）、香农（Shannon）等这些计算机科学的奠基者们，闷起头来自己干是否能够有现代计算机的诞生。不过我们确实是有反面的例子的，在《创新者：一群技术狂人和鬼才程序员如何改变世界》一书中，沃尔特·艾萨克森（Walter Isaacson）在追溯计算机发展的编年史中，就发现过这样一位孤独的独行者：

> 阿塔纳索夫的传奇故事一直为人津津乐道的地方在于，他是一位在地下室中工作的孤独匠人，在他身边只有一位年轻助手克利福德·贝瑞的陪伴。然而，他的故事正是我们不应该传奇化这种孤独者的明证。正如在自己的小型工坊埋头苦干的查尔斯·巴贝奇，同样只有一位助手的阿塔纳索夫也从来没有造出过一台完全可行的机器。

历史告诉我们，创新和发展是开放的结果，而不是原因。

◎ 代码默认开放

让我们将视野收回到计算机和通信领域来，训练有素的科学家根本就没有把自己的研究成果，或者是待验证的程序和演算，封闭起来不让同行进行评审的想法，他们压根就没有这种思维习惯。

开放是一种默认的行为！我们简直无法想象如果代码被封闭起来了，它的科学价值还有多大，或者说多少人能注意到它。

◎ 开放源代码的来由

如果读者你和向导一样热衷于追溯历史，那么对开放源代码的源头是科学研究这一说法是不会感到惊讶的。在计算机发展的早期，即 20 世纪 50 ~ 60 年代的时候，软件还没有被从计算机中剥离出来，科学家之间的程序分享是默认的共识。那些放在纸带上的内容，是没有谁会藏起来的。虽然说现代软件的形成，是综合了很多力量的结果，但是大学实验室和研究机构才是它的主力。正如《黑客：计算机革命的英雄》一书的作者在形容麻省理工学院（MIT）人工智能实验室——黑客文化诞生地时说的那样：

黑客们相信，通过将东西拆开，了解它们的工作原理，并根据这种理解创造新奇的甚至更有趣的东西，可以学习到关于系统（关于世界）的重要知识。他们痛恨一切试图阻止他们这么做的人、物理障碍或者法律。

尤其是黑客伦理中的那条——所有的信息都应该可以自由获取，这是对计算机程序演进的最佳注解：程序的最佳版本应该对所有人开放，每个人都可以自由地钻研代码并进行改善，而不是每个人编写同一个程序的自己的版本。

这是科学在计算机专业的最伟大继承，尽管这个过程是曲折的，但是开放源代码是卓越的先驱们早就预见到并极力实践的。

接下来，向导就为大家介绍几位计算机历史上举足轻重的科学大家，或者是某个科学共同体。之所以将他们列出，是因为向导认为，他们对于诠释开源有着更加有力的直接证据。本书不是一本开源的历史书，主要内容还是向读者介绍和解释开源，而在人物/团体的列举、介绍和总结方面，排列顺序和选择上多少会有些主观。

当然，从那么多伟大的计算机、网络、信息等领域的科学家中进行挑选，对于向导来说是相当困难的一件事，但自己最终还是勉为其难地筛选出了自认为颇具代表性的几位，比如计算机算法泰斗、万维网的发明者、互联网的奠基者们。向导谈到这里时，内心亦是惶恐不安的。

计算机算法泰斗：高德纳

◎ 主要成就

图灵奖得主（1974 年）、冯·诺伊曼奖得主（1995 年）、文本排版系统 TeX 发明者。

◎《计算机程序设计艺术》（*The Art of Computer Programming*，TAOCP）

在计算机专业有一系列著作，是令所有学这个专业的人敬畏的，这套著作曾经被微软的联合创始人比尔·盖茨推广："如果你认为你是一名真正优秀的程序员，就去读第一卷，确定可以解决其中所有的问题；如果你能整个读懂的话，记得给我发简历。"

这套书就是《计算机程序设计艺术》（TAOCP）。它也是计算机科学界最高奖项图灵奖授予高德纳的主要原因。当然，高德纳也是图灵奖历史上唯一通过一系列书籍获得奖项的科学家。

◎ 代码开源，没有其他选项

在出版 TAOCP 的过程中，高德纳教授在进行第二卷的校样审读

时，觉得书商把他书中的数学式子排得太难看了，因此发明了数学排版软件 TeX，以及衍生的字形设计系统 METAFONT。这套书本来预计写 3 年，结果写了 10 年。另外高德纳可以算是一名标准的黑客，他最喜欢的软件是 Emacs，并曾向其开发者理查德 · 斯托尔曼（Richard Stallman）提交过补丁。

TeX 是一种排版系统，其本身是开源的，有着各种各样的实现，如 LaTeX 就是 TeX 的一个发行版，在主流的操作系统上均有相应的实现。源代码也是可以获得、修改、再分发的。同时 TeX 也是商业友好的，有多个商业版本的实现。

从高德纳教授的毕生著作 TAOCP 来讲，其全部算法均是在特定架构下使用伪代码实现的，理论上是可以移植到任何语言的，如 C、Java 等。高德纳的学生塞奇威克（Sedgwick）就这么做了，并完成了另一本经典图书《算法：C 语言实现》。

◎ 书籍与开源

书就是“开放源代码软件”，它们毫无隐藏，暴露了“源代码”，或者说它们本身就是“源代码”！一本书的阅读者（或称用户）总是可以读他想读的章节。对于 TAOCP 来说，根本就不存在闭源这种情况。也就是说，在高德纳教授的世界里，“组织和总结所知道的计算机方法的相关知识，并打下坚实的数学、历史基础”，就是为全人类所做的事情。

尽管我们这么说，有可能存在缺乏实际证据的嫌疑，但是皇皇巨著却是实实在在的存在。如果你要使用代码实现这些算法，就尽情去实现吧。只要有人愿意去学习，TAOCP 就不会阻止任何人，而且 TAOCP 召唤更多的人加入进来，以便能为开源做更多的贡献。

◎ 反对软件专利

除了上述卓越的成就之外，作为学术和科学共同体的成员，高德纳教授对软件专利是持强烈的反对态度的，并身体力行，给美国专利商标局和欧盟专利组织撰写了公开信。这里向导对其中精彩的部分摘录如下。

写给欧盟专利组织的公开信（部分摘录）

我仍然持明确的观点，简单地说就是，对于数学思想（包括算法）这样的不授予专利权是对专利政策的公平表现，也是符合现实规律的。举个例子，如果有人将某个整数申请了专利，我们随意说一个数字，如1009，那么结果就是，如果不支付许可费用，以及对该数字有“技术上的改进”的话，那么人们就无法使用这个数字。尽管在过去几十年已经有很多软件取得了这样的专利，但是我希望未来不要再有这样的事情发生了。如果欧洲能够在这方面做到领先美国，我相信会有很多的美国人就会到欧洲进行创新，而不是继续留在美国。

写给美国专利商标局的公开信（部分摘录）

在1945 ~ 1980年间，大家有一个普遍的共识：专利法与软件无关。然而，当前的情况却是已经有人将这个共识打破，即他们获得了实际意义上的算法专利——如Lempel-Ziv压缩算法和RSA公钥加密算法——他们目前可以合法地阻止其他程序员使用这些算法。

还有人告诉我，法院正试图区分数学算法和非数学算法。当然，这对于计算机科学家来说是毫无意义可言的，因为每个算法它必然是数学的。算法是一个抽象的概念，与宇宙的物理定律无关。

同理，也不能够将“数字”和“非数字”的算法区分开来，尽管有的时候人们会以为数字不同于其他类型的精确信息。所有的数据都是数字，所有的数字都是数据。数学家的工作，对符号实体的使用比使用数字的机会更多些。

当然，将某些类型的算法说成是属于数学，对此我也不会感到意外。比如在19世纪的时候，印第安纳州的立法机构就曾试图通过一项立法：圆和其直径的比例是3，而不是3.1416；又比如在中世纪，他们的立法里有太阳绕着地球转。人们制定的法律，在大多数时候是对我们有帮助的，但是如果它是违背真理的，那么恐怕起的作用就是相反的了。

国会很久以前就明智地决定数学的内容不能申请专利。我们可以想象一下，如果人们每次使用毕达哥拉斯定理时，都需要支付许可费，那么还有人使用这个定理吗？就当前的算法申请情况来看，那些人们争先恐后所申请的算法都是些非常基础的知识，这有点类似于有些作者拿着单独的一个词语或想法去申请专利，你能想象这样的情况吗？那些文字工作者，如作家、记者再也没办法去书写有意义的故事了，因为他们每使用一个词汇都要得到这些词语专利所有者的许可和允许。算法对于软件而言，犹如文字工作者使用的词汇，因为这些都是创造有意义的产品所必需的基础构建模块。想象一下都觉得可怕。

我能够清楚地认识到，立法机构在制定专利法时，会尽力为我们的社会服务。在涉及具体物理定律而非抽象思想定律的技术方面，过去一直做得还不错，我本人就拥有一些物理设备的专利。但是在算法这个问题上，尤其是近来愈演愈烈的申请趋势，对想使用计算机做些事情的大众可不是一件什么好事，尽管少数的律师和发明者短期内有利可图。

在垄断知识方面，古今中外的例子不胜枚举，但是总有卓越的人站出来与之对抗。文字曾经只是少数人能够使用和掌握的，软件也被垄断过，恰是高德纳教授这样的先知者，打开了大众的视野，否则，实现开源可能比我们想象的要艰难得多，而不是现在的繁荣。

我们很难想象，如果科学家将计算机方面的数学知识闭源起来，只让小部分人能够学习，现实的世界将会是一个什么样子。当然，科学的开放，已经是现代生活中我们思考的一个背景了，我们不会去想科学还会遮掩着什么，这一点在高德纳先生这里仍然获得了充分的体现。而这也是开源软件的源头，否则，开源犹如无源之水。

蒂姆·伯纳斯-李与万维网

◎ 主要成就

万维网（World Wide Web，WWW）的发明者，第一位实现HTTP客户端和服务器的科学家，2016年图灵奖得主。

◎ 低调的为人

作为一名科学家，伯纳斯-李有着这个群体该有的特点，低调而务实，但是做的事情影响深远：任何地方的任何信息都可以放在万维网中。但是当时在发布了之后，它却低调到差点不被世人所提及。《创新者：一群技术狂人和鬼才程序员如何改变世界》中对当时的情景有过提及：

1991年8月6日，伯纳斯-李正在互联网上浏览"alt.hpertext"新闻组的内容，他偶然间看到了这个问题："有谁了解利用超文本链接检索多种资源相关的研究或者开发进展？"他给出了一条回复："from:timbl@info.cern.ch at 2:56 pm"，这句话成为万维网的首个发布宣言。"万维网是一个旨在连接任何地方的任何信息的项目，"他写道，"如果你有兴趣使用这个协议的话，请发邮件告诉我。"

嗯，以上就是我们现在无时无刻不在从中获益的万维网，它现在几乎占据了多半个互联网平台的使用。在这里你能找到几乎所有的信息，使用成语"包罗万象"来形容它一点都不为过。但是，它当年还是在别人问到的情况下才发布的。

◎ 万维网

想要使用万维网，你需要有一个支持HTTP的客户端，通常我们称之为浏览器，也就是我们在前面频繁提及的诸如叫作Chrome、Firefox之类的软件。然后，你可以根据统一资源定位符去寻找远程的

服务，这些文本使用叫作 HTML 的语言来进行描述。

这些是不是看起来有点稀松平常？要知道万维网的发明过程可没有那么简单和容易，在伯纳斯 - 李头脑世界里的网络具体图景是这样的："假如保存在世界各地的计算机当中的所有信息都是相互连接的，那么它们就会形成一个全球统一的信息空间，也就是一张信息的巨网。"

这就是伯纳斯 - 李在 1990 年底所实现的，也就是说，万维网并非仅仅指的是他发表的名为《万维网：超文本项目提案》（*World Wide Web: Proposal for a Hyper Text Project*）的计划书，而是从一开始就有一个具体的、在实际环境中 [欧洲核子研究组织（CERN）] 运行的软件体系。

◎ 选择许可协议

伯纳斯 - 李坚持认为万维网的协议应该免费开放共享，并且永远纳入公共领域。毕竟，万维网的设计初衷就是促进分享和协作。

1992 年，伯纳斯 - 李尝试让 CERN 按照 GNU 通用许可协议（GPL）发布万维网代码的知识产权。但是经历 Gopher（一种信息查找系统）的崩溃之后，伯纳斯 - 李放弃了这样的想法，因为他听说如果万维网的使用需要许可协议，像 IBM 这样的大公司将不准备承认万维网，当然 GPL 也包括在内。一年之后，即 1993 年，伯纳斯 - 李放弃使用 GPL，并建议 CERN 这么做。随后，CERN 在一份文档中宣布："放弃万维网（浏览器、服务器、协议）代码的所有知识产权，包括它的源代码以及二进制形式，同时允许任何人使用、复制、修改和再分发它。"

于是，史上规模最大的开源项目之一，就这样诞生并不断壮大起来。

伯纳斯 - 李将分享放在第一位，万维网被发明出来后，他也希望万维网能够快速地传播和发展，而不是垒起高墙只限于某些人参与，从而再次造成垄断。这也是伯纳斯 - 李目睹当前的互联网现状而在 2019 年 9 月发起《互联网契约》时的初心。

◎ 致力于万维网的“不可控制”

既然万维网被置于公共领域，那么任何人或组织都可以去实现它，而不需要任何的许可。在伯纳斯 - 李发布那篇计划书之后 3 年，万维网的高速发展超出了所有人的想象，但也发生了一些“分裂”的情形：有人实现不同的浏览器，有人实现不同的服务器，这些人有带有商业性目的的，也有带有学术性目的的，眼看就要偏离伯纳斯 - 李的初心。

万维网的真正目的：成为一个共享信息的、唯一的、普遍的、可访问的超文本媒介。

最后，伯纳斯 - 李做出了影响我们现代社会的一个重要决定：成立中立的联合会万维网联盟（World Wide Web Consortium，W3C）。伯纳斯 - 李在其自传中如此描述这个至关重要的决定：

我的主要使命是确保我所创造的万维网能够继续发展下去……通过采取联合会这条道路，我能保持一种中立的视角，从而使我对这个引人注目、不断发展的事物具备一种比一家公司的地位所能提供的远为清晰的认识。我希望看到万维网繁荣壮大，而不是把我毕生的时间浪费在担心一项产品的发布上面。尽管主持一个联合会可能会因为保密性和恪守中立的要求而限制我的公开意见，但我可以不受约束实在地思考一下对这个世界什么才是最好的，而不是对某一商业利益团体。我还能不受约束地对万维网未来的技术方向施加某种具有说服力的影响。

在 2012 年伦敦奥运会的开幕式上，这位万维网的发明人出现在场地中央，他在键盘上敲出一行字，“THIS IS FOR EVERYONE”（给所有人）。随后这句话出现在了巨屏之上，如图 7.1 所示。

图 7.1 2012 年伦敦奥运会开幕式“THIS IS FOR EVERYONE”现场

开放式协作之先河：RFC 背后的科学家共同体[1]

开源和互联网二者相辅相成，很难说它们可以脱离彼此而独立存在。

向导之所以把读者带到这里，是因为希望通过介绍互联网的开放性来让读者了解开源之前的启蒙阶段。开源的哲学思想不是凭空产生的，它仍然离不开科学的开放性，尤其是互联网这个伟大的创新和发明。

◎ IETF 之伟大的 RFC

作为历史上的后来者，开源在今天崛起，你我都不会觉得有什么不对劲的地方，一切都顺其自然。但是在开源运动的早期，想要说服人们相信开放的力量，还真是不容易。其中为数不多可以举例的就是国际互联网工程任务组（The Internet Engineering Task Force，IETF）的成功。可以说开源的成功就是复制了 IETF 的成功，二者背后的思想也是非常相近。

IETF 标准的开发过程是开放的、无所不包的，任何感兴趣的个人

[1] 这一小节讲述的不是某个科学家的故事，而是一个科学团体，也就是 R.K. 默顿（R.K.Merton）笔下的科学共同体。

都可以参加；所有 IETF 文档都可以在互联网上自由获取并随意复制。

除 TCP/IP 本身之外，互联网的所有基本技术都是由 IETF 开发或改进的。如果没有 IETF 创建的路由选择、管理以及传输标准，互联网就不会存在。有兴趣的读者可以通过征求修正意见书（Request For Comments，RFC）进行相应的了解，我们日常使用的域名系统（DNS）即出自 IETF。

IETF 是一个由个人组成的组织，也就是说它和我们常见的标准组织最大的区别是，它是一个自下而上的组织，几乎所有的工作组都是由一小组感兴趣的个人自发聚集起来并向领域主管建议而创立的。这也就意味着 IETF 和我们本书的主题——开源，有着共同之处：并不制订未来的工作计划，但是会确保工作组成员有足够的热情和经验使工作组成功。

除了组织上的特点之外，IETF 最为重要的成果就是刚才提到的 RFC，也就是 IETF 最终呈现给世人的成绩单。RFC 是可自由获得的公共文档，由 IETF 发布并保证文档可免费获得、可由任何人完整地重新发布。这像极了宽松许可协议的开源项目，或者说后来的使用 MIT 许可协议等的项目借鉴了 RFC。

最后我们再来看看 IETF 的工作方式。我们现在都知道埃里克 · 雷蒙德在《大教堂与集市》一书中所总结的 Linux 的“早发布、常发布”开发原则，然而，IETF 在 20 世纪 80 ~ 90 年代实践的却是“大致一致，然后开始工作”的原则，采纳一项提案不需要工作组全体同意，但是一项不能得到大多数工作组成员认可的提案不会被采纳。IETF 工作组不真的进行投票，但是通过举手可以知道大家是否意见一致。其中的相似之处，颇令人感慨。

正如沃尔特 · 艾萨克森在《创新者：一群技术狂人和鬼才程序员如何改变世界》一书中对 RFC 的总结一样：

RFC 开创了软件、协议和内容开源开发的先河。RFC 1 的提出者 Steve Crocker 表示："互联网能够实现如此惊人的发展和演进，开源文化发挥着至关重要的作用。"从更广泛的意义上说，开源文化成为数字时代的协作标准。RFC 1 面世 30 年后，文特·瑟夫又写了一个富有哲学韵味的 RFC 2555 文档，开头是："很久以前，在一个遥远的网络中……"瑟夫在描述完 RFC 非正式的诞生历程后继续写道："藏在 RFC 历史背后的是人类组织实现协作共事的历史。"

有了 RFC 所奠定的基础，互联网的发展迈出了坚实的一步，但是，光是停留在网络协议层面还远远不够，还需要其他科学家的努力，首先便是网络最为基础的设计原则。

作为受益者，我们很难想象如果互联网不是基于端到端的思想设计的，能否发展成现在这个样子。在介绍具体的实现之前，向导必须提及 3 位科学家：J.H. Saltzer、D.P.Reed、D.D. Clark。他们在发表的论文《系统设计中的端到端主张》（*End-To-End Arguments in System Design*）中提出了在分布式系统下端到端的系统设计原则，而这也是互联网主要的设计原则，如图 7.2 所示。

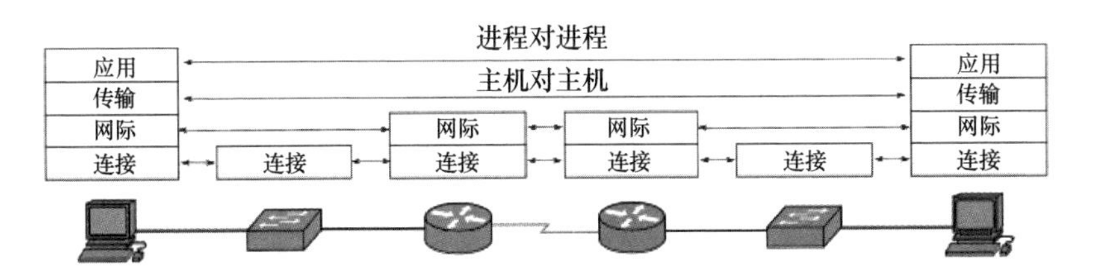

图 7.2　端到端网络示意图

网络设计应当尽量简单化，可以将一部分功能赋予高层网络去实现，这样反而能获得更大的效率。

没有任何的中心节点可以控制全部的网络，是网络设计思想的精髓所在。这也直接缔造了互联网最为重要的协议：TCP/IP。

有了协作的共识以及方式，再加上设计思想，接下来发生的事情，想必不需向导多费笔墨，罗伯特 · 卡恩（常被称为鲍勃 · 卡恩，Bob Kanh）和文特 · 瑟夫（Vint Cerf）在 1974 年发表了他们的研究成果：互联网传输控制程序（其规范为 RFC 675），并在 1978 年分离出传输控制协议（Transmission Control Protocol，TCP）和网际互连协议（Internet Protocol，IP），形成至关重要的 RFC 791/792/793 规范。

这就是奠定整个互联网大局的 TCP/IP 的实现过程。

限于篇幅，向导就不为大家展开介绍互联网的技术史了，有兴趣的读者可以查阅相关资料。在这里想强调的一点就是，无论具体追溯到哪个具体的技术实现，我们都可以看到 RFC 所带来的影响，绝大多数仍然是 RFC 的直接结果。总结来说，基于文本的开放式协作，对开源的影响至为深远。

程序员：选择将代码开源的匠人

在现代社会系统分工的伟大创举之下，作为渺小人类的我们，都在各自所选择的位置上努力地尽职尽责，以换得自身生活所需。但是，总是有一些人会尝试刻意地隐藏一些细节，以获得最大的权力或利润，文字曾经被垄断过，宗教的解读也曾经被垄断过，甚至有历史学家总结道："人类的历史，就是一部反垄断的历史。"

毫无疑问，作为人类脑力活动的高级产物——计算机代码，其属性就是可以隐藏。因为计算机只能执行目标代码，而人类编写的可阅读的代码才是源代码，如此一来，在这个职业的群体内部，也会像人类历史上的其他产业一样，出现选择将自己编写的代码开源——供世人学习、修改和分发——的人。

本章将挑选出历史上的这些匠人们，将他们的故事和观点讲给大家听。

独具一格

在黑客文化塑造的世界里，代码就是为分享而生的，没人能够独立完成所有的事情，也没有人能够写出完美的代码。但是，这个世界从来就没有纯粹的事物。代码必然要在现实世界中产生效用，这就会产生供需和交换的机会。为了追求利益的最大化，将一些实现的细节隐藏起来，这是很多商人都在做的事情。比如在软件出现以后，一些敏感的、精通法律的先行者就这样做了。

但是商业并不能只手遮天，技术的本质也不允许它真的垄断所有行业。社会分工的结果是形成了一个个群体，能从事计算机软件工作的工程师其实又是一个不怎么大的群体，而知识和技能是需要传承和发扬的。在更为广阔的视角下，这是一个职业的共同体，而从业者之间是需要交流和互动的。关于职业共同体的精确描述，向导认为《摩托车修理店未来工作哲学：让工匠精神回归》中，作者马修·克劳福德（Matthew Crawford）在印度遇到同行时的心理描述最为恰当不过："作为一个身处异乡的外国人，那种感觉让我甚是压抑；但当我在想象中融入他们的工作时，那种压抑的感觉瞬间消失了。他们正用我熟悉的方式与这个世界打交道，他们面对的一系列问题我都非常了解，他们的想法和我没有什么不同。"

工作时，我们可以摆脱地域、种族、宗教等其他因素的限制，大家眼前，甚至心里只有当前所做的专业的事情。

接下来，向导会为大家讲述软件开发者这个职业共同体中的绝大多数——愿意分享和交流、协作的匠人们的故事。他们是开源共同体的核心，使得这个虚拟的共同体得以呈现给世人。其实不光程序员这个角色，历史上，其他行业也有关于分享技术的人们的经典故事，这些匠人们更加关注技术本身。

源代码就不应该封闭

人们常常将把软件的源代码封闭起来（即为消费者仅仅提供二进制的可执行文件，而不提供源代码）比喻为汽车工业里不可以打开引擎盖，或房地产业中，买房者不需要参观房屋就购买房子。

在理查德·斯托尔曼、埃里克·雷蒙德等早期程序员看来，源代码封闭犹如上述行业的行为一样，其实是对自己行业的一种不尊重。

在最初意义上的黑客看来，将信息（软件的源代码）封闭起来，简直是一种罪恶。

开源的北斗星：理查德·斯托尔曼

◎ 主要成就

自由软件之父，Emacs、GNU 工程创始人，麦克阿瑟天才奖得主。

◎ 外人眼中的斯托尔曼

在一本谈开源的书中，谈论理查德·斯托尔曼是一件非常艰难的事情。绝大多数人对斯托尔曼持一种敬畏的态度，大家不愿意谈及，都为自己的世俗感到自惭形秽，于是，躲避成了常态。而对于斯托尔曼的忠实信徒来讲，谈开源简直是对他的亵渎，他们会持一种完全不忿的态度。这样就给写作带来了巨大的难度，但是谈开源人，如果绕过了斯托尔曼，又失去了方向感，在源头上会有所缺失。于是，向导只能硬着头皮进行下面的描述。

当然，向导之所以能鼓起勇气来撰写关于斯托尔曼的介绍，是因为还读到了自由软件基金会的法律顾问对斯托尔曼的评价：

想要了解斯托尔曼这个人，你必须要把各处细节联系起来，看成一个有机的整体。在斯托尔曼身上有着各种古怪脾气，这也许会把人拒之千里。而这份不同寻常，恰恰就构成了斯托尔曼这个活生生的人。他对挫败异常敏感，他对道德准则恪守不渝。他不肯妥协的个性，在关键问题上不肯让步的固执，这一切的总和，最终让我们看到了当今的斯托尔曼。

◎ 最后的黑客和他的 GNU 计划

关于理查德·斯托尔曼的个人成长故事，不少读者应该都有所耳闻。在麻省理工学院计算机科学与人工智能实验室的求学和编程经历，让他成为黑客的一分子。然而，世界在变化，黑客文化虽然深刻地影响了世界，但是在完成了自己的历史使命之后，它注定成为传奇和鼓舞人们前进的动力。但是理查德·斯托尔曼并不愿意自己所接受的文化被夺走，于是，在和同事索要打印机驱动源代码却遭到拒绝后，他成了这个世界上最后的黑客。

理查德·斯托尔曼并没有选择等待，或者是指挥他人，而是以舍我其谁的精神，发起了 GNU（GNU’s Not UNIX 的递归缩写）计划，从万能的编辑器 GNU Emacs 开始，目标是实现一个完全自由的、完整的类 UNIX 的系统，并身先士卒、夜以继日地进行编写，还逐步发起了更多的 GNU 程序，如 GNU 编译器套件（GCC）、GUN 调试工具（GDB）等，而且渐渐地也有了追随者。GUN 项目得以不断扩展，人们先后开发出了 bash shell、Bison（GUN Yacc）报告生成器 awk 等程序，一个完整的操作系统呼之欲出。

从斯托尔曼的传记中我们得知，他在 20 世纪 80 年代后期每周工作 70 ~ 80 小时，其双手一度剧痛到无法敲击键盘。那是什么让他如此艰苦卓绝地走这条自我实现的道路呢？向导认为，尝试对他这种行为进行的任何解释都显得微不足道。

GNU 计划和围绕它发展出来的技术栈，乃至后来的 Linux Kernel，形成了完整的计算机解决方案。而发展至今，便是整个 IT 基础设施的基石——开源。

◎ 发起自由软件基金会

工程项目是无法脱离整个人类社会而独立存在的，GNU 项目所建立的 GNU 共同体是一个纯粹意义上的只谈技术的共同体，这个共同体需要和世界接轨，比如要接受来自社会各界的捐赠，要将自己的软件进行分发，要对自己项目的用途进行捍卫等。这些非技术类的事务，是这些开发者、黑客们不擅长或不愿意去做的事情。

换句话说，GNU 需要打开一扇门，和世界进行沟通与交流，这时，

非营利性组织，符合美国501（c）（3）的组织是最适合不过的了。从历史的纵向上看，斯托尔曼建立的自由软件基金会（Free Software Foundation，FSF）是最早的处理事务的基金会之一，也是现在所有开源软件基金会的先驱。今天的非营利开源软件基金会的作用仍在当年FSF被建立的初衷范畴之内，尽管捐赠的商业化运作更为成熟。

“Free Software”中的“Free”这个单词，在英文里既有“自由”的含义，也有“免费”的意思。斯托尔曼从来都不承认所有的软件都应该免费，他的目标是要让软件从束缚中解脱出来。然而，读者可能在很多翻译过来的文章和书籍中看到的都是该词被翻译为“免费”的意思，现实中也不乏有人故意将它用“免费”来进行解读，以浑水摸鱼。

通常，斯托尔曼会一遍又一遍地这么解释：“当我们把一种软件称为‘自由软件’时，我们是指它尊重用户的基本自由，即运行、研究和更改软件，以及在更改或不更改的前提下重新传播其复制品的自由。这事关自由，而不是价格，所以请想想‘自由言论’，而不是‘免费的啤酒’。”

对于很多人来说，能够轻松容易获得的东西，他们是不会去思考诸如道德、伦理之类的精神层面上的意义的。人性是复杂的，有的时候，甚至大部分时候，人们都是按照“免费”去理解“Free”的。因为获得自由软件的人，多数是使用该软件解决现实中遇到的问题，而不是思考关于软件的更多的意义。

可能正是由于这样的误解，自由软件的商业化面临重重困难。这是后话，向导在后面的章节中会谈及。

◎ 天才般的创造：通用公共许可证（GPL）

要说斯托尔曼对于这个世界的伟大贡献，或者说其天赋异禀的最佳体现，并不是他在哈佛大学时在数学上的惊人表现，也不是其编写的GNU系列自由软件，而是跨界的关于知识产权GPL的起草与发布。

麻省理工学院经济学教授埃里克 · 冯 · 希佩尔（Eric von Hippel）对 GPL 的评价是：

“斯托尔曼的创新之处在于使用了现有的版权法的机制，又维持了自由软件。”

GPL 中最有创造性的表述如下：“人们可以随意地修改基于 GPL 发布的软件，只要求把他们的改动都公布出来；并且，这些衍生出来的软件作品也必须遵循 GPL 进行发布。”

历史证明，GPL 是斯托尔曼最伟大的创造之一。它在现有的版权法律框架中创造了一种平等的共同体系统。更重要的是，它向世人展现了法律文书和软件代码之间的相似性。斯托尔曼传记的作者萨姆 · 威廉斯（Sam Williams）甚至将 GPL 比喻为马克斯 · 韦伯笔下的“常规化”，即历史上那些伟大宗教所构建的基础。

它所体现出来的普适价值，是任何开发者和商业公司所乐意接受的，哪怕是它的反对者。即使在今天，GPL 仍然是开放源代码促进会（Open Source Initiative，OSI）认证开源协议的参考标准。可以毫不夸张地说，后来的所有许可协议，都是对 GPL 的妥协。

另外，需要说明的一点是，黑客价值观在 GPL 中的体现，用斯托尔曼的说法，就是他并不能改变现有的法律，只能设法在现有的法律框架下去设计，某种程度上，这是一种智力上的较量：利用软件版权法本身来对抗整个现有的版权系统。

至此，我们完整地看到了斯托尔曼所取得的成就，如图 7.3 所示。这是一个可以自成体系的稳定的三角组合。

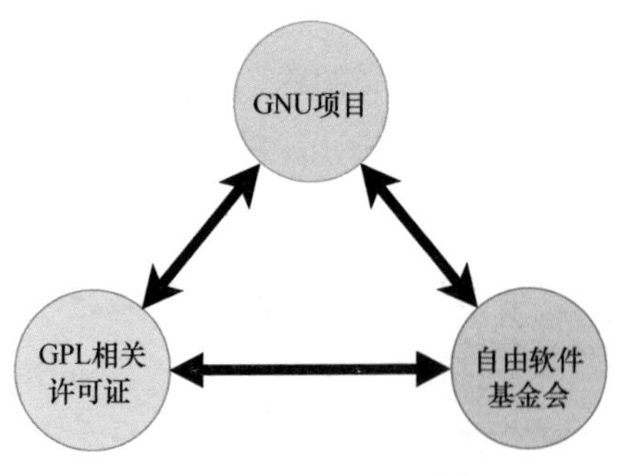

图 7.3　斯托尔曼的成就

◎ 消失于开源的世界，但精神永存

1999 年 8 月，LinuxWorld 大会举办其第二届会议，这次有一个特别的奖项，那就是斯托尔曼代表自由软件基金会领取的林纳斯 · 托瓦兹奖，斯托尔曼并没有当场拒绝这个奖，而是在领完之后的发言中发表了如下一段话：

“Giving the Linus Torvalds Award to the Free Software Foundation is a bit like giving the Han Solo Award to the Rebel Alliance.”

如果你不是《星球大战》的影迷，那么理解这句话可能会有难度，不过《若为自由故：自由软件之父理查德 · 斯托曼传》（注：“斯托尔曼”也被译为“斯托曼”）的译者根据中国读者的文化背景，将这段话意译为：“为自由软件基金会颁发林纳斯 · 托瓦兹奖，犹如唐僧代表师徒四人领取了悟空奖。”

自那以后，斯托尔曼便不再参与开源的任何活动了，而且也拒绝使用“开源”这个词汇，并撰写了文章《为什么开源错失了自由软件的重点》（*Why Open Source misses the point of Free Software*）。文章言简意赅地说明了“自由软件”和“开源”的差别：“自由软件”和“开源”基本上指的是同一范围的程序。然而，出于不同的价值观，它们对这些程序的看法大相径庭。自由软件运动为用户的计算自由而战斗，这是一个为自由和公正而战的运动。相反，开源理念重视的是实用优势而不是原则利害。我们因此不赞同开源运动，也不使用“开源”这个词。

但是，就实用性而言，自由软件是现代我们称之为开源的胜利的基石！

◎ 一些争议

有关理查德 · 斯托尔曼先生的争议非常多。说好的，将斯托尔曼视

为领袖般崇拜；说坏的，犹如见了魔鬼般避之而唯恐不及。

至于为什么会产生如此的境况，这里不妨引用一下林纳斯·托瓦兹对斯托尔曼的评价："当时它[2]并没有对我的生活产生重大影响。因为我感兴趣的只是技术，而不是政治——我家里的政治说教已经够多的了。"

理查德·斯托尔曼对于软件的理解，在道德和意识形态上的强调，要远远强于软件的实际功用。这一点吓坏了很多人。没有人喜欢说教，尤其是道德说教，会让人主动地敬而远之。

另外一个存在争议的地方就是斯托尔曼的个人收入情况。斯托尔曼先生给中国人留下的印象是不修边幅。在演讲的时候，他经常将布鞋脱下来赤脚登台，永远拿着一台低配的计算机敲敲打打，穷酸潦倒的形象深入人心。而且，无论何时谈起他，身边的人总是一片哄笑，笑这个人"傻"得可怜。当然，他们都是没有恶意的，更多的是一种怜悯和同情；也为斯托尔曼先生的精神所折服，这是一种尴尬的笑，自己十分佩服但做不到。

至于斯托尔曼现实的生活究竟惨不惨，他的收入来源有没有保障，我们无法得知具体的情况，斯托尔曼先生是位极重隐私的人，如果不是他自己公开，旁人是无法得知的。但是根据其所获得的奖项、大学的教职以及自由软件的售卖情况，我们可以推知，他生活无忧应该不成问题。不过对他来讲，这个不是重点，自由软件是否取得胜利，并不是看他个人的金钱获得了多少，而是看有多少人能够获得自由软件。向导在这里更多的是呼吁大家从斯托尔曼先生的角度出发去看问题，而不是自己所认为的。他内心的自由才是最重要的。

◎ 历史的评价

Debian 创始人伊恩·默多克（Ian Murdock）如此评价斯托尔曼：

---

[2] 这里指的是斯托尔曼的一次演讲。这次演讲促使托瓦兹采用 GPL 发布 Linux Kernel 源代码。

“斯托尔曼最重要的一个性格特征就是他不会动摇自己的立场。如果需要，为了让别人接受他的观点，他可以等上 10 年。你可以坚信他永远会坚持他自己的观点，虽然大部分人不是这样的。不管你是否同意他的观点，你都必须尊重他的观点。因为事实常常证明：他站得更高，看得更远。”

斯托尔曼为我们提供了有关软件发展的另外一个美好的想象，而他本人也为此奋斗终生，始终捍卫道德上的自由。当你迷惘之时，他会为你提供最稳定的方向，犹如夜晚璀璨的北斗七星。

只是为了好玩：林纳斯 · 托瓦兹

◎ 主要成就

操作系统 Linux 和分布式版本控制系统 Git 的创始人。

◎ 技术领袖的楷模

人类的领袖有无数种风格，林纳斯 · 托瓦兹绝对是唯一的，他的领导风格介于魅力超凡和过分谦虚之间。他可以在众人面前说出“I’m your God”，也可以害羞地说自己不擅长演讲；他可以在 Google 的技术人员面前自信地夸赞 Git，也可以对着媒体的镜头表达自己对 NVIDIA 这样的商业公司的不满；他可以坦诚自己不擅长意识形态方面的讨论，也可以坚称 Linux 代码是属于大家的。

林纳斯深得人心，无论是开发者、商业公司还是政府组织，没有人不喜欢这位和蔼可亲的人物。仁慈的独裁者也罢，不善社交的和事佬也好，林纳斯赢得了世人的普遍尊敬和信任。

当有人挑战他在 Linux 开发上的权力时，他会说：“我对 Linux 保持的唯一有效控制就是我比任何人都要了解它。”当 TED 大会的创始人安德森（Anderson）善意地挑衅，询问是否会因为 Google 在 Android 上赚取了数亿美元感到生气时，他会说“当然不会，绝对不会，我为之感到高兴”。他也会因为自己的言语和行为不当而被攻击，这时他可以随后就做出道歉。

◎ 实用至上的极客（geek）

林纳斯明确表示过，开源是打造软件的唯一正确的方式（Open source is the only right way to do software）。但是他也坦承，为了更好地完成工作，使用一些专有软件也无妨。在其撰写 Git 之前，Linux 共同体使用商业闭源软件 BitKeeper 就是例证。他甚至还承认 Microsoft PowerPoint 做演示文稿还是不错的。

林纳斯出于技术上实用的考虑为自己的项目选择了 GPLv2，因为他对这个许可协议还是比较认同的，觉得它够善意也够友好，比较符合自己的思路，但是这并不代表他认同理查德 · 斯托尔曼关于自由的见解。

他认为能写出满足自己需求的程序，最好是达到自己认为的好的品味（“good taste”）的程序就是一个编码人的最高境界。

◎ 构建共同体的艺术大师

尽管很多人都在赞叹林纳斯在技术创造方面的非凡能力，但是在人类学家，或者社会、政治学等方面的专家来看，林纳斯显然是维护 Linux Kernel 共同体的大师级人才，无论是“仁慈的独裁者”这个带点玩笑口气的称号，还是不在乎如何赚钱的“呆子”这个称呼，都无法掩盖其天才的一面。

“如果人们认为我不称职的话，他们可以自己来做。”林纳斯明确地表示过，人们可以随时通过表决来罢免他。他们只需拿走他所有的 Linux 代码，并以林纳斯的工作为基础启动他们自己的 Linux 版本。

◎ 只是为了好玩（Just for fun）

“*Just for fun*”是林纳斯写的自传的书名，翻译过来是“只是为了好玩”。虽然这是一个豁达的、没有那么严肃的表述，但是它传达了林纳斯对人生的态度，这一态度在他为另一本非常知名的书《黑客伦理与信息时代的精神》所撰写的序中也表达过：

有三件事对生活是有意义的，它们是生活中所有事情的动机——包括你做的所有事和任何一个生命体会做的事：第一是生存，第二是社会秩序，第三是娱乐。生活中所有的事都遵循着这个顺序，娱乐之后就再无其他。所以从某种意义上说，生活的意义就是要你达到第三个阶段。一旦达到了第三个阶段，这辈子你就算成功了。但是你得先超越前两个阶段。

归根结底，林纳斯编写 Linux 就只是为了好玩。

关于 Linux 还有一个小“彩蛋”。林纳斯将他自己以及三个女儿的生日永远地刻在了 Linux 系统当中，只要是重启程序就会用到这几个常量：

```
/*
 * Magic values required to use _reboot() system call.
 */
#define     LINUX_REBOOT_MAGIC1       0xfee1dead
#define     LINUX_REBOOT_MAGIC2       672274793
#define     LINUX_REBOOT_MAGIC2A       85072278
#define     LINUX_REBOOT_MAGIC2B       369367448
#define     LINUX_REBOOT_MAGIC2C       537993216
```

将这串数字从十六进制数转换为十进制数分别是：

- 0x28121969，对应日期 1969 年 12 月 28 日，即林纳斯本人的生日；
- 0x05121996，对应日期 1996 年 12 月 5 日，即林纳斯大女儿的生日；
- 0x16041998，对应日期 1998 年 4 月 16 日，即林纳斯二女儿的生日；
- 0x20112000，对应日期 2000 年 11 月 20 日，即林纳斯小女儿的生日。

这也许就是程序员的浪漫。

◎ 林纳斯定律与现象

在开源开发的里程碑式的论文《大教堂与集市》中，埃里克 · 雷蒙德将 Linux Kernel 的开发过程总结成一条定律："如果眼球足够多，bug 将无处藏身。"他将这一定律命名为"林纳斯定律"。这条定律尽管被很多人所不屑，甚至有所质疑，但是历史证明，它是具有普适性的，并为后来的开放式开发指引了方向。

2018 年发生了两件令所有开源圈的人都感到兴奋的事情：

- IBM 以 340 亿美元的价格收购了 Red Hat；
- Microsoft 以 75 亿美元的价格收购了 GitHub。

而这两家公司的开源项目均是林纳斯居功至伟的成就：Linux Kernel 和 Git，这被 Linux 基金会的执行董事吉姆 · 策姆林（Jim Zemlin）在一次公开演讲中称为"林纳斯现象"。

向导认为，林纳斯定律和现象本身已经是重大的历史事件，尽管并非林纳斯本人有意为之，但是它们比任何奖项都更加有价值和更能长久流传，且意义重大。

仁慈的独裁者：吉多 · 范罗苏姆

◎ 主要成就

最为流行的计算机编程语言之一 Python 的创始人。

◎ Python

谈到 Python 编程语言，恐怕没有比这门语言具有更高知名度的编程语言了。它不仅是各大语言流行度排行榜如 RedMonk、GitHub 上名列前茅的语言，也是青少年学习编程时采用的主要语言。

Python 以其友好的可阅读性以及强制格式为显著特征，赢得了非计算机专业，如物理、数学等专业科学家的青睐和支持。最终在人工智能和机器学习火爆的年头，Python语言脱颖而出，迅速征服了广大用户。而这一切都要追溯到20世纪90年代，吉多·范罗苏姆（Guido van Rossum）创立了它。

◎ 开源运动的早期成员

1998年，蒂姆·奥莱利（Tim O'Reilly）组织了首届开源峰会，范罗苏姆作为主要的参与者和被邀请人，参与了探讨开源的优势，以及对“Open Source”命名的投票表决工作。

那届会议的参与人员主要有以下几个。

- Apache创始人：布莱恩·贝伦多夫（又译为布赖恩·贝伦多夫，Brian Behlendorf）；
- Python创始人：吉多·范罗苏姆；
- 《大教堂与集市》作者：埃里克·雷蒙德；
- Linux与Git创始人：林纳斯·托瓦兹；
- Perl创始人：拉里·沃尔（Larry Wall）；
- Sendmail创始人：埃里克·奥尔曼（Eric Allman）；
- Red Hat开源事务副总裁：迈克尔·蒂曼（Michael Tiemann）；
- 计算机科学家、域名系统设计者：保罗·维克西（Paul Vixie）；
- XScreenSaver创始人和Mozilla开源项目早期贡献者：杰米·加文斯基（Jamie Zawinski）。

如果说史蒂文·韦伯的论断正确的话，那么这次会议就是一场非常成功的软件革命：

对于开源运动来说，《大教堂与集市》清楚地标志着一个新成熟阶段的开始，一种共同的、明确表达的自我意识的萌芽。这也正是共同体能够而且的确重振雄风并发挥影响的基础所在。

尽管雷蒙德的文章提供了所有的关注焦点，但是，共同体依然缺乏一个有凝聚力的标志或名称。撇开理查德 · 斯托尔曼关于“自由”含义有说服力的解释暂且不谈，人们对于软件日益增长的兴趣伴随着越来越多的困惑，即软件原来是怎样的？如何开发出来的？你可以运用该软件实现什么功能？许可方案的扩散进一步加重了笼罩在这些问题上的疑云。到 1998 年时，BSD（Berkeley Software Distribution，伯克利软件分发版）式思维和 GPL 式思维之间隐含的紧张关系的严重性显然超出了共同体间存在的鲜为人知的价值观上的分歧。它阻碍了主流软件广泛应用的进度。外部观察家以及一些最“熟知内情”的开发人员开始达成一致意见，混乱状况限制了软件的商业化，并且降低了软件对主流公司的吸引力。自由软件从技术上讲可能是人们所需要的，但是从市场角度来看，它却是一场灾难，在很大程度上是因为名字惹的祸。

作为一名一直以来的开源倡导者，蒂姆 · 奥莱利心里非常清楚，像共同体那样拥有可以告知外界的简单易懂的话语是何等重要。

◎ 仁慈的独裁者模式

语不惊人死不休的范罗苏姆，除了是早期开源坚定的支持者和实践者之外，在开源的开发工程上，他也有着非常不同的见地，比如他提出来的仁慈的独裁者模式（Benevolent Dictator for Life，BDFL），而这也确实是开源共同体当中的主流模式之一，其中 Linux、Perl、Ubuntu、Drupal 等均采用这样的模式。

读者不要被这个模式的名字吓着，其实在任何的社会组织中，都需要进行决策，有的选择民主的投票方式，有的选择将决定权交给领导者，有的什么也不做靠运气。BDFL 模式可能不是最好的，但也未必是最坏的。

2018 年，范罗苏姆从 Python 软件基金会退出，消除了人们一直以来对他会独裁到底的担心。这一举动堵住了那些一直诟病和嘲讽 BDFL

的人的嘴，当然这不是第一次，也绝不会是最后一次。

◎ **发起《人人编程计划》**

在 1999 年 1 月，范罗苏姆向美国国防部递交了一份公开的文案，即《人人编程计划》（*Computer Programming for Everybody*），这可以视为理想主义者的宣言，但是能看到言真意切，向导以为绝不亚于马克·安德森（Marc Andreessen）的《软件吞噬世界》那篇文章。在信息时代，人人都应该懂计算机编程，而不是让它被某一小部分人垄断。

范罗苏姆还是从开源运动的角度来理解人人编程的这个时代所带来的巨大红利，即人人得以受益。计划中写道："开源运动表明，大规模的同侪评审可以大大提升软件质量。比如 Linux 这样的大型操作系统有效地证明了这一点。我们深信，接下来，拥有更高技术的程序员会将这一做法发扬光大，让个性化为人们带来更富足的生活。"

这不正是我们现在关于开源正在吞噬软件的现实描述吗？而这也可以说是《人人编程计划》留给世人的遗产。

Perl 编程语言设计者：拉里·沃尔

◎ **主要成就**

编程语言 Perl 设计者。

◎ **创建 Perl 语言**

在开源运动的早期，系统管理是重中之重，然而 shell 并不能满足大量的文本处理需求。Perl 语言的发明可谓及时雨，而且非常荣幸的是，Perl 站在了开源这边，在这场伟大的运动中发挥了其不可磨灭的历史作用。

一门编程语言的创建以及其是否能有大规模的应用，是有其历史机遇的。Perl 的创建和流行基于两个计算机发展的条件，一是 UNIX 系统的应用，二是 awk 和 shell 在系统管理和文本处理方面能力的明显不足，拉里 · 沃尔摸透了其痛点，并顺势而为。

世界上不乏编程语言，不是吗？但是在当时，拉里却找不到任何能真正满足他需要的语言。如果时下的某种语言在当年能够出现的话，拉里或许就不会去创立一门新的语言了。他当时需要的是既像 shell 或 awk 一样能够快速编程，又具有类似 grep、cut、sort 以及 sed 等字符处理程序的高级功能的语言，而不必回头使用像 C 这样类型的语言。

◎ Perl 的崛起与不可替代性

至于 Perl 的流行，万维网的兴起至关重要，因为实现万维网服务的 LAMP（Linux+Apache+Mysql+Perl/Python/PHP）是主流的技术架构，而基于 Perl 实现的 cgi 技术更是颇受欢迎。

但是，正如前面所言，Perl 的特性更像是胶水，它的魅力在于黏合众多语言的缝隙，于是，它便在系统中无处不在了。所以你在各大 Linux 系统里、Git 这样的版本控制系统中，都会看到 Perl 的身影，它已经深深地植入现代开源的基础设施当中了。

◎ patch 的创始人

拉里 · 沃尔还是开放源代码 patch 的开发者。本书在前文中曾经描述过这一应用程序，它可以用来更新文字档案。这个应用程序实在是太重要了，用一个说法就是它是“杀手级应用”。这个程序是软件开发者群体协作的基础，是现代版本控制系统的主力工具，如 Git、SVN 等。如果你想比较出两个文件的不同，那么就可以使用 patch 来让它们保持一致。这也是 GitHub 合并 PR（Pull Request，合并代码）的基础。

◎ 作为语言学家

拉里 · 沃尔本身是一名优秀的语言学家，因此，他在和人们谈论

Perl 或编程语言的时候，会说“名词”“动词”，而不是诸如“变量”“功能”之类的传统术语。

Perl 是不存在闭源这一说的，也就是说，拉里 · 沃尔在最初设计时就将 Perl 定为解释性语言，而不是编译性的，这让 Perl 损失了性能，但是赢得了系统管理员们的喜爱，也为它最初的流行奠定了基础。作为 UNIX/Linux 的重要文本处理工具，Perl 赢得了相当多的追随者。当然，作为开源的先锋，Perl 的历史地位是举足轻重的，它也为推动开源的发展做出了难以抹去的贡献。

Perl 在计算机发展的历史上是非常重要的。无论是其发明的年代，还是它所解决问题从属的领域，都是开源发展的路程中不可或缺的，其发明者拉里 · 沃尔理应在开源的名人堂里占据一席之地。

全栈工程师典范：法布里斯 · 贝拉

◎ 主要成就

开源项目 FFmpeg、QEMU 开发者。

◎ 卓越项目的缔造者

在第一章，向导为读者阐述开源无处不在的时候，就试图让读者打开日常使用的移动设备的许可声明，寻找开源软件项目的身影。有心的读者也许注意到了一个神奇的项目——FFmpeg，这是应用最为广泛的具有音视频剪辑、播放、编解码功能的开源项目。

说起 FFmpeg，就无法不谈起其创始人：法布里斯 · 贝拉（又译为法布里斯 · 贝拉尔，Fabrice Bellard）。在他的个人主页上，我们可以看到他发起的项目的列表。

- QEMU：最为流行的计算机架构模拟器，移动开发必备“神器”；
- TinyC：小型的 C 语言编译器；
- QuickJS：小巧而功能齐全的 JavaScript 引擎；

● ……

法布里斯 · 贝拉是难得一见的全能型人才，计算机功底极其深厚，对各种细节了如指掌，世界上使用范围最广的计算机模拟器项目 QEMU 充分说明了这一点，数学功底则表现在圆周率的计算。当然，实现精简的编程语言环境也是他非常了不起的成就，这要求精通有关编译器的全部知识。

◎ 根本不在意商业化

QEMU 在 OpenHub 上的估值是 23973723 美元，FFmpeg 的估值是 19485740 美元……这仅仅是它们最为粗略的估计，也就是说这仅是成本。然而从 QEMU 和 FFmpeg 的使用量来讲，它们的商业价值将会是天文数字。

就拿现在的公有云为例，无论底层的虚拟化技术使用的是 Xen，还是 KVM，这些都是公有云巨头 AWS、Google Cloud、Alibaba 等主要技术。而每一台主机都会运行 QEMU，该软件为这些厂商提供服务赚取的利润令人咋舌。

但是法布里斯 · 贝拉根本不在意这些，当他完成这些项目后，其他人可以有条不紊地持续进行开发，有了后来者之后，他就离开项目组做其他更具挑战性的事情了，而不会去围绕项目进行任何商业化的尝试。他的工作就是解决一个又一个的难题，然后将成果开源出来。他也是坚定的自由软件的捍卫者。所有的软件协议都是 GNU 旗下的许可协议，如 GPL、LGPL、GPLv3。

◎ 神秘的个人生活

他是某家公司的首席技术官（Chief Technology Officer，CTO），这是我们可以在公开的互联网上搜索到的他唯一的软件项目之外的信息了。就让他保持神秘吧，我们只要关注他的代码实现即可。

BSD 和 Vi 的作者：比尔 · 乔伊

◎ 主要成就

BSD UNIX、文本编辑器 Vi、C shell 的设计者，SUN 公司联合创始人。

◎ 移植 UNIX

20 世纪 60 年代，UNIX 诞生于贝尔实验室。1973 年 11 月，肯尼恩 · 汤普森（Kenneth Thompson）和丹尼斯 · 里奇（Dennis Ritchie）在操作系统原理研讨会上发表了关于 UNIX 的第一篇论文，当时也在会场的加州大学伯克利分校教授鲍勃 · 法布里（Bob Fabry）对该系统非常感兴趣，并将之带回伯克利分校，在伯克利分校开始了 UNIX 的开发。1975 年，汤普森决定在他的母校加州大学伯克利分校担任客座教授，为期一年。汤普森和 Jeff Schriebman 以及 Bob Kridle 在最新的机器 PDP 11/70 上安装了 UNIX V6。

同年秋天，伯克利分校来了两名研究生，即比尔 · 乔伊和查克 · 黑利（Chuck Haley），他们开始基于 UNIX V6 工作，如移植 Pascal 编译器、编写 ed 编辑器等。1976 年，汤普森离开了伯克利分校，比尔 · 乔伊也转向了 UNIX 内核的研究。之后，他们专门为自己改进的 UNIX 版起名“Berkeley Software Distribution”，即伯克利软件分发版，简称 BSD。直到现在，BSD 仍然是很多领域重要的操作系统，如 macOS、Juniper 交换机所采用的操作系统均是 BSD 的衍生项目。

◎ 在 BSD 下实现 TCP/IP

当时，美国国防部高级研究计划局（Defense Advanced Research Projects Agency，DARPA）主导了计算机网络的发展工作。由于 BSD 的良好表现，伯克利分校获得了 DARPA 的合同，希望能增强 BSD，并支持 DARPA 的网络。

当时有一家叫 BBN 的公司，曾经参加过 ARPAnet 的建设，获得了实现 TCP/IP 协议栈的合同。

TCP/IP 是互联网的基石，稍有了解的人都知道，光是理解这些协议就非常不容易，更不用说准确地、高性能地实现它们了。

但是，当 BBN 公司实现了 TCP/IP 协议栈，DARPA 要求比尔 · 乔伊将其集成进 BSD 的时候，却被比尔 · 乔伊拒绝了，他的理由很简单：BBN 写的 TCP/IP 性能太差了！还不如我自己写一个！

比尔 · 乔伊说到做到，很快他就手写了一个高性能的版本并将其集成进了 BSD。当被询问是怎么实现 TCP/IP 的时候，比尔 · 乔伊说："这非常简单，你只要读一下协议，然后写代码就行了。"

◎ 创建最流行的编辑器之一：Vi

著名的技术问答站点 StackOverflow 上有一个火爆的问题："如何退出 Vim 的编辑模式？"

没错，作为这个世界上最为流行的编辑器之一的 Vim，光是这个问题的查看量就达到 200 多万次，而 Vim 就是 Vi 的增强版。

如此实用、用户量多的 Vi 编辑器的创始人就是比尔 · 乔伊。他的灵感来源于 UNIX 早期的工具，如行编辑器 ex 等。由 Vi 发展而来的 Vim，是当前全世界开发者使用的主流编辑器之一，尤其是在没有 GUI 的时候，大多数情况下 Vim 是不二之选。

当然，Vi 是开源项目，所以，甚至有人将比尔 · 乔伊的其他所有贡献抛开，认为 Vi 是他最为重要的成就，因为对于开发者来说，编辑器就是一切。

◎ 创建 SUN 公司，贯彻开源文化

在 1982 年，比尔 · 乔伊与维诺德 · 科斯拉（Vinod Khosla）、

斯科特 · 麦克尼利（Scott McNealy）和安迪 · 贝希托尔斯海姆（Andy Bechtolsheim）一起创立了 SUN 公司，并作为公司首席科学家直到 2003 年。在 SUN 公司任职期间，比尔 · 乔伊仍然有着非凡的创造力，尤其是参与划时代的产物——Java 的设计，Java 最终也是开源的。

纵观比尔 · 乔伊的职业生涯，他的作品几乎没有非开源的作品，他也依靠自己的影响力，让自己公司的产品尽可能开源。作为一名以追求公民社会正义和道德为己任的知识分子，他也曾多次进行尝试，希望通过自己的独立思考，并以个人言论的方式来影响社会，推动社会进步和解决公共问题。

在众多开源的英雄榜或名人堂中，比尔 · 乔伊如果缺席了，那么就意味着这个名人堂是令人遗憾的，不完整的。

开源大数据处理的缔造者：道格 · 卡廷

◎ 主要成就

知名 Apache 开源搜索引擎项目 Apache Lucene 和 Apache Nutch 的联合创始人，也是 Apache Hadoop 的联合创始人。

◎ 从 Google 发布的 3 篇论文说起

时间要追溯到 2003 年，随着万维网的崛起，Google 作为人们访问万维网的入口日渐壮大，对于抓取整个网络的内容的工作，过去的老方法行不通了。Google 的工程师们研发了叫作 MapReduce 的方法来处理超大规模的数据集。MapReduce 技术可以将大量数据分解成小块，将信息分散到数千台计算机中，向计算机提问并获得一致的答案。当然，Google 并没有将自身的实现公开，而是和科学家的做法一样，公开发表了相关的论文。

- MapReduce：大集群下的简单数据处理（*MapReduce: Simplified Data Processing on Large Clusters*）；

- Google 文件系统（*The Google File System*）；
- BigTable：针对结构化数据的分布式存储系统（*Bigtable: A Distributed Storage System for Structured Data*）。

在廉价的基于 x86 服务的集群下处理超大数据，从此有了理论基础，当然还是被 Google 实践过了的。尽管 Google 没有开源其实现部分，但是发表如此重要的论文，给了道格 · 卡廷（Doug Cutting）这样心思细密的人以巨大灵感，其改变世界的操作从此开始。

◎ 早期的开源项目

道格 · 卡廷很早就开始编写开源的搜索引擎 Lucene 了，Lucene 至今仍然是很多中小企业搭建内部搜索引擎的选择，和 Lucene 配合使用的网络抓取程序 Nutch，也同样是道格 · 卡廷的设计。目前这两个项目都是 Apache 软件基金会下的顶级项目。

◎ 缔造 Hadoop

就在 Google 发表 3 篇论文后，道格 · 卡廷抓住机会，凭借自己多年的开源搜索引擎开发经验，以及在数据处理上非同一般的见识和理解力，没过几个月就实现了有关 MapReduce 的论文的程序表达。道格 · 卡廷以他孩子的一个小象玩具为项目命名为 Hadoop，并以开源的方式与其他人进行协作，如图 7.4 所示。

图 7.4　道格 · 卡廷和玩具小象

后来，雅虎看到了其中的机会，就邀请道格 · 卡廷加盟，并将 Hadoop 捐赠给 Apache 软件基金会。之后的故事大家都知道了，围绕 Apache

Hadoop 形成了整个开源大数据处理的繁荣生态，也从此改变了开源在世人心目中的地位。

◎ Apache 之道

聪明的读者肯定已经明白了，道格 · 卡廷对 Apache 情有独钟。没错，他不仅让自己设计和创建的项目使用 Apache 2.0 许可协议，而且将项目捐赠给 Apache 软件基金会，其本人也曾在 2009 年当选为董事会成员，并在 2010 年当选为主席。

道格 · 卡廷始终信守 Apache 之道（Apache way），Apache 之道是开源文化中颇具特色的分支，是开源世界的重要力量。

Jupyter 和 IPython 缔造者：费尔南多 · 佩雷斯

◎ 主要成就

Jupyter、IPython 创始人。

◎ Jupyter，计算机试验课堂上的沙箱

在数据科学领域，有一款必备的开源工具，无论人们做什么都难以绕开，它就是 Jupyter。在业界，这个工具也很常见，不论是 Google Cloud 还是 Microsoft Azure，在让初学者上手练习的时候，使用的均是 Jupyter 这个项目。Jupyter Notebook 现在几乎是教学时的标配了，人们可以直接在里面撰写代码，并查看显示的结果，而且它支持 Python、R 等多种语言。

可能所有人都不会想到的是，如此流行的项目来自两名高校的教授。时间要追溯到 2004 年，费尔南多 · 佩雷斯（Fernando Pérez）和布莱恩 · 格兰杰（又译为布赖恩 · 格兰杰，Brian Granger）的首次见面。而他们俩聊的内容就是，要不要做一个项目将费尔南多 · 佩雷斯在 2001 年开创的项目 IPython 移植到 Web 端，而他们希望达到的目标

看起来也非常清晰：

当我和我的学生计算相关的物理问题的时候，立即就可以使用。

现在看来，Jupyter 不仅实现了当初的目标，而且还成为数据科学事实上的标准工具。如此风靡全球的开源项目背后的故事，也不过是又一个坚守的案例罢了。

◎ IPython，从个人玩具到重要项目

费尔南多 · 佩雷斯由于个人需要而发起和撰写了 IPython。作为一名数据领域的研究者，他很明确地指出了传统计算的弊端。然而，通用的 shell，或 Python 自带的交互模式又对数据不是特别友好。作为行动派，他决定自己造一个。

在 2001 年的某天，费尔南多 · 佩雷斯开始撰写 IPython，第一个版本花了 6 周时间，一个拥有 259 行的脚本实现了一个具有自动历史记录功能的交互式执行、试图模仿 Mathematica（一款科学计算软件）的提示系统。

之后，本着科学的精神，费尔南多 · 佩雷斯不断打磨，终于使 IPython 成了科学计算的标配，2014 年更是进一步发展出 Jupyter Notebook 这样的项目，而 IPython 始终都是 Jupyter 的核心。

◎ 再进一步，发起 NumFOCUS 基金会

费尔南多 · 佩雷斯并没有止步于项目本身，而是借助社会力量，将此开源项目发展壮大。他找到和自己类似背景的同行：特拉维斯 · 奥利芬特（Travis Oliphant）（NumPy 的作者）、佩里 · 格林菲尔德（Perry Greenfield）（Numarray 和 Astropy 的作者），约翰 · 亨特（John Hunter）（Matplotlib 的作者）、贾罗德 · 米尔曼（Jarrod Millman）（SciPy 发布经理），以及安东尼 · 斯科普斯（Anthony Scopatz）（组织者），坐在一起商量，并成立了 NumFOCUS 基金会，

注册在美国的 501©（3），是公共慈善组织，这 6 个人就是第一届的董事会成员。

联合的力量进一步推动了开源的科学计算。我们可以毫不夸张地说，费尔南多·佩雷斯和布莱恩·格兰杰所打造的 Jupyter 极大地改变了数据科学。就在读者您读这段话的时候，几乎所有的行业，如数据清理和转换、数值模拟、探索性数据分析、数据可视化、统计建模、机器学习和深度学习等，都在通过 Jupyter 进行学习、模拟和计算。而这一切都是开源的，通过类 BSD 的许可协议供全球的人们使用、修改和分发。

十年如一日的坚守：Sage Weil

◎ 主要成就

分布式存储项目 Ceph 的创建者。

◎ 一站式解决存储的项目

作为最酷、最先进的分布式存储平台，Ceph 支持块存储、对象存储和分布式文件系统三大特性，一站式解决海量数据的存储和访问问题，在低成本的超融合方面有着无比的魅力，即使是在云原生的时代，仍有很多的平台默认采用 Ceph。

Ceph 所开发的 CRUSH 算法将存储集群从集中式数据表映射所施加的可扩展性和性能限制中解脱出来，它可以动态地复制和重新平衡集群中的数据，从而使管理员从烦琐的任务中解脱出来，同时提供了高性能和无限的可扩展性。

◎ 论文、代码、创业三不误

说起 Sage Weil，就必须得聊聊 Ceph。Ceph 首次亮相是在 2006 年的 USENIX 操作系统设计大会（OSDI 2006）上，它由 Sage Weil、勃兰特（Brandt）、米勒（Miller）、朗（Long）和马

尔灿（Maltzahn）撰写，更详细的描述于次年在 Sage Weil 的博士论文中呈现。

作为网站托管公司 DreamHost 的创始人，Sage Weil 在 2004 年来到加州大学圣克鲁兹分校学习数据存储系统时，已经是一位成功的企业家了。Ceph 是其在攻读博士学位时写就的，尽管当时只是一个雏形。

◎ 毅力，不肯放弃就是最大的成就

Sage Weil 是一位非常有毅力的人，在这方面我们知道开源人物中最为著名的代表：林纳斯 · 托瓦兹。他认为自己最大的优势就是永不放弃，由于从来没有放弃过的心思，才成就了 Linux。无独有偶，Sage Weil 在 Ceph 的坚持上也是无人能及的，我们以 Ceph 项目的代码提交示意图来形象地说明一下，如图 7.5 所示。

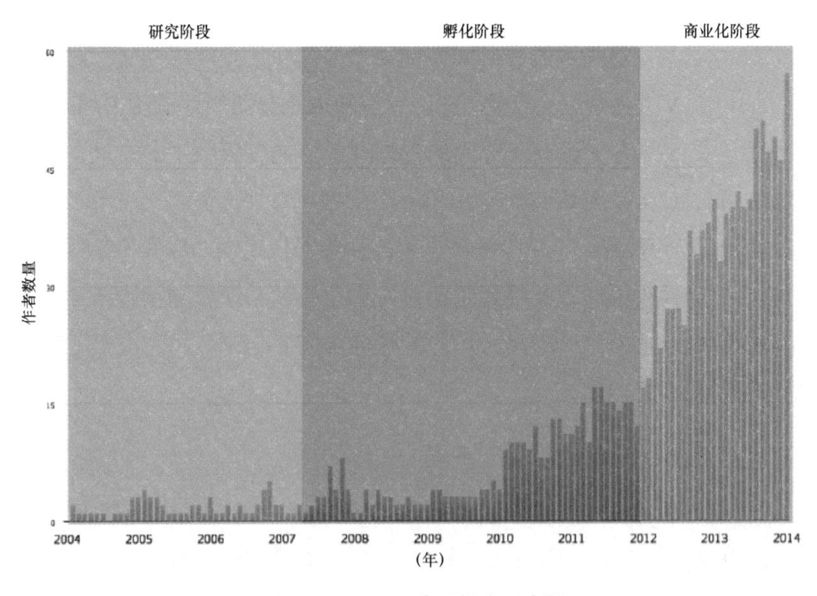

图 7.5　Ceph 代码提交示意图

我们可以看到，最初几年提交代码的人寥寥无几，这也就是说Sage Weil不仅是一位有毅力的人，他也是传说中的英雄：具有能够忍受孤独的卓越品质。

◎ 情系学术

Sage Weil在创办WebRing并将之成功出售之后，选择了回学校深造，并在2007年成功取得加州大学圣克鲁兹分校的博士学位。当然，他也开始了二次创业的历程。在Inktank被Red Hat收购之后，Sage Weil仍然想着培养更多的开源人才。在2015年，Sage Weil捐赠给母校200万美元，希望用于开源软件的研究和孵化，这也是开源软件研究中心（Center for Research in Open Source Software，CROSS）的由来。Sage Weil的导师在建立CROSS时表示：

“我们旨在证明一种支持学术研究的模式的可行性，并以最大化投资价值的方式来让自由和开源生态系统更加的丰富。如果我们能够成功，我们也希望更多的大学能够借鉴。”

他希望有更多的后来者能够复制他的模式：研究前沿课题并撰写学术论文，将论文以实际可行的方式实现，然后用实现的软件进行创业。这3步是可复制的，正如大家所希望的样子：求学、毕业、将论文实现成软件卖出去。

代码为王

铸造这个世界离不开工程师的努力。

以上便是向导尽最大努力为开源世界里的核心英雄——将自己撰写的代码开放给世人的工匠们——所描绘的画像。

从纯粹的技艺角度来看，他们是卓尔不群的！如果不是开源，他们便会被困在商业公司的壁垒中，虽然没有什么声誉，但是他们会获得金钱，乃至权力。所以每每想到此处，向导内心就会充满敬畏与感激。

04

律师：开源知识产权的捍卫者

1976 年，美国《版权法》修订了软件作品的范围。根据该法案的第 102（b）节的规定，个人或公司可以对软件程序的“表现方式”声明版权，但不能对程序中的“实际处理过程和方法”声明版权。换句话说，开发者或软件公司可以像对待一个故事或一首歌那样来对待一个软件，可以从一个已有的软件中获取灵感，但是在没有得到原作者允许的前提下，不能直接复制代码或在它的基础上直接衍生出新的版本。

当然，除了版权，还有专利、商标等和法律相关的内容，但是开放源代码并不是说放弃了这些权利，开源作为社会和文化的产物，依旧在现有的法律框架之下，受其保护。

开源，即源代码开放，这意味着任何人可以使用、修改、再分发源代码。那么正如知识产权的法理一样，如果有人试图将源代码占为己有，即将开放源代码软件说成是自己的，该怎么办？代码的作者是否能够容忍这一点？如果是秉持开放的态度，无所谓倒还罢了，如果是非常介意呢？比尔 · 盖茨的《致计算机爱好者的一封公开信》无疑就充分利用了这一点，将闭源说得理所当然。

我们是否能够想象，如果开源没有这些维护正义的律师，将会是什么样的情景？人们肆无忌惮地将他人的代码说成是自己的，并招摇过市；代码的作者遭受经济和名誉的双重打击，变得怀疑人生，从此远离开源。于是，闭源越发盛行，垄断形成，开发者待在类似电影《黑客帝国》中的格子间……那真是一个难以想象的场景。

举个例子，作为开源和专有的标志性案件——Google 和 Oracle 就 Android 使用 Java API 的案例，官司已经旷日持久地打了 10 多年了，双方的开销也是好几亿美元了。当然，我们要说的是，站在开源这一方的律师就是著名的希瑟·米克（Heather Meeker）。在有关开源的案件处理中，米克可谓是响当当的人物，他不仅是这场官司的首席律师，也是著名的思科和自由软件基金会（FSF）案件的思科方的代表，代表思科处理与 FSF 达成的关于遵守 GPL 和 LGPL 的诉讼。就当前的云计算厂商和开源厂商之间的许可协议，米克是代表 MongoDB 提出 SSPL（Server Side Public License）的主要人物，也是 Elastic 许可 v2 的起草者。

我们只能感激以米克为代表的律师们，正是因为有他们的存在，开源才得以获得长足的发展，作为开源开发者的权益才获得了尊重和认可。有句话说得好：不要去测试人性，人性是复杂的。违反开源相关的知识产权的大有人在。作为开源世界的良好公民，我们需要捍卫自己的权益，当然，这需要律师们的帮助！

接下来向导就带领读者您，来了解一下那些为维护开源“许可”而做出重要贡献的律师们。

开源逸事

Google 在开发 Android 智能手机平台时，决定使用 Java 作为编程语言。为了达到 Android 与 Java 应用程序间的高度兼容，Google 复制了 Java 库中大约 20% 子例程的 11000 个声明。2010 年，Oracle 公司收购了 Java 创始公司 SUN 公司的资产，并随后起诉 Google 侵犯版权。

在经历了长达 10 年的诉讼后，美国最高法院在 2021 年 4 月 5 日宣判：在此案中，Google 重新实现了用户界面，按照法律，Google 复制 SUN Java API 属于合理使用这些材料。

GPLv3 的缔造者 :Eben Moglen

◎ 主要成就

软件自由法律中心（Software Freedom Law Center，SFLC）创始人，GPLv3 联合撰写者。

◎ 早期经历

大约是多为开发者的关系，很少有人提及这个名字，说起自由软件和 GPL，大家想到的都是一个人，即理查德·斯托尔曼。但是，在法律界，人们更多地想到的是 Eben Moglen。这是一位非常传奇的人物，据说他 12 岁就对编程产生了浓厚的兴趣，14 岁就开始自己利用软件赚钱了。大学期间他都是自己搞定的学费和生活费用，拿到的是历史学博士学位、法律博士学位。

毕业以后 Eben Moglen 在 IBM 谋得一份编程的工作，这段时间之后，他就踏上了律师的道路，先是在纽约地区法院和美国最高法院担任法律书记员，在 20 世纪 80 年代末加盟哥伦比亚法学院，担任法律和法律史的教授。

◎ 打响捍卫自由的第一枪

1991 年，菲尔·齐默尔曼本着“人们希望将自己的隐私掌握在自己手中”这个纯粹的目的，撰写了邮件加密程序 PGP（Pretty Good Privacy，优良保密协议），随即 PGP 在全球范围内获得欢迎，在美国之外也有非常广泛的应用。1993 年，美国政府开始对菲尔展开调查，罪名是违反了美国出口法案。菲尔拥有众多的支持者，Eben Moglen 就是其中最为关键的人物之一。政府最后没有提出控告，Eben Moglen 他们最后给出的解决方案是让菲尔出版一本 PGP 源代码的书，该书是受宪法第一修正案保护的。

Eben Moglen 在此次的对抗中有着不可忽略的贡献。

◎ 加入自由软件基金会（FSF）

20 世纪 90 年代，GNU 项目逐渐成型，并随着 Linux 的发展而壮大，但是这也意味着“海盗”们的光临，FSF 遭遇到的违反 GPL 的案件也开始多了起来，斯托尔曼明显感到了力不从心。就在此时，Eben Moglen 给斯托尔曼写了封邮件，主动请求加入捍卫 GPL 的行列，并以不收取费用的方式为 GPL 进行辩护。这对于 FSF 无疑是雪中送炭。

Eben Moglen 在 1994 ~ 2016 年期间一直以法律总顾问的职务服务于 FSF，且在 2000 ~ 2007 年期间是 FSF 委员会的成员。在 22 年间，他经历了大大小小的违反 GPL 的案件有：

- 思科产品（WRT54G）违反 GPL 案；
- OpenTV 违反 GPL 案；
- BusyBox 起诉众多手机厂商。

“海盗”是无视法律的，需要正义之师坚定的捍卫，才有可能恢复秩序。Eben Moglen 做到了这一点。

◎ 成立软件自由法律中心

随着自由软件运动日渐有了声势，站在自由软件一边的人和组织越来越多，包括一些企业。当然，熟悉软件历史的人都知道，在经历了互联网的迅猛发展，尤其是 Linux 的崛起后，自由 / 开源软件逐渐走进人们的视野，但这也同时意味着一些法律上的风险。斯托尔曼和 Eben Moglen 在应对日渐增多的法律诉讼方面开始有些力不从心，和所有自下而上发展的开源组织一样，他们急需一个特定的组织来专门从事类似的事情，相关机构就这样诞生了，那就是软件自由法律中心（Software Freedom Law Center，SFLC）。该机构最初的资金来自 Linux 基金会的前身 OSDL，只有区区 400 万美元。它旨在为开发者和用户在自由软件方面的法律问题提供帮助，致力于帮助一些开源项目避开一些专利陷阱。我们可以看看当年的 SCO 状告 IBM 事件。

SCO 是美国犹他州的一家小公司，针对 IBM 的诉讼要求赔偿达到令人咋舌的 10 亿美元。SCO 指控 IBM 向 Linux 提交了它所控制的 UNIX 版权，IBM 否认这一指控。

这件事情让自由 / 开源软件圈的人惊出一身冷汗，这也表明在开源项目中人们要及早关注管理，软件自由法律中心就是为了防止出现类似的法律诉讼而成立的。该中心成立于纽约，为非营利性开源软件项目和开发人员提供免费建议。

◎ 撰写 GPLv3

Eben Moglen 在一次采访中提到，在经过和理查德 · 斯托尔曼 16000 次的邮件往来之后，他们联合推出了 GPLv3。在新的时代，自由软件的许可也需要全面更新，因为我们处于一个计算设备无处不在的时代。这也意味着软件围绕着我们全部的生活，那么谁有权控制你的生活将成为很大的问题。GPLv3 应运而生。

Eben Moglen 是自由软件的坚定捍卫者，并身体力行！

布道师：不遗余力地推广开源的信徒

很难想象如果没有布道师的存在，开源会是什么样子。其他事情不知道，至少有一点是肯定的，那就是读者你是无法读到当前的这本书的，也就无法获知本书所有的观点。因为这一切没有被别人获知，就等于没有发生。

本书的作者原本就是一名开源布道师，也是本书的阅读向导。

正如很多著作论证过的，人类的开放和交流给现代世界带来了繁荣。作为人类文化的产物——开源，它随着互联网的崛起而崛起，重新定义了软件的开发模式。无论是现有知识和技能的传播，还是文化的扩散与传播，布道师们的功劳都是值得强调的。

美国著名的哲学家、教育学家约翰·杜威曾如此评价我们人类：

每一代人必须为自己再造一遍民主，民主的本质与精髓乃是某种不能从一个人或一代人传给另一个人或另一代人的东西，而必须根据社会生活的需要、问题与条件进行构建。

认可开源的价值，除了上一章花大量篇幅介绍的核心生产者所做的工作之外，将他们的事迹以故事的形式传播、告诉更多人，以及下一代人，让更多的人参与到开源的伟大事业中来也是一种表现方式。

更有甚者，会将人类精神的构建置于物质构建之上，也就是说有部分学者认为，开源的成功并不是原因，而是一个结果，其真正的原因是开发者们相信代码应该被分享和修改的坚定信念，而将这个信念进行诠释和传播就是布道师的工作。聪明的读者，你怎么辩证地看这个问题？因为我们可以作为历史的后来者来看开源项目的创始、发展、壮大的全部历程。

下面就为读者介绍几位开源发展史上非常重要的先驱式人物。当然，向导也希望有机会为大家介绍当下的开源布道师们。

向世俗妥协的黑客：埃里克 · 雷蒙德

◎ 主要成就

《大教堂与集市》的作者，OSI 联合发起者，开源运动领袖之一。

◎ 内部思考者

复杂经济学奠基人布莱恩 · 阿瑟（又译为布赖恩 · 阿瑟，Brian Arthur）在《技术的本质》一书中提及，当自己在探索技术的过程中，尤其是在图书馆中查找资料的时候，总是觉得没有人对技术进行本质上的描述和反思。所以他特别提醒，在技术领域我们需要内部的思考者，也就是思考者自己就是工程师，在一线的位置上做具体的工作，而不是历史学家、人文学者，从外部进行观察和总结。

这样的人极少，计算机软件发展这么多年，或者说开源这么多年，以“内部思考者”的身份反思开源本身——从工程、设计、文化等方面进行思考和描述的人凤毛麟角，但是埃里克 · 雷蒙德显然是其中之一。

◎ 人类学家与礼物经济

在很多时候，雷蒙德在技术上被人所诟病，如其开发的 Emacs 的插件、Fetchmail 等程序，甚至他为 Linux 开发的程序 CML2 都直接被拒之门外。虽然他在维基百科上被冠以“程序员”的身份，甚至他还写有另外一本专门讲解 UNIX 的图书——《UNIX 编程艺术》，但是世人并不买账，或许是雷蒙德在人类学、软件工程、社会学方面对于开源的解读过于“惊世骇俗”，以至于人们忽略掉了他在技术方面的成就。

《大教堂与集市》对 Linux 的开源式开发的总结和思考，至今仍无出其右者。要知道能够清晰地将一个群体所做的事情，以及如何去做的，以文字的方式表达出来，这样的能力是罕见的，这部著作也被后来者称之为开源的“圣经”。这并非开发者们刻意的奉承，而是事实上确实如此，以至于这本书中文版的介绍是如此“直白”：

《大教堂与集市》是开源运动的“圣经”，颠覆了传统的软件开发思路，影响了整个软件开发领域。作者埃里克·雷蒙德是开源运动的旗手、黑客文化第一理论家，他讲述了开源运动中惊心动魄的故事，提出了大量充满智慧的观念和经过检验的知识，给所有软件开发人员带来启迪。

在《开垦心智层》这篇短小的文章中，雷蒙德尝试解释为什么开发者们愿意开发程序。在没有科层制管理的情况下自发进行编码，是生活在命令体系下的人们无法理解的，而开源则是一种礼物文化。

在礼物文化中，你的社会地位并不取决于你控制了什么，而是你给予了什么。所以才会有北美印第安人的散财宴，才会有千万富翁们精心准备并常常是公开展示的慈善行为，才会有黑客们编写高质量开放源代码的不懈努力。

基于如此的动机，以及雷蒙德对黑客文化的解读，成为后来人们解释开源繁荣的重要依据，也是被后来的研究者和关注者引用最多的观点。

◎ 开源开发模式的总结

很多组织和个人将《大教堂与集市》列为布道和推广开源的入门图书。当然，该书最大的贡献就是总结和归纳了以 Linux 为代表的开放式开发方法，这也是被后人所津津乐道的开源作为软件工程的魅力所在，比如：

- 早发布，常发布；
- 使开源成为现代软件开发的常识，以及争议颇多的林纳斯定律——眼球足够多，bug 将无处藏身。

软件工程发展60多年以来，一直在向其他的科学工程取经，如建筑、桥梁、医院等，但是从来没有如此开放且取得巨大成功的工程方法。细心的读者可能已经注意到了，当下的 DevOps、CI/CD 无一不是在实践开放式开发方法。相对于早期的全部基于邮件列表的方式，现代工具在实现上更为完善。

◎ 对商业的另类解读：与自由软件分道扬镳

在雷蒙德的《大教堂与集市》出版后，其名声也如日中天，一度以开源代言人的身份到处演讲和露面，其中最具影响力的事件就是他出现在了网景的高层会议上，与高层一起商量浏览器开源的下一步计划，也就是后来发展非常良好的 Mozilla，它也是后来火遍全球的 Firefox 浏览器的原型。

雷蒙德和斯托尔曼都没有对金钱表示出任何的排斥，相反他们都认为金钱对于项目的发展有非常好的正面作用。但是，就软件的商业化而言，雷蒙德有着不一样的理解，并没有强调道德，甚至特别地憎恨强制。鉴于业界对自由软件的排斥，雷蒙德和 Bruce Perens 共同发起了 OSI，并联合定义“开源”这个词汇，还对其进行了解释。尽管开源和自由软件水乳交融，但是却给了商界可乘之机。不过，雷蒙德本人仍然认为自己是一名自由软件的信徒。对于斯托尔曼，他则认为斯托尔曼在一些语言措辞上的不妥协没有任何的意义。

◎ 智慧的提问与黑客手册

人类的好奇心是弥足珍贵的，也是教育最为关心的焦点问题之一，但是由好奇而发问是人之常情，人类就是从童年时期无数个问题的提出和获得答案中逐步成长起来的。但是解释的方式决定了成人之后人们是否还会保持追问的可能性，以及当提问的时候，自己经过了哪些思考。如果说雷蒙德以振聋发聩的方式让世人认识开源的话，那么他所维护的《提问的智慧》更具有普遍性。这篇文章告诉人们，当你对某件事产生疑问的时候，如何利用人类当下的媒介和知识获得一定的线索之后，再与相关的从业更久的人进行沟通和交流。这是一种难能可贵的求知方式。

当然，更进一步，和文化密切相关的，就是他维护的《新黑客词典》，它是对黑客外在表现的描述和一种黑客行为准则。也就是说，如果想成为一名计算机黑客，虽然表面上做些什么就能获得认同，但其实黑客更多的是一种文化上的总结。换言之，作为一名自由的工匠，如何按照自己的方式进行创造，以及如何维护自己所创造的物体，都是至关重要的行为准则。

所谓开源文化，也就是一群人按照自己认可的方式去做计算机编码相关的事情时所默认的一类准则和行为。而随着开源的流行，强调具体规范的情况越来越少了，人们更加希望所有人都聚焦于开发软件这件事上。然而，如果不强调文化，那么布道师也就没有什么事情可做了，剩下的就只是工程问题了。所以，向导推荐读者去关注开源文化的一面，而不是被开源的结果所迷惑。

◎ 雷蒙德对自己布道工作的总结

出版《大教堂与集市》过程中，编辑选择了雷蒙德的《黑客的反击》一文收录其中，文章有一个段落讲的是他自认为自己是最合适的开源布道师角色：

与大多数黑客不同，我有着外向的神经特质，有着丰富的和媒体打交道的经验，看看周围，我无法找到比我更有资格扮演“布道者”的人。但我并不想干这个，因为我知道这会耗费我生命中若干月或若干年时间，我的隐私将会完蛋，我很可能会被主流媒体歪曲成为一个电脑怪人，或者（更糟糕的）被我自己部落中相当一部分人鄙视为沽名钓誉或贪图名利的家伙，而比这些全都加在一起还要糟糕的是，我很可能不再有时间继续当黑客！

布道有时候确实不是一件令人欢迎的事情，布道师甚至会变成雷蒙德所描述的那样里外不是人。但是，回顾历史的话，如果没有雷蒙德的作品和他布道的结果，开源的历史将会完全被改写。

技术趋势洞见者：蒂姆·奥莱利

◎ 主要成就

著名 IT 出版商奥莱利创始人，Web 2.0 提出者。

◎ 对共同体统一名称的卓越贡献

回顾一下 20 世纪 90 年代开源的历史，当时的情形是一片混乱，急需一个名称来统一大家的身份、认同感，需要一个更正式的定义和一套界定的标准。用研究开源的政治经济学家史蒂文·韦伯的话描述就是：

意味着在共同体内部面临根本性的分裂，其中包括 BSD 思想和 GPL 思想、实用主义者和纯粹主义者、理查德·斯托尔曼的道德主张和诸如 VA Linux 与 Red Hat 之类的公司的商业化企图之间的紧张关系。

蒂姆·奥莱利主持了这次名称票选活动，Python 创始人范罗苏姆如此记述道：

我们花了一些时间来讨论有关术语的选择问题（即如何概括我们所谈及的所有事）。蒂姆先主持了一轮投票活动，“FreeSoftware”或“Freeware”几乎没有什么人投，甚至“freed software”还被投了几张反对的票，产生的名词有“open source software”（埃里克·雷蒙德所推崇）和“sourceware”（Cygnus 所采用）。

尽管我本人对于“open source”（开源）是持保留意见的，但是相比于可爱的“Sourceware”，还是“open source”更好点。当然，我个人也同意“freeware”声誉不好，确实有很多“freeware”的源代码并不开放，而这次峰会的主要议题是关于源代码是否可见。

雷蒙德为术语“Open Source”（首字母大写）注册了商标，并在他的网站上对什么是开放源代码有一个确切的定义。有时我担心这会成为限制。如果我在获得他的同意后将我的软件称为“Open Source”，后来又更改了条款和条件，该怎么办？又或者是雷蒙德改变了开放源代码的定义后，有人说我必须遵守开放源代码规则，否则会起诉我。雷蒙德认为这样的情况不会发生。除此之外，雷蒙德还说每个人都可以自由使用“open source”（小写），而不必遵循他的定义。我们将继续观察，至少现在我倾向于这个概念，但是还没有在Python的网站上贴上“Open Source”（当然也不会写“freeware”）。

从此，“开源”一词被冠以无数的意义，并一直沿用至今，外延也在不断扩散，以至于复杂到像向导这样需要写“三部曲”来解释它。

◎ 一系列图书

如果哪位身处 IT 行业却没有看过奥莱利写的书，那真是一件很奇怪的事情。这就好像一名读哲学的同学，被问到是否知道康德的情形差不多。因为奥莱利的图书涉及 TCP/IP、Linux、HTML 等，很难想象一名 IT 相关从业者能够绕过这些而进入这个行业。

奥莱利以非凡的洞见和才能，对网络和源代码的理解，以及对传统知识产权和出版业的创新，帮助开源技术进行了无与伦比的宣传。我们无法想象，一项技术如果没有书籍进行传播会是什么样子，人们试图掌握计算机、网络相关技术简直是不可思议的事。

我们知道书籍在教育和传承方面的作用。尽管软件开发有着难以言传的隐性知识，但是它能够让开发者们静下心来。和开放源代码软件的知识产权并行不悖的出版，也是绝无仅有的了。为盗版输送了扭曲的知识产权观念，是开放源代码软件严重的副作用，但是这并不能掩盖其对于开源之技的传播作用。

◎ 令人赞叹的组织才能

在 1998 年，奥莱利组织了一场峰会，参会人员如图 7.6 所示。

图 7.6　峰会参会人员

- Apache 创始人：布莱恩 · 贝伦多夫（第二排左一）；
- Python 创始人：吉多 · 范罗苏姆（第二排左三）；
- 《大教堂与集市》作者：埃里克 · 雷蒙德（第三排左二）；
- Linux 与 Git 创始人：林纳斯 · 拉瓦兹（第一排左三）；
- Perl 创始人：拉里 · 沃尔（第一排左二）。

这是一群天才，固执己见、坚持自我，放在当下是绝无可能让这些人坐在一起，面对一个镜头的，他们现在各自在自己的天地享受着人们的崇拜。然而在当时，这些人需要一个统一的身份，需要一个联盟般的标志，奥莱利将他们组织起来，并开启了一个时代。

◎ 名词定义和倡导

开源作为一种软件的开放方式，某种程度上是对泰勒以来的科学管理理论和马克斯 · 韦伯的科层制的挑战。当下的商业机构都是建立在开源这个基础之上的，非常明显的一点就是，开源在技术的演化上有着无与伦比的优势，那么传统企业又该如何拥抱这一方法论呢?

显然，奥莱利是善于变通的大师，他创造了一个新的词汇——“Inner Source”，通常中文翻译为“内源”，意指传统的企业管理者接受开源的开放方式，加强内部知识的流通，以及进行清晰透明的沟通，从而在不失控制的情况下，尽获所有益处。

内源在经历多个阶段的演变后，现在已经被多家公司所青睐。在本书的写作过程中，到 2020 年底，本土的多家公司都尝试采用了这个方法论。

除了上述贡献，奥莱利还是 Web 2.0 的提出者，著名投资人，对于未来也有非常独特的见解。开源界的大会——一年一度的 OSCON，也是旗下公司奥莱利媒体重要的旗舰产品，在业界非常有影响力。

Debian 社会契约和开源促进会的缔造者：布鲁斯 · 佩伦斯

◎ 主要成就

开源运动的发起者之一，Debian 社会契约的起草者，开源定义的撰稿人。

◎ Debian 项目的带头人

1996 年 4 月至 1997 年 12 月，当时在 Pixar 工作的佩伦斯当选为 Debian 项目的带头人，也就是协调开发 Debian 的关键人物。这是继 Debian 的创始人之后第一次选举产生的带头人。此时的佩伦斯也显示出其卓越的领导力，所谓“通才”能力开始显露。

◎ Debian 社会契约起草者

当时在 Red Hat 工作的 Ean Schuessler 和其他人吐槽 Red Hat 对于社区连个起码的约定都没有。“言者无意，听者有心”，佩伦斯真的将这件事当作一回事，花了一些时间为 Debian 社区草拟了社会契约，并在 1997 年 6 月初向 debian-private 邮件列表中的 Debian 开发者提交了 Debian 社会契约草案。经过 Debian 开发者们的激烈讨论之后，佩伦斯修改了一些内容。几个月之后，Debian 社会契约正式发布，并成为 Debian 项目开发的策略和指导。至今它仍然是开源社区的典范，也是 Debian 作为独立的产品，没有任何商业公司支撑还可以恒久不衰的主要支柱。

佩伦斯是具体定义开放源代码的人，对开源的解释是无法绕过这个定义的，即我们在前面提到的 10 个特征。佩伦斯之所以能够清晰地描述开源，和他在 Debian 项目中做的工作密切相关，尤其是 Debian 自由软件指南。

另外佩伦斯还和埃里克 · 雷蒙德共同创建了开源促进会（OSI）这一非营利组织，这也代表着佩伦斯的职业顶峰，是可以被历史所铭记的时刻。

◎ Busybox

佩伦斯是著名的开源项目 Busybox 的创始人。我们知道 Busybox 是一款打包了众多 UNIX 工具的单一程序，号称“嵌入式世界的瑞士军刀”，它的用途非常之广泛，尤其是 Android 用户群体。从事 Linux 嵌入式开发工作的人，没有不知道 Busybox 的。这个工具实在是太重要了，以至于后来佩伦斯还专门针对它进行了一系列的法律问题处理。

◎ Linux 标准库（LSB）

在 1998 年，佩伦斯发起了 Linux 标准库项目，旨在解决 Linux 发行版之间的互操作性问题，佩伦斯是此项目的第一届领导。我们知道 LSB 是 Linux 基金会很重要的支柱性项目之一，对规范 Linux 软件体系结构具有巨大作用。可以这么形容，如果没有 LSB，你会发现你使用 Red Hat、SuSE、Ubuntu，就像使用 HP-UX、AIX、Solaris 一样，它们彼此完全独立。

以上便是佩伦斯职业生涯中的重要成就，我们很难说哪一项更好，但是缺少了佩伦斯可能这些都不会发生。这大概就是对一个改变了世界的人的颇为恰当的描述。

◎ 个人经历

对于开源有了解的人，一定看过一部纪录片——《操作系统的革命》，其中的发起者之一就是佩伦斯。纪录片在介绍他时，屏幕上面写着："开放源代码促进会的创始人。"就是这位既是程序员又是法律专家的通才，将开源从自由软件中剥离出来，让其更具有商业友好性，以获得更多对生产关系没有那么强调的业内人士的青睐。如今，20 年过去了，开源的定义依旧指导着无数个项目，彻底地颠覆了软件行业。

佩伦斯出生时患有脑性瘫痪，小时候言语有些不清，这导致他被误诊为发育障碍，学校甚至都没有教他阅读。但是佩伦斯是一个坚强的孩子，不仅克服了种种困难，还对技术产生了兴趣：除了对业余无线电的兴趣以外，他还在丽都海滩镇经营一家海盗电台。

佩伦斯的职业经历非常丰富，先是在纽约理工学院计算机图形学实验室做了 7 年的工程师，然后到著名的动画制作公司 Pixar 工作了 12 年，在 1999 年佩伦斯离开 Pixar，到一家专注于 Linux 业务的企业孵化器和风险投资公司——Linux 资本集团做主席。2000 年，随着互联网泡沫的破裂，佩伦斯关闭了 Linux 资本集团，然后到惠普打工，以 Linux 和开源的高级全球战略师的身份在惠普做着内部布道的工作。但是由于他固执地反对微软，结果被惠普给开除了。之后的佩伦斯创办过 Linux 发行版——UserLinux，一度超越火热的基于 Debian 的发行版 Ubuntu。然而，他没有坚持下来，在 2006 年停止了对 UserLinux 的维护。随后佩伦斯就过着比较低调的生活了，偶尔在演讲中露个面，还经营着他的两家公司。

◎ 观点

佩伦斯提出的“开放源代码”，即我们现在所熟知的开源，是讲自由和开源软件市场化，面向大众和商业人士。与抽象的伦理相比，人们更加关心开源的开发模式和其生态系统所带来的实际效益。他进一步指出，开源软件和自由软件只是谈论同一现象的两种方式，而这是和埃里克·雷蒙德及其自由运动所不同的地方。佩伦斯在他的论文《开源新兴经济学范式》（*The Emerging Economic Paradigm of Open Source*）中提出了开放源代码业务使用的经济理论，并以《创新正在走向开放》为主题进行了演讲。他的这一理论也和雷蒙德著名的《大教堂与集市》有着本质的区别。

佩伦斯后来颇耐人寻味的地方是和 Linux 创始人林纳斯在内核项目是否迁移到 GPLv3 上产生了分歧，当然，林纳斯才是拥有绝对控制权的那位，而佩伦斯也只是说说罢了。2008 年，也就是开源 10 周年的时候，佩伦斯发表了题为《开源的状态：开源新的时代已经来临》的文章，同时也接受了电子杂志 *RegDeveloper* 的采访。他认为开源算是很成功了，但是也潜伏着危险，其中就包括没有经过相关批准，意即未经 OSI 批准的许可协议的数量正在激增。

佩伦斯是时代的弄潮儿，他本身对于技术和法律的双重驾驭，以及对于开放和社会的独特理解，使他能够进行起草 Debian 社会契约、定义开放源代码这样的引领性工作，这也为技术的民主化铺平了道路。以 10 年为界的话，前 10 年他推动开源的发展，后 10 年开源已经发展到超出他当初的设想。那么接下来的 10 年会是什么？佩伦斯作为开源的缔造者之一，能否在理论上再上一个台阶？这是值得我们思考的问题。

学者：开源现象背后机理的探索者

所有人都想复制成功

在人类的历史上，鲜有靠自发的组织成功完成大的工程的实例，在历史上，这类工程采用的手段多和强制有关。即使是现代的科层制、质量管理，也是在监督下实现的。通常，完全依靠人的自发性，小规模工程确实有不少成功的案例，但是大型的项目和工程可以获得成功确实是有违人们的直觉，多位诺贝尔经济学奖得主都证明过这一点。

但是以 GNU、Linux、Apache、Python 等为代表的开源项目就成功了，并可以和商业组织下的项目并驾齐驱、分庭抗礼，令所有人都迷惑不已。

- 开源凭什么可以成功?
- 开源凭什么可以走这么远?
- 开源是如何组织的?
- 开源是如何实现激励的?

问题比答案多

正如在本书的序言中所谈及的，每一位开源参与者都对开源有着不同的理解。开源本身似乎就在那里，但是解读它的人却千变万化。它涉及的范围极其广泛，各领域彼此关联又有独立的一面，经济学家看到的是经济问题，工程人员看到的是工程，法律人士看到的是知识产权，政治学背景的人看到的是组织，计算机技术人员看到的可能是代码或运作原理……

- 都有什么人参与到开源中?
- 这些人平时是怎么沟通的?
- 他们都使用什么工具?
- 当遇到问题时他们是如何解决的?
- 他们的收入来源是什么?
- 开源项目的长期贡献者的特点都有什么?
- ……

正如向导“发起”的上述“开源之问”项目: 这个清单可以无限列下去，而且随着时间的推移，开源的问题只会有增无减。

如何科学地找到范式?

那么上述问题该如何回答? 它们是社会问题，还是工程问题或经济问题? 这个范式如何确定?

通常这些问题都需要科学的介入，需要抽丝剥茧、孜孜不倦地通过长时间的跟踪确认、观察、分析、数据采集、建模、走访、试验等手段进行学习和研究。下面尝试从几个领域为大家介绍开源相关的学术成果:

- 软件工程;
- 经济学;
- 组织管理;
- 行为分析。

本着介绍学术成果的初衷，以及中立的态度，我们并不对结论进行任何的评价，而是将现有的教授、科学家们的成果向大家展示，以科学地看待开源。

软件工程领域的探索者

在工程领域，软件工程绝对是最为人所诟病的一个，其耗费巨资不说，发展至今的60多年来，硬是没有找到一个最佳开发协作模式，在绝大多数时候，它仍然要依靠顶级开发者的能力：软件的生产力和质量将缓慢发展，有时甚至像酒鬼走路一样，有进也有退。软件工程想要取得重大的进展，还需要解决大量长期存在的问题。

恰在此时，Linux、Kubernetes、Hadoop、Python等一系列开源项目的成功，让科学工作者们迷恋不已，规划、人员、管理、进度、目标、协同、技术等统统都是大家考虑的因素。在此领域中探究的学者、教授们当然不会缺席。

接下来，向导就带领大家领略一下对开源项目工程方面的因素进行研究的学者们，当然和前文一样，这里也是选择一些向导较为熟悉的代表，对于未能介绍的人物在此表示歉意。对于庞大的软件工程所涉及的元素，不能做到面面俱到，只能点到为止，这不能不说是一本书的局限。

◎ 在开源项目中的长期贡献者有何特质?

在学术界，尤其是本土，专门研究开源的人中有一位老师是一定绕不过的，那就是北京大学信息科学技术学院软件研究所的周明辉教授。自2012年，周明辉就开始研究和发表开源开发相关的论文。我们就以其早期的一篇论文为例，即这篇《什么塑造了长期贡献者：OSS社区的意愿和机会》（*What Make Long Term Contributors: Willingness and Opportunity in OSS Community*）。

开源项目是由开发者所开发的，那么吸引和留住开发者是开源项目的主要工作；能够进一步形成坚实的共同体，那简直是求之不得的好事。但是怎么做到呢？从开发者角度讲，拥有什么样的技能和素质，可以成为项目的一员，或者说在什么情况下他们会积极地进行参与？从项目的角度而言，资深的维护者又该如何应对和评估这些参与者？周明辉教授对GNOME、Mozilla的问题跟踪系统进行采样和建模，进而定量分析，最后得出结论：所谓长期贡献者，需要开源项目 / 共同体和开发者双方的密切配合，方能达成。

不仅开发者自身的意愿非常强烈，项目提供的环境也非常重要，尤其是作为导师的项目维护者更加重要。

◎ 软件供应链与开源

周明辉教授的长期合作者，也是探索开源项目软件工程的元老级教授 Audris Mockus，现任美国田纳西大学电气工程与计算机科学系首席教授。他于卡内基梅隆大学获得硕士、博士学位，毕业后曾担任卡内基梅隆大学统计学系客座助理教授、贝尔实验室软件产品研究部科研人员。之后 Mockus 教授担任了 Avaya 实验室科学家，致力于软件工程、软件数据挖掘等方面的研究工作。

Mockus 由早期的探索 Apache、Mozilla、GNOME 等共同体，总结出很多软件工程方面的经验，有着非常不错的视角。当然，Mockus 的主业并不是开源，但是开源是他从事数字考古的最佳材料。这里尤其要介绍一下他雄心勃勃的计划——World of Code（大代码计划）。

Mockus 教授发起了这个计划，试图收集全球开源项目仓库的数据，通过分析其特征，来实现诸如供应链安全、开发者行为等大数据分析。而且这一计划吸引了众多的业内学者和一大批相关专业的学生，相关论文也陆续发表在各大期刊上。

◎ 开源共同体的治理之道探究

众所周知，开源项目的主力是共同体，那么这个共同体究竟靠什么维系？有的时候共同体还能胜过商业组织，这是开源吸引学者们注意的一大亮点，当然也是对组织管理感兴趣的人士喜欢引用的绝佳案例。当蒂姆·奥莱利在1998年把业内人士聚在一起将“开源”这个词敲定之后，开源世界已然形成。尽管形式上可能有点像是各为其政的联盟，但是，聚沙成塔的力量硬是夯实了现代信息世界的基础。

这里就为大家介绍一位研究开源共同体和开源基金会的典范，她就是西沃恩·奥马奥尼（Siobhan O'Mahony）：现在在波士顿大学执教，撰写开源共同体论文时，担任哈佛商业学校的助理教授。她拥有斯坦福大学的科学和工程管理学的博士学位，方向为组织学习。她的研究内容是对自由 / 开源软件的 80 多位领导者们的访谈和观察，以检验一个基于共同体管理的软件项目如何设计治理架构、采用新的原则来进行协作。奥马奥尼是一位非常多产的研究开源共同体治理和基金会组织的专家学者。更多她研究内容的介绍，超出了本书的范畴，有兴趣的读者可以到奥马奥尼的主页上查看她的其他学术成果，我们仅在这里介绍一篇非常重要的文章：《非营利基金会及其在基于共同体的协作组织中的角色》（*Nonprofit Foundations and Their Role in Community-Firm Software Collaboration*）。

该论文梳理了历史上开源项目及其共同体的发展，以及共同体为了获得法律保护和筹集资金而成立非营利基金会的脉络与理论，对于理解整个开源的组织发展有着极其关键的作用。文章不仅介绍了最早的 IETF 这样的开放式协作的松散组织，还进一步深入研究了 Debian、Apache、GNOME 等从共同体到基金会的发展历程以及面临的不同问题和应对措施，并总结了各职位的关键功能和作用。

这些正式在政府注册的非营利机构，对于保护开源项目共同体和促进开源整体的发展有着不可替代的作用。

谁来维护开源共同体的权利？自由 / 开源软件的权益谁来维护？开发者、工程师为开源项目做出贡献，通常情况下并没有直接的收益，而项目往往也是基于共同体来管理的，这个事情该怎么处理？虽然自由 / 开源软件有一些公共产品的属性，但是它不是传统意义上的公共产品，这该怎么办？现在，我们处理起这些事情来可能轻车熟路，只要找家基金会托管一下，可是在 2003 年的时候，Linux 基金会还没有成立，奥马奥尼就通过对几个重大自由/开源项目进行详尽的比较来说明问题，如表7.1所示。

表7.1 自由/开源项目比较

项目名称及属性	GNU项目	Linux内核	Apache Web服务	Debian Linux发行版	GNOME GUI桌面环境	Linux基准
构建任务和目标	开发自由的类UNIX操作系统	重写MINIX	创建一个自由可用的商业级Web服务	开发自由的非商业操作系统	开发自由和易用的桌面环境	提升日益增多的Linux发行版的互操作性
项目创建日期	1984年1月	1991年夏	1995年2月	1993年8月	1997年8月	1995年6月
首次发布日期	1985年春	1992年	1995年4月	1994年1月	1998年6月	1998年5月
主要的许可协议	GPL	GPL	Apache	GPL	GPL	GPL
是否组建基金会	是	否	是	是	是	是
合作组织类型	公益	—	公益	公益	公益	互惠
非营利类型	501(c)(3)	—	501(c)(3)	501(c)(3)	501(c)(3)	501(c)(6)

奥马奥尼的研究至关重要，发人深省：人要懂得保护自己，否则带来的只能是无穷无尽的践踏。

但是，亲爱的读者们可以继续深入思考一下，声明一个许可协议很容易，那么如果有人违反了许可协议中的条款，开源共同体该如何让这些人强制遵守？在法律没有执行则等于无的文化里，遇到这种事情该怎么办？这真是一个恼人的问题。如果读者你遇到了类似的问题，可以和向导取得联系，我们一起探讨。

经济学家：挖掘开源背后的商业因素

软件作为商品或服务何以成功？开放源代码如何突破诅咒？经济学家们从来没有放弃这块迷人的境地。接下来，就给大家介绍几位在研究开源的经济学成果上向导认为颇为成功的经济学家或学者。

当然，限于篇幅和时间，这里只能为大家呈上他们研究成果中的一小部分，有兴趣和意愿的朋友，还望能够顺藤摸瓜继续探索。以下分别是对每位的论文或者是出版书籍的介绍。

◎ 埃里克 · 冯 · 希佩尔：自由创新领域的开拓者

埃里克 · 冯 · 希佩尔（Eric von Hippel）是国际著名经济学家、创新学者，“用户创新”理论创始人，麻省理工学院斯隆管理学院创新管理学教授。他的研究成果被广泛应用于商业策略和自由 / 开源软件上，他是自由 / 开源软件相关论文被引用最多的社会科学家之一。

希佩尔教授的两本书均有中文版面世，分别是《大众创新》(*Free Innovation*) 和《民主化创新》(*Democratizing Innovation*)。

希佩尔教授秉承开放的精神，以上书籍在其麻省理工学院的主页上均可下载到电子版。希佩尔教授的视角独特，主要关注共同体下的民主和自由创新，并以开源共同体为例。他在开源世界有着很大的影响力，在名人堂中占据一席，理所应当。

◎ 乔尔 · 韦斯特：专注于开源和开放式创新

乔尔 · 韦斯特（Joel West）目前在凯克研究生院担任创新与创业课程讲师，商科专业协调员。韦斯特教授的研究成果，对于研究开源的人是无论如何都绕不过去的，也是在相关论文中被引用最多的。韦斯特教授对于开源的研究其实仅占其感兴趣内容的小小一部分，他的主要研究方向是技术创新、企业家精神、开放式竞争优势。

即使是这样，韦斯特在开源方面的成就也是令人惊讶的。当然，由于韦斯特教授的背景，所以他的论文也是备受商业公司青睐的。我们可以从他发表过的以下论文看出他所关注的主题：

- 《开源成为新的标准：网络时代 Linux 的崛起》；
- 《开放多少算个够？开源平台的战略》；
- 《开放式创新的挑战：开源软件的公司创新悖论》。

在韦斯特教授看来，开源更大的意义在于让商业公司清醒地认识到自身的技术优势，以及从用户、竞争对手、学术界等处获得想法，这和亨利 · 切萨布鲁夫（Henry Chesbrough）教授所提出的开放式创新是一脉相承的。当然，他们本身就是合作伙伴，关系密切。

◎ **弗兰克 · 内格尔：做中学，参与开源，使获利最大化**

向导一直以来都在倡导“上游优先”的企业策略，这是一个有违直觉的思想。想要说服企业家们，是一件颇为艰难的事情，因为绝大多数的开源项目在分发二进制版本的时候，也是不强制收取费用的。换句话说，只要消费者不想付钱给项目，就可以不用掏腰包地使用软件。那么为什么还要聘请人才，为上游的项目贡献力量呢？能不能从经济收益的角度来说明呢？

来自哈佛商学院战略部的弗兰克 · 内格尔（Frank Nagle）教授解决了这个难题。在 2019 年发表的论文《在贡献中学习：通过对众包公共产品的贡献获得竞争优势》（*Learning by Contributing: Gaining Competitive Advantage Through Contribution to Crowdsourced Public Goods*）中，内格尔通过对多家和 Linux 内核有密切关系的公司的追踪、建模，最后得出一个振聋发聩的结论：参与到 Linux 贡献中的公司获益最大！也就是说，直接获得开源项目成果的公司，并不能获得其中的内在技术和知识，这些实现创新和提高生产质量的基础是需要通过不断地参与项目才能获得的。这是一个非常陡峭的内化过程，尽管项目是开源的，但是想要掌握其内在的原理却不是那么容易。结果显而易见，那些长年累月为 Linux 做出贡献的机构，获得了较高的用户满意度和新产品在市场上的优势。该论文从企业技能形成、干中学的教育理念、软件资产成本等维度进行分析，证明了在开源社区中的搭便车行为是自毁前程。

内格尔教授并没有止步于此，他还和 Linux 基金会合作，在 2020 年发布了两本白皮书：《2020 年自由 / 开源软件（FOSS）贡献者调查报告》和《核心漏洞：开源软件的初步普及调查报告》。2020 年底，他还发表了基于《在贡献中学习》的后续篇——《开源软件和公司的生产力》，进一步阐述了参与上游对于一家企业的益处，这次的模型也更加完善。相信未来内格尔教授会有更多关于参与开源会让企业获利更多的有力证据。要知道，开源作为企业中的一股力量，想进入工商管理专业硕士（MBA）们的头脑里，并非一件容易的事情。

◎ 格奥尔格 · 冯 · 克罗格：开源如何可持续？

格奥尔格 · 冯 · 克罗格（Georg Von Krogh）是挪威组织理论家和苏黎世联邦理工学院教授。克罗格教授的研究领域是管理、竞争策略、技术创新和知识管理。他对开源软件相关方面的研究和他的主攻方向是一致的，即开源软件所带来的创新和竞争优势。克罗格是一位多产的教授，每年都有多篇论文发表，而且还积极地为企业提供咨询，参与政府的政策制定等。除了在瑞士苏黎世联邦理工学院担任教授的身份之外，克罗格还担任挪威研究理事会国际咨询委员会主席。

克罗格教授在开源研究上的重要贡献是企业采用开源方式获得的技术竞争优势。我们知道，经济学教授通常不会写一些企业如何运营的实操性质的文章，都是写一些尽可能抽象化、普适化的内容，而且总是从过去的案例中去寻找答案，对现象进行诠释，研究的项目仍然是以伴随着互联网而出现的诸如 Linux、Apache 等项目为主。

从经济学的角度讲，开源能带来巨大的保持创新的优势。当然，如果眼睛只是盯着当前的利润的话，那么这个创新能力的获得将成为一个非常大的问题。限于篇幅，这里就不给大家具体介绍克罗格教授的论文了，有兴趣的读者，可以访问其主页进一步挖掘。要特别提醒的一点就是，如果你是一位开发者，可能理解他的文章有一点困难，最好是懂得一些经济学的常识。

关于开源的经济学，目前仍然是非常迷人的主题，尤其是近年来，随着开源项目商业化的崛起，开源成为新时代的一种经济表达，必将引起更多专家和学者的关注。无论是企业战略还是软件生产，乃至组织管理之道，仍然有许多答案需要他们去揭晓。

商人：可持续发展的创业者、风险投资家

开源的商业迷思

如果你和开源走得比较近，那么经常被问到的一个问题就是：你们靠什么赚钱？

无论你有多么清晰的思路，在问出这个问题的人看来，或者说就此人的商业理解能力和逻辑思维能力来看，将软件的源代码公开，然后向用户收费，都是不可思议的事情。

是的，这就是历史的痕迹，似乎一切都是可口可乐的配方才是商业的。当然，理智的我们知道，这样简单的直觉式断言通常都是错误的。售卖软件，提供源代码，这本应该是“天经地义”的事情，但是由于历史的原因，却成了有违人们直觉的事情。这就是需要去追溯历史的原因。

正是因为这样，所以就有了一个疑问：开放的源代码如何实现商业行为？服务于用户，让用户满意，是商业不变的本质。总有一些用户是在意源代码的，尤其是经过训练的、懂行的、有参与感的工程师们，对这些用户的了解是企业家和风险投资者们所渴望的。

商业的创新者们

没有人否认开源的价值，但是从商业的角度来看，将定价权交给用户这种做法，对企业家来讲太有挑战性了。商业的历史告诉我们，垄断市场并强行收取费用，才是不变的真理，而事实上也确实是这样。将源代码封闭起来，然后进行授权的做法，垄断了软件市场 30 多年。但即使是这样，仍然有人敢于尝试，对亚当·斯密的“人性本善”说深信不疑。于是，他们基于这样一个现状进行了以下创新：

- 采取全新分发模式；
- 提供服务；
- 提供知识和培训；
- 深入了解用户，进行认知上的创新；
- 对竞争对手保持公开、公平的方式。

就是这样的创新者们，造就了现在开源的可持续性，甚至是令人叹为观止的眼前一亮的感觉：哦，原来这样也可以！这些人是对新教伦理诠释得最好的企业家，值得我们为之立传。

风险投资

关于风险投资，我们更多的可能是通过各种媒体了解到哪家创业公司获得了多大数额的金钱，比如 2020 年底的两则消息：

- PingCAP D 轮融资 2.7 亿美元；
- Zilliz B 轮获得 4300 万美元。

但是很多时候，非投资圈的人可能会忽略这些数字背后的基金、风险投资，以及这些机构背后的决策者：极具冒险精神的投资者。作为资本主义的支柱，没有资本进行商业活动显然是不行的。就开源的商业化运作来说，很难想象前期没有资本的投入，而仅靠私人募捐或个人如何来支撑。我们可以看到，本书前面介绍的开源的商业机构，没有哪个是离开资本而发展壮大的。

那么，这就提供给我们一个很重要的话题，我们需要对这些眼光独到的风险投资者们进行一些了解。当然，限于篇幅，向导只为大家介绍一位传奇风险投资人物的故事，如果读者对其他人有兴趣，可以写信给向导。

洞悉开源消费者心理的创新者：鲍勃 · 扬

◎ 主要成就

Red Hat 公司联合创始人。

◎ 让人为零成本获取的软件掏腰包的异类

在销售界总是存在看起来不可思议的神话，比如把冰箱卖给因纽特人。但是也有在现实中确实存在的，比如某矿泉水可以卖到比汽油更高的价格，为普通的洗涤剂加点颜色价格就可以翻好几倍。自由 / 开源软件对所有人都是公开可获取、可自由修改，并可重新分发的，能将它商品化的人，我们不得不称之为奇才。这就是伟大的创新！请允许我在这里引用《共创未来：打造自由软件神话》一书中对鲍勃 · 扬（Bob Young）的描述：

如果有一座专为商界奇才设立的名人堂的话，有个人一定会位列其中，因为他知道只需要用一只造型别致的瓶子把仅值几个美分的糖水装起来，在可口可乐这一商标名的护佑下，人们就会心甘情愿地为它掏出 1 美元来。而那个最先领悟到给洗涤剂加上些漂亮的蓝色水晶饰品就能使其销量大幅上升的家伙也一定在那里。明白如何使人们花钱买他们并不需要的东西的人确实属于异类。

鲍勃 · 扬应该是下一批举行入堂庆典的人之一了。他找到了一条能使人们为他们本可以免费获得的东西付钱的道路，从而为 Linux 和开放源代码世界作出了重大贡献。

◎ 厨房里诞生的基于开源的商业公司

鲍勃 · 扬在一次采访中坦承自己在上学期间学习并不好，所以毕业之后，只找到了一份售卖打字机的销售工作。到 1993 年的时候，打字机这一夕阳产品终于彻底下山了，鲍勃 · 扬也只能回家待业了。巧的是他发现了刚刚诞生不久的 Linux，而且还找到了自己的职业方向。不过当时的他确实非常窘迫，他只能说服其夫人，在厨房里处理日常的工作。

◎ 发现开源的商业逻辑

没有技术背景的鲍勃·扬，也能够从具体的技术背景里跳出来看问题，那么如何将自由软件销售出去，就是他与众不同的地方。在这一点上他确实算得上是洞悉人心了。我们这里不妨回顾一下当年他做出相关决策的故事。

鲍勃·扬的其中一站是位于马里兰州的戈达德太空飞行中心，其中一个属于美国国家航空航天局（NASA）的研究机构正在安装 Linux。就是这次拜访给了鲍勃·扬很大的启发，也是创建 Red Hat 独一无二的商业模式的灵感。

戈达德太空飞行中心在当时对 Linux 做了一个很大的改变，即使用价值 40000 美元的 PC 服务器来替代 3 年前花了 500 万美元购买的超级计算机。让这些 PC 服务器运行的就是 Linux 操作系统。鲍勃·扬访问了在此工作的一名程序员，一名曾为 Linux 撰写了以太网驱动程序的开发者，这名开发者本来打算在该项目中使用这些代码，但是他同时以开放的方式将代码上传到了社区，供人们公开使用。鲍勃·扬想了解他为什么会这么做。

鲍勃·扬向这名叫汤姆·斯特林（Tom Sterling）的程序员问道：“你为什么会花钱开发这些复杂的以太网驱动程序，还不售卖它们？”

汤姆解释道：“我们只是作为回报提交了以太网驱动程序而已，要知道，我们获得了整个操作系统的源代码，我们可以将它安装到任何机器上，我可以自由地做任何事情。”

鲍勃·扬继续追问：“你为什么不让 Linux 运行在那些大型机上？据我所知，SUN 公司是非常乐意给你源代码的，如果你愿意在他们的系统上开发的话。”

汤姆接着解释道:“你说得没错，我也可以和SUN公司索取源代码，但是如果我这么做了的话，我就得和我的律师商讨并查找，哪些代码我可以动，哪些不可以。如果我使用Linux的话，其许可协议允许我做任何我想做的事情。”

汤姆的回答解决了困惑鲍勃·扬很久的问题：控制权才是用户真正关心的，而不是那些所谓功能。

“所以说，汤姆使用Linux并不是因为Linux更好，或者是更便宜，或是运行得更快，”鲍勃·扬补充道，“他使用Linux是因为Linux能够让他获得控制权，而且他还找不到任何的替代品，无论是IBM，还是微软、SUN，抑或是苹果，没有一家商业公司可以给予他这样的好处！我是一名销售员！我卖的从来不是功能，我卖的就是好处！正好汤姆说出了其中的精髓，Linux具备其他任何厂家都无法提供的好处——控制！所以，那次拜访让我获得了灵感！”

出于职业习惯，或者说如果有选择的话，有很大一部分人是愿意使用基于开源项目的软件的，尽管这么做有一定的风险，但是做任何事都有风险，只要在可控范围内，开源至少是这些用户的重要依赖和选择。

◎ 如何保持竞争力?

如果鲍勃·扬止步于发现用户的自主心态的话，那么可能也就没有后来Red Hat的什么事了。要如何在众人都能获得代码的情况下，自己还不是拥有工程能力的情况下，在竞争中保持优势进而脱颖而出呢?

答案就是Upstream first（上游优先），这是Red Hat自始至终都在保持的核心竞争力。

在任何重大的软件项目中，潜在的分支都是无法独立完成预期目标的。无论分支是出于何种原因，分支负责人都需要想方设法吸引支持者，也就是吸引开发人员致力于基于该分支去进行开发，而不是基于最初的主干进行开发。鲍勃·扬采纳了该观点，并将该观点与下列观测结果相结合，即软件代码维护通常要比代码编写投入的资金多得多，并且得出以下结论：当共同体承诺进行软件维护时，潜在分支者尝试将自己想要做出的技术改变包含到基于现有分支的代码之中，通常要比选择自立门户并创建一个新的共同体更加经济一些。

这听起来是不是有点违背直觉？Red Hat 始终坚守这样一个行为准则，要知道基于上游，问题不在于有多么困难，而是能够几十年如一日拒绝诱惑。这也是 Red Hat 制胜的秘密所在。

点石成金的风险投资者：彼得·芬顿

◎ 主要成就

华尔街知名投资人，以开源项目的商业公司为投资重点。

◎ 个人经历

彼德·芬顿（Peter Fenton）生于 1972 年，外表精干而冷静，淡定中透露着睿智。可能是因为哲学的学习背景，其对于开源的商业化有着独到的理解。芬顿拥有斯坦福大学的哲学学士学位和工商管理硕士学位。从 1999 年到 2006 年，他是 Accel 合伙公司（Accel Partners）的执行合伙人，在 2006 年转而成立风险投资公司：Benchmark。他是这家著名投资公司 5 位合伙人的其中之一。

他的风险投资经历其实也不是一帆风顺的。在那个疯狂的 20 世纪 90 年代，据统计，仅 1999 年到 2000 年，风险投资者们就对 71 家开源公司投资了 7.14 亿美元。后来，这些公司大多数倒闭了。比如 TurboLinux，这家销售高级版 Linux 系统的公司，融到 9500 万美元，它是很典型的失败案例；再比如 LinuxCare，是一个做咨询的品牌，背后的公司是 Kleiner Perkins Caufield & Byers（KPCB），是另外一个典型的失败案例，它差不多“烧掉”8000 万美元。

或许，正是因为前期的失败，让芬顿学到了很多，虽然付出一些代价，但是芬顿依旧看好开源。2004 年 JBoss 的成功，证明了他的卓越眼光。随着投资的开源项目背后的公司的成功，芬顿在投资界的位置也是火箭般上升。一路走来，他仅犯了很少的错误，就达到了非常高的高度，并且他对开源项目商业化的理解是非常独到的。

◎ 在开源界的辉煌战绩

将钱投给开源项目需要投资者独具慧眼，因为这需要和主流的软件商业投资模式有所差异，芬顿毫无疑问非常成功。表 7.2 所展示的就是芬顿所投资过的被收购的开源项目。

表 7.2 芬顿在开源界的辉煌战绩

开源项目	收购金额（单位：美元）	最初投资金额（单位：美元）	收购
JBoss	3.5 亿	1000 万	被 Red Hat 收购
SpringSource	4.2 亿	2100 万	被 VMware 收购
Zimbra	3.5 亿	1700 万	被 Yahoo！收购
FriendFeed	5000 万	500 万	被 Facebook 收购
Xensource	5 亿	1700 万	被 Citrix 收购
Quip	7.5 亿	1500 万	被 SalesForce 收购

我们可以非常明显地看到投资回报比是多么高。

目前芬顿还在投资的开源公司 / 项目：Docker（在 2011 年，那时的 Docker 还叫 DotCloud，芬顿就已经是其董事会的一员了）、Elasticsearch、Hortonworks、Cockroach Labs 等。是不是觉得这些项目都很眼熟？没错，它们都是现在处于创新风口的开源公司。拿 Docker 来说，它不仅彻底改变了软件的交付模式，还让开源的创新成果遥遥领先。

其中最为辉煌的日子莫过于 2014 年 12 月 12 日，在这一天他所投资的两家公司——Hortonworks 和 New Relic 同时首次公开募股。这是其职业生涯中最不寻常的一天。截至向导写作本书时（2021 年 1 月），Hortonworks 和 New Relic 的市值分别达到 6.59 亿美元和 14 亿美元。

◎ 在投资界获得的荣誉

让我们看看芬顿进入福布斯 Midas 榜单前 100 名顶级技术投资者时的历年排名，如表 7.3 所示。

表 7.3 芬顿在福布斯 Midas 榜单的历年排名

年份	福布斯 Midas 榜单排名	备注
2007 年	94	
2008 年	62	
2009 年	50	
2011 年	4	榜单上最有生产力的风险资本家
2012 年	5	
2015 年	2	

◎ 对于开源、投资和商业的独到理解

从商业、投资的角度来讲，芬顿对于开源的理解可谓无人能及。以下观点，或许你有一万个反对的理由，但是它们都很实用和有效。

1. 关于长期黏性

开源之所以能够胜出，首先是因为它能够建立实质性的竞争优势，比如 JBoss 当年和 IBM、BEA 分庭抗礼时，Xen 的半虚拟化横空出世，一旦很多人采用它并跟进，由于习惯以及迁移的代价，基本上很难再换其他产品。

2. 开源要足够优秀

这里直接引用当年《华尔街日报》对芬顿的报道《对开源拥有神秘力量的男人》中的描述：

相比“需要雇佣工资高昂的销售人员和花时间去做各种高层会晤以赚取利润”，人们更愿意使用那些能够直接下载和试用的产品，这样有助于筛选出最好的产品，过滤掉那些表现平庸的产品。

“如果你没有足够优秀的产品，就不要去想着开源。”这一点和传统的企业软件有些不同，人们总是会倾向于使用足够好的产品。

拥有受欢迎的产品，而不仅仅是很多的下载量。或者拥有很多的用户和开发者，还能够让销售工作更加轻松，例如 SpringSource。当人们已经在使用你的产品了，说服他们购买就是一件简单的事情。

3. 芬顿确立的开源项目的标准

- 必须有达到数百万用户的大市场；
- 项目是经得起考验和有生命力的；
- 必须是有需求方的；
- 产品要有足够的门槛和独特性；
- 项目需能够满足走在前沿的公司或个人的需求。

◎ 对创业者本身运营能力的看重

芬顿在看人上也有着独特的眼光，例如 JBoss 的马克 · 弗勒里（Marc Fleury）和罗布 · 比尔登（Rob Bearden），Zimbra 的萨蒂什 · 达马拉吉（Satish Dharmaraj）、斯科特 · 迪茨恩（Scott Dietzen）、安迪 · 普夫劳姆（Andy Pflaum）以及约翰 · 罗布（John Robb），SpringSource 的罗德 · 约翰逊（Rod Johnson）和罗布 · 比尔登（Rob Bearden）等都是芬顿欣赏的对象。

这些创业公司的运营者都有一个共同的特征，那就是对于自己的产品非常有信心，而且产品都拥有众多的用户。

在对商业的理解上，像芬顿这样成功的风险投资者确实是有着独特的眼光的，他们能够有大局观，能够看清形势，洞晓软件商业化内在的本质。

从 1999 年算起的话，芬顿的职业生涯有近 18 年。投资开源公司的屡次成功，证明了他不是一个机会主义者，他的投资行为是经过科学的洞察、果断的决断，以及对科技的敏感和把握而做出的。向导想将一句话送给所有和开源有关的公司:

“哪有什么岁月静好，只不过是有人替你负重前行。”

关于风险投资者，向导还想介绍的有 oss.capital 的创始人约瑟夫 · 杰克斯（Joseph Jacks）等。开源的发展离不开资本的支持，而拥有独到眼光和魄力的投资者非常稀缺。

保持中立：赢得信任的社会工作者

开放源代码的归属问题

中国古代有句相当哀怨的诗句：“苦恨年年压金线，为他人作嫁衣裳。”我们暂且不管这句诗背后的故事，光是从字面上理解，嫉妒之心就已经跃然纸上了。

就开源的代码而言，它是不是也存在这样的问题呢？那就是我劳动而他人获益。尽管自由 / 开源也有自己的法律声明：由 OSI 认定的许可协议，但是，涉及的法律问题要远远超过这些许可协议，绝大多数时候甚至都超越了一位普通开发者的知识水平。

假设有一家以双许可协议授权的软件项目商业公司，它是否有义务为该项目的贡献者付劳动报酬？贡献者是否会放弃自己代码的归属权？当这家商业公司将项目出售时，贡献者能不能分得一杯羹？当这家公司的客户有商业需求时，公司是否可以置贡献者的反对于不顾？

以上可能是一位开发者要思考的问题，那么商业公司呢？

它要不要参与在业务上有竞争的公司发起的开源项目？功能模块冲突的时候，它要不要放弃决策权？雇佣员工所做的工作拱手让人，没有任何保障该如何处理？涉及专利、著作权等传统知识产权领域的内容时又该如何处理？

开源软件非营利基金会的崛起

凡事总会有解决方案的，人类的协商和妥协能力是无与伦比的。如果上述问题亟待解决，那么我们就找一个中立的机构，来确保解决的过程公开、透明和公正。

相信大家对过去几十年来逐步成长起来的开源软件非营利基金会已经耳熟能详了。向导在这里随意地给大家列出来几个：

- Apache 软件基金会；
- Linux 基金会；
- 云原生计算基金会（Cloud Native Computing Foundation，CNCF）；
- Python 软件基金会。

通常情况下，这些基金会会完成如下一些事情。

（1）为参与者提供一个软件知识产权管理的法律框架，在这个框架中，商业公司可以和自由 / 开源软件项目的贡献者在一起和谐地工作。

（2）提供一些技术服务，如软件仓库、问题跟踪、代码签署证书和技术指导等。

（3）提供日常的运营和管理支持，如财务和现金服务、会员管理以及项目的沟通和公关等。

我们在前面的章节中也对基金会的现状进行了描述，这里要为大家介绍的是基金会背后的管理者、贡献者。如果忽略掉这些服务组织中的关键人物，那么我们对开源的理解将是不完整的。更多关于基金会的创建和运营方面的故事，将会在之后出版的图书中进行详细描述。

受限于精力和时间，向导这里仅为大家介绍一下 Linux 基金会的执行总监吉姆 · 策姆林（Jim Zemlin），其他的著名社会工作者，即其他非营利基金会、机构的人物，还有 Hyperledger 的执行总监布莱恩 · 贝伦多夫（又译为布赖恩 · 贝伦多夫，Brian Behlendorf）、开源社联合创始人刘天栋等。如果读者心中有认可的开源社会工作者，欢迎给向导来信推荐。

把开源种子撒播到所有行业：杰姆 · 策姆林

◎ 主要成就

从 2007 年 Linux 基金会成立起，吉姆 · 策姆林就一直担任该基金会的执行董事，且将 Linux 基金会的工作扩展到非常多的领域。

◎ 成立 Linux 基金会

在成为 Linux 基金会的执行董事之前，吉姆是自由标准组织（Free Standards Group，FSG）的执行董事。2007 年初，FSG 和开放源代码开发实验室（Open Source Development Labs，OSDL）合并形成了 Linux 基金会。

吉姆在最初加入这个组织时目标很明确，就是为了 Linux 的发展，尤其是解决发行版的多样性导致的用户在使用上的困惑。

吉姆在给大家讲开源的时候，经常将其比喻为诗歌。他认为从更高层次去看代码的话，代码就犹如诗歌。卓越的工程师如林纳斯 · 托瓦兹（Linus Torvalds），就是诗人一般的存在。这些工程师们在编写软件代码时相当享受，对于他们来说这是一种积极的艺术创作，是世界上最为有趣的事情之一。

吉姆之所以这么说，是因为 Linux 离我们的生活是那么近，又是那么不可或缺！我们的现代数字生活，无法离开 Linux 的运行。

◎ 扩大 Linux 基金会

Linux 是目前世界上最大的开源软件项目之一，开发人员遍布全球，30 年以来保持稳定的发展趋势。复制 Linux 的成功，几乎成了每一位开源项目开发者的梦想。那么，除了内核之外的技术，想要复制 Linux 还需要什么？

Linux 基金会持续扩大自己的项目孵化和托管业务，一路高歌猛进，采用大雨伞模式，在 Linux 基金会下设置子基金会以及托管新的项目，如正在被众多开发者所关注的云原生计算基金会、Ceph 基金会、JS 基金会等均是 Linux 基金会大力发展的结果。

吉姆认为开源不是一个零和游戏，你可以在帮助别人的同时帮助自己。

这是最为让人信服的一句话。这个誓要把开源的 DNA 传播到更多软件项目中的人，对开源的理解真的是不一般。作为一家非营利机构，在保证 Linux 等员工的工资能按时发放的同时，它也正在影响整个软件产业。这是非常了不起的成就，足以让吉姆 · 策姆林在开源的世界中占有一席之地。

◎ 坚定的中立立场

在 Linux 基金会发布的 2020 年度报告中，吉姆的声明很是打动人心：

我们在美国继续与挑战做斗争的同时也重申，Linux 基金会是国际社会的一部分。

我们的成员已经经历一年的国际贸易政策变化，并了解到尽管有政治因素，开源仍在蓬勃发展。我们的成员社区来自世界各地，参与开放合作，因为它是开放、中立和透明的。这些参与者显然希望继续与全球同行在应对大大小小的挑战方面进行合作。

在艰难的一年即将结束之际，所有这一切使我们确信，开放合作是迎接世界上最复杂挑战的模式。没有什么个人、组织或政府能够单独创造出我们需要的技术来解决我们最紧迫的问题。我代表整个 Linux 基金会团队，期待帮助你和我们的社区迎接接下来的任何挑战。

在贸易战频发的大背景下，这是一份难能可贵的声明。另外，吉姆还对美国在开源软件出口方面的限制进行了解读。

◎ 差点和心仪的女孩擦肩而过

吉姆经常挂在嘴边的一个故事，是自己初次和女友（他现在的妻子）

约会时尴尬的一幕。女友问到他的工作时，他回答道："我为一家非营利机构做事，这家机构是基于开源的，所有的软件都可以自由地获得，我们将所有的东西都让人们可轻易获得。"

要知道，吉姆的女友毕业于哈佛商学院，而且在硅谷的一家技术公司当高管，当听到这些的时候，她一脸的失望，然后看了看表，径直走了。

虽然后来，吉姆还是一片诚心打动了对方，但是这也说明，讲清楚他正在做的事情是多么困难，开源在当时面临多么大的世俗之见。

付费用户：洞悉开源的形成心理表征者[3]

所有的现代人都是开源的用户

在本书第一章，向导就尽最大可能将人们现代经济生活中使用最为广泛的终端介绍给大家，以说明开源的无处不在。这是一个摆在所有人面前的事实，向导在这里说的每一句话都是多余的，而仅仅是提醒大家，只要你肯多留意一下就会发现，采用开源项目的软件在你的生活中发挥着巨大无比的作用。

中国有句俗语，叫“羊毛出在羊身上”，也就是说我们在这个地方所享受的免费服务或产品，一定在其他地方已经付过账了。但是它确实隐藏得很深，一般人根本无法察觉，比如 Chrome 可以收集你的所有浏览行为和数据，Google 也会知道你搜索过何种字段，Emacs 要求你必须将修改过的代码同样分发出来……

如果你不打算这么交换，那么就换一种方式，让别人来交换，自己出些钱好了。

天上不会掉“馅饼”

对经济学家而言，有一句话是他们进入这个行业后秉持的金句：“天下没有免费的午餐。”但是这个世界上不是所有人都是经济学家，不过将这句话视为人生信条的也是大有人在，其中就包括开源软件的用户。

这群有着明显特征的用户，本身也是开发者，也就是说他们自身也

[3] 心理表征在经典著作《刻意练习》中的定义：是一种与我们大脑正在思考的某个物体、某个观点、某些信息或者其他事物相对应的心理结构，或具体或抽象。

是受过程序开发等训练的专业人士。请注意，这是一个重要的前提，因为没有接受过编码“洗礼”的人，在很大程度上非常难以理解开发过程。

这种类型的用户，就是我们这里要特别描述和提及的一类软件消费者。他们聪明、接受过训练、拥有软件开发的心理表征。最重要的是，他们是一群自主的人，对软件有一种掌控欲。

为开源付费的方式

我们这里使用了“付费”，而不是“交易”或其他词汇，这是因为金钱对于开源项目的可持续发展有着巨大的作用。没有哪个开发者是不食人间烟火的，大家都需要面对现实中的生存问题。那么这些付费的用户是如何做的呢？在这里，向导就尝试为大家列出几种做法。

- 捐赠给项目所在的法律实体，如 Debian 的 SPI（Software in the Public Interest association）；
- 捐赠给项目所托管的 501（c）非营利基金会，如 Linux 的 Linux 基金会、GCC 的自由软件基金会（FSF）；
- 购买项目的周边产品或赞助相关的活动，如 Jupyter 的 NumFocus；
- 购买由营利性组织如商业公司提供的服务，如 PingCAP 的 TiDB；
- 付费使用开源驱动的服务，如 Automattic 的 WordPress；
- 雇佣开源项目的开发者。

解决问题的实用主义者

现代人很少询问意义，使用软件的出发点往往是解决现实中遇到的问题：访问网站、购物、社交、写作、编码。如果是在自己的能力范围之内，人们就会尽可能使用价格实惠又功能好用的产品或服务。问题能用钱解决，当然是最好的了。

那些经过程序开发训练的人从事网络服务工作也是同样的道理。在很多的架构选型中，我们都可以看到类似图 7.7 所示的选择。

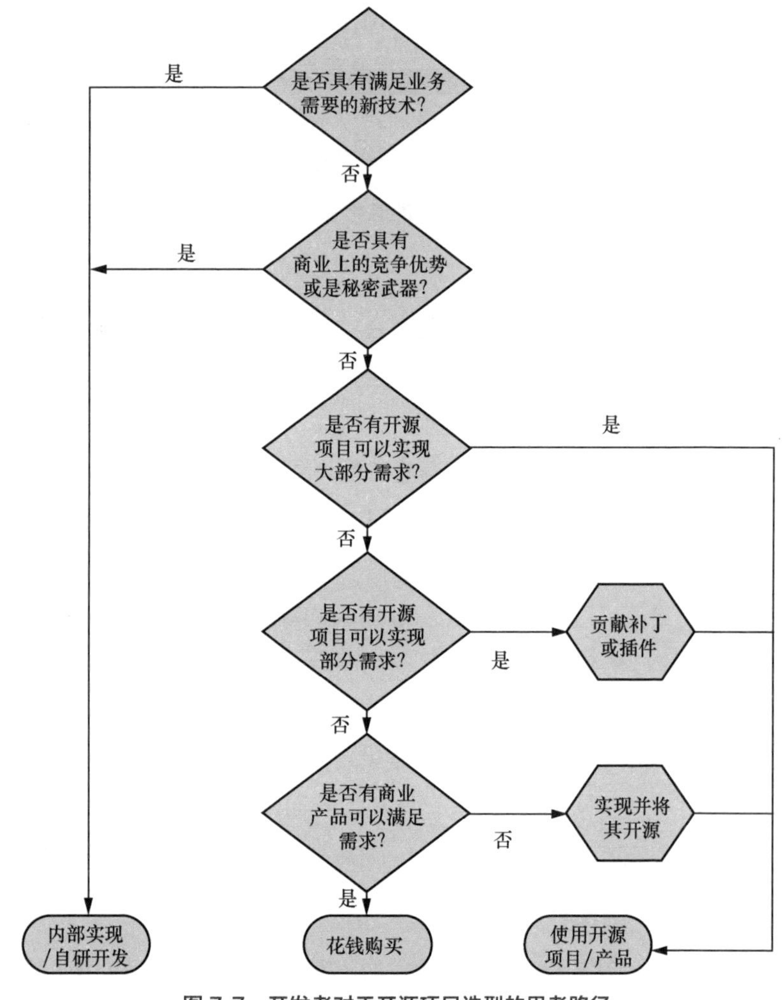

图 7.7 开发者对于开源项目选型的思考路径

当然，能否驾驭如此庞大的基础设施，有效降低总拥有成本，将是我们后面要深入探讨的问题，当前我们先把这个现象说明白。除非开源无法满足业务需求，否则没有人会花时间和精力去重复实现已经实现了的精良软件，这不符合人类文化进化的原理。

能够理性而有效地算一笔经济账，是一名现代人必做的事情。

开源可持续发展的重要力量

和这个世界上的所有事情一样，开源想要发展就需要获得社会各个方面的力量支援。开源软件项目的开发需要人、计算机、场地等，才能有效地运转，换句话说，开源项目的开发需要融入人类的经济法则当中，即需要获得金钱，以交换所需要的资源。

觉得软件可以解决问题，然后出一部分力，包括金钱上的付出，都是对开源的积极支持。这里之所以要讲到付费问题，想表达的意思就是，再怎么强调愿意掏腰包的用户的重要性都不为过。正是因为他们的付出，开源项目才得以发展，并获得突破和贡献世界。

10

搭便车者：目光短浅的“受害者”

惯性思维下人们对自由/开源软件的误解

人类社会的建立花了非常多的时间，将知识商业化却是近年来才发生的事情。至于软件实现商业化，确实也没有多少年——连半个世纪都不到。

盗版问题一直屡禁不止，而随着开源的兴起，它也出现在了自由/开源软件领域。我们知道，自由/开源软件通常情况下不仅提供软件的源代码，还提供可以直接安装使用的二进制文件，而这个过程通常不会收到任何的批准请求、获得许可、注册信息等，也就是说，整个过程都是自由而坦诚的。人们很自然地认为这和使用盗版软件没有什么区别，尤其自由/开源软件开发者鼓励人们这么做，我这里提到的鼓励是指鼓励分发的行为，并不是指不付费。

将自由软件理解为免费软件

此外，人们还有一个误解，“自由软件”的名称源自英文的“free software”，即理查德·斯托尔曼发起的自由软件基金会所定义的软件特征，“free”这个词在英文中有免费的意思，这就导致我们在翻译和引用上的长期失误。即使在今天，我们仍然能够在很多的书籍、文章，甚至是文献中看到将“free software”翻译为“免费软件”。

翻译上的失误，导致人们意识上的认知差错，一词之差，将自由软件的意义破坏殆尽。不止于此，这也让那些使用盗版的人们更加心安理得。他们不仅不会思考软件背后的意义，也不会思考软件的生产过程。

软件的隐性成本

从技术上来讲，软件一直都在发展和完善，因为其所依赖的芯片、计算机、存储器也在持续改进。其面对的问题是，业务在不断变化。这就决定了软件没有固定不变的，其唯一不变的就是变化。另外，软件还会存在漏洞和安全问题，也需要持续不断地进行更新和修补。

此外，软件的日常维护、参数配置，以及开发过程中和上下游的适配与调试，以及和业务人员的沟通，所有这些都需要专业的人员配置，而这些都是软件的成本。对于自由/开源软件来说，上述成本同样都存在。

学习曲线与脱离上游

专业化的分工决定了软件的生产和维护过程需要经过大量训练的专业人士。简单地从互联网上下载软件，并不能满足我们的需求，往往需要改动，或者是重新适配。这个过程是无法绕过的，这个学习曲线是必需的，要么投入人，要么投入资金，总而言之都是成本。

回到本小节标题，搭便车者，他通常是和上游脱离的，不仅无法获得上游的最新补丁，也不会知道上游的下一步是什么。久而久之，离上游就会越来越远，而自己的版本却静止不动，不仅功能上会落后，安全也无法得到保障。最为严重的问题是，脱离了上游的共同体，会失去沟通和交流的机会。

任由“投喂”，失去活力

搭便车还有另外一个严重的后果：人是有惰性的，如果沾染了搭便车的毛病，东西得来得过于容易，其实是在不劳而获，那么一旦出现什么问题，一些人就会抱怨和责骂。CentOS 切出 CentOS Stream 的案例所牵带出来的一直在获取 RHEL(Red Hat Enterprise Linux)“红利”的人，竟然理直气壮地责怪 CentOS 的决策，这就是典型的被“投喂”惯了，给他们一个和 RHEL 站在同一起跑线的机会，他们还拒绝。

一味吃相不堪的搭便车，其实是对自己最大的伤害，这种伤害是无形的，犹如将流动的活水变为一潭死水一样，会让自己失去信息技术创新能力，变得落后，进而被市场本身的规律所遏制。

人性的弱点

这样的行为是无法根除，但开源仍然是值得我们追求的目标之一。因为它的交换是建立在相互信任基础之上的，是一种不设防的交换。

但是，开源的弱点是固有的，你必须寻找一种方式去防止它，正如蒂姆·奥赖利在一次演讲中所分享的：

> 开放导致价值创造，并没有导致价值获取。为了获取价值，你必须找到一些可以圈起来的东西。

很显然，搭便车者们是无法看到这一点的。

潜在的付费用户

向导把搭便车者专门列一个小节，并没有半分挖苦或鼓励的意思，而是对此有一个乐观的态度：只要提高了对软件本身的认知，搭便车者就会转化成付费用户，成为开源项目的支持者。

我们常常因为看到人性不光彩的一面而感到愤慨，或者是觉得不公。是的，软件的二进制授权模式的合理性就是利用的人的这一心理。但是，用户基数大才是开源项目的力量源泉，犹如漫威电影《雷神3：诸神黄昏》中所描述的：

> 阿斯加德不是一个地方，而是人民，这也是雷神索尔的力量源泉。

开源发展的最大动力，是其大量的使用者——用户，而用户是否做搭便车者，是拥有选择的自由的。我们需要做的是让用户知道自己有选择权，而不是认为只有做搭便车者才能“获益”。做开源的支持者才能成为最大的受益者，无论是参与做事，还是提供金钱资助。

首先他们无视于你，而后是嘲笑你，接着是批斗你，再来就是你的胜利之日。

——圣雄甘地

开源运动的胜利：一场伟大的革命

向导的话

在前面的旅程中，我为你介绍了开源世界的人们，他们的日常活动，以及所形成的城市和组织。按照常见的旅行团模式，我们差不多也该结束这场旅行了，但是相信读者一定不会满意，走马观花的事情见得多了，唯独在开源世界不可以，因为这些都是表象，是所有人都可以看得到的。因此，接下来向导要进行一些背景的交代。

首先，便是开源是从什么地方站起来的，它从不被承认到被承认的过程中又遇到过哪些事。

和专有软件分庭抗礼

在著名畅销书作家沃尔特·艾萨克森的《创新者：一群技术狂人和鬼才程序员如何改变世界》一书中，作者对当今世界的三大软件创新模式进行了精确的描述：

到 20 世纪 90 年代，世界上已经出现了许多种软件开发模式。这其中有硬件与操作系统软件牢牢捆绑的苹果模式（麦金塔电脑、iPhone 手机和所有 i 系列产品都是以这种方式开发出来的，其目的是创造无缝用户体验）；有操作系统不捆绑软件，能让用户拥有更多选择的微软模式；此外还有软件完全不受束缚，任何用户都能动手修改的自由和开源模式。每一种模式都有其优势，都能够刺激创新，并且都有一批先知和

信徒。但最理想的方式是让这三种模式共存，让开放和封闭、捆绑和不捆绑、专有和自由随意组合。Windows 和 Mac、UNIX 和 Linux、iOS 和安卓：在几十年的时间里，各种不同的方式相互竞争，相互激励——并相互制约，有效防止了其中任何一种模式占据统治地位，进而妨碍创新。

这样的局面并不是自然形成的，而是其中的开发者根据自身对技术的理解，以及社会的认可，逐步促成的。开源能够占有一席之地，得到全世界的承认，是我们认为的全部意义所在。这是一场伟大的胜利，尽管和大多数的胜利一样，代价高昂，但这一切都值得。

如何定义开源运动？

这不是一场真正意义上的社会运动，更多的是一种技术上的反抗。一群坚定地认为技术就应该这么干的技术人员，按照自己的方式进行项目的运作，进而引发了从事这个行业的一部分人的认可和追随，最后这种运作方式终于立足于现代社会，并取得了不可取代的卓越成就。

人类能够组织起来进行协作，是其能够取得一系列成就最为重要的原因之一，但是如何组织，怎么组织，就目前世界上所呈现出来的多种多样的方式而言，我们可能无法简单地以优劣、高低来区分。不过多种方式并存的方式确实是实情。当然，垄断市场中的商业化组织是资本的伟大胜利，这一点不得不承认。

计算机的发展也不能免俗，仍然是一部垄断和反垄断的历史。我们不妨就以 1998 年时任微软 CEO 的史蒂夫 · 鲍尔默（Steve Ballmer）将 Linux 称之为“恶性癌症”这一标志性事件说起。当时微软面临着反垄断的诉讼，但是却视以 Linux 为代表的自由 / 开源软件项目为威胁，并采用了强大的公关攻势，试图让大众远离开源。

然而，自由 / 开源项目以其独特的生存和发展方式渐渐赢得了世人的信任，其所生产的软件质量可靠，逐渐在世界的舞台上站稳了脚跟。然而，这个历程并不是一帆风顺的。

本章向导试图讲述开源运动这样一个事件，将其中的关键要素细分出来进行描述，尽可能将一个全景式的开源崛起过程呈现出来。当然这取决于向导所立足的点，以及对于时间和空间的表现手法。

垄断者：进行二进制授权的商业软件巨头们

从软件作为授权的商品说起

1969 年 1 月，美国司法部对 IBM 提起了反垄断诉讼。据统计，它在企业硬件领域的市场份额超过了 70%。诉讼内容包括 IBM 垄断了“跨州贸易和商业活动中的通用电子计算机”。受该诉讼影响，IBM 在当年的 6 月 23 日决定将软件与硬件分离，以减少其反垄断案的受攻击面，其副作用就是诞生了我们今天所说的软件产业。

在个人计算机崛起的同时，微软利用 IBM 的外包机会，不仅为 IBM 提供 MS-DOS 操作系统，还为其他厂家提供，随后又联合英特尔（Intel）公司，成立了 Wintel 联盟，个人计算机时代随之来临。

在此过程中，软件以二进制授权的模式成为合法的模式，而且被大部分的软件供应商所采用。这是一本万利的事情，虽然开发的投入很高，但是软件供应商通常很快就能收回其开发的成本，这使得销售软件授权这个行业成为史无前例的暴利行业。

不止微软

二进制授权，拒绝提供源代码的商业模式，从闭源软件这个角度来讲，简直是完美无缺。那些掌握了计算机编程能力，且在独特领域解决问题的人们，开始在各自的领域开辟市场，关系数据库、个人办公、企业资源管理、各类信息系统等如雨后春笋般建立起来，也成就了商业软件的各类巨头，如 Oracle、Adobe、SAP、Autodesk 等公司。

或许市值是一个重要的评价公司实力的指标，2019 年部分商业软件公司的市值如表 8.1 所示（数据来源：维基百科）。

表 8.1 部分商业软件公司的市值（2019 年）

排名	国家	公司	市值（亿美元）
1	美国	Microsoft	9465
2	美国	Oracle	1863
3	德国	SAP	1349
4	美国	ADP	520
5	美国	Adobe.Inc	1320
6	美国	Salesforce	1209
7	美国	VMware	772
8	美国	Intuit	688
9	美国	SS&C Technologies	160
10	美国	NetApp	110

我们可以看到，这些公司资本都相当雄厚，而且都在自己的领域内处于绝对领先的地位，占有相当大的市场份额，而且在全球范围内都设有分公司，拥有大量的员工。我们可以毫不夸张地说，这是一个个的软件“帝国”。

微软“帝国”的反垄断诉讼

时间要回到 1999 年，从比尔 · 盖茨被公众丢鸡蛋的事情说起。那一年的微软已经成为世界上营收最高的商业公司了，比尔 · 盖茨的个人资产也是一路飙升。这距离他撰写那封狡猾至极的《致计算机爱好者的一封公开信》，也不过短短 20 多年的光景，微软是否达成了垄断？这要看法官如何判定，以及微软是否能够拿出有效的反驳证据。

彼得 · 韦纳在《共创未来：打造自由软件神话》中描述了当时的场景：

联邦司法部指控微软是一个垄断者，并利用其垄断地位扼杀竞争对手。微软断然否定了全部指控，并声称这个世界对付竞争对手的威胁的规则就是以其人之道还治其人之身。他们不是垄断者，他们只是一家具有极强竞争力的公司，成功经受住了来自其他同样残酷的竞争对手为窃取市场份额而抛出的各种明枪暗箭。

还有一件影响历史走势的官司，需要在此特别进行阐述，那就是网景和微软的浏览器大战。在万维网还处于萌芽状态的时候，网景创始人马克·安德烈森（Marc Andreessen）就着手其浏览器的编写，而且在随后进行了创业，并且公司在纳斯达克成功上市，上市当天市值突破历史新高。然而，就在大家集体陷入狂欢的时候，微软却推出了其 IE 的第一个版本，而且采用的是免费策略，随其视窗操作系统内置，这一下子就将网景置入难堪的境地：其主要收入来源，是出售 Netscape 万维网浏览器所得。于是，一场捆绑与反捆绑的官司大战轰轰烈烈地开启了。最后的结果大家都知道，尽管网景赢得了官司，但其输掉了市场，IE 占据了主流，网景则黯然退场。不过，后来网景的 Mozilla 开源计划取得了巨大成功。

形成垄断的主要方式

软件的授权方式并没有采用文化制品的方式，例如伴随着人类文明发展的书籍：为读者（同时也是消费者）提供源内容——文字，而是选择了将人类能够读懂的内容——源代码，进行封装，仅提供机器可执行的集成品。

这样的方式就导致了非公司的人无法参与到代码的开发过程中，因为人们拿到的东西相当于一个黑盒子，大家无法看到盒子内部的工作细节，在出错的时候也没有干预和修正的机会。

我们在本书的开头就说过，许可协议是赋予软件以属性的主要规定。下面我们再来看看商业或专有软件的授权。常见的专有软件授权模式有如下几种类型：

- 共享软件；

- 免费软件；
- 最终用户许可协议（End User Licence Agreement，EULA）。

最后一种是常见的类型，它指的是一家公司的软件与软件的使用者所达成的协议，此协议一般出现在软件安装时。如果使用者拒绝接受这家公司的 EULA，那么便不能安装此软件。EULA 是软件应用程序作者或者发布者与应用程序使用者之间的合法合同。我们通过阅读大部分的商业专有软件的 EULA，可以得知其中的几个关键点：

- 禁止复制；
- 只能安装到指定的硬件设备，且限制在一台；
- 不可以查看该软件的源代码。

对于开发者而言，其实这个确实有点强取豪夺的意味，以至于有一部分开发者，当然，也有一部分不法的商家看到了机会，实行反编译技术，破解源代码并分发之，这就是曾经泛滥成灾的软件盗版行为，如著名的番茄花园 Windows XP 案件，Adobe Photoshop 在电商平台被公开售卖破解码。这是严重的违法行为，在绝大多数拥有完善知识产权法、著作权法和专利法的国家都是。这样的行为在开源的世界也是被强烈反对和抗议的。

商业软件仍将继续存在

商业是我们人类世界发展非常重要的手段，二进制授权尽管有其难以自圆其说的不合理之处，但是仍然为软件的民主化、普适化做出了重要贡献，在创新上也是屡屡成功。

正如沃尔特 · 艾萨克森所言，商业软件没有彻底地垄断软件世界的全部，它是其中的一种重要的力量，选择权仍然在人民的手里。

利益：开源动了谁的奶酪？

万圣节备忘录

在英雄变成恶龙的故事里，我们总是可以看到人类邪恶的一面。微软同样没能逃脱这个俗套，就在比尔·盖茨实现了他那著名的愿景：

让每一台计算机都拥有一个 Windows

的时候，眼见 Windows NT 几乎霸占了所有的市场，但是微软也并没有消灭所有的对手。开源的 Linux 的出现和势如破竹的崛起，让微软高层坐卧不安。1998 年，微软被曝出来一份内部文件，这就是著名的“万圣节备忘录”。

这份文件的核心内容是，开源作为一种开发模式，具有无比巨大的优势，任何一家商业公司都无法与之匹敌，微软必须采用 FUD（“Fear，Uncertainty，Doubt”的缩写，英文意思为“惧、惑、疑”）策略将其在发展起来之前扼杀掉，否则它会威胁到自家的生意。

这在历史上是颇有代表性的事件之一。微软在这方面的判断力是准确的，后来的故事验证了当年这份备忘录的调查结论，微软在 2014 年第三任 CEO 上任后，全面拥抱开源。

互联网的崛起，技术栈的选择

我们在很多的论述中都看到过，利用开源项目是互联网服务商创业初期采用的主要方式，从 Google 到 Yahoo！，再到 Linkedin 和 Netflix，以及社交巨头 Facebook 和 Twitter……

这些公司在基础设施的配置上，基本上将商业的软件系统排除在外。

由于业务的灵活和积极的试错，以及对人才的需求，开源项目是这些公司的不二之选。随着业务逐步走上轨道，扩展的需求又将这些公司和开源牢牢地绑在一起，正如布鲁斯 · 佩伦斯（Bruce Perens）在其一篇论述开源经济的文章中所描述的，采用开源并不意味着零投入，而是投入更少的情况下，收益更多。

开源技术栈的扩张

开放的技术相比封闭的技术有着巨大的优势，因为随着时间的流逝，封闭的系统会自动趋于熵增，而开放是抵抗熵增的最佳方式。开源并没有像人们最初想象的那样，由于没有资金的投入而消亡，而是吸纳了新加入的力量，越发显示出强大的生命力。

以 Linux 为例，在服务器市场它一路高歌猛进，一举夺取了几乎全部市场，服务器操作系统的市场占有率如图 8.1 所示。

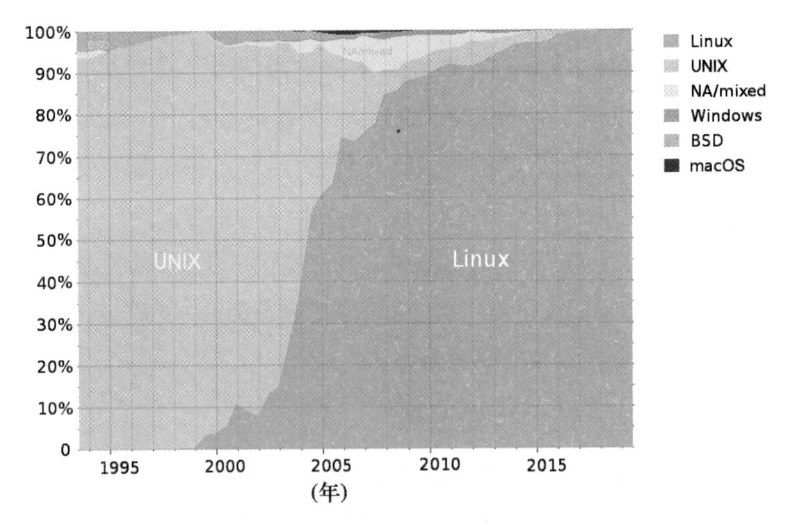

图 8.1　服务器操作系统的市场占有率

不止 Linux，还有万维网的浏览器、智能手机操作系统、编程开发集成开发环境（Integrated Development Environment，IDE）、云原生容器及其编排、大数据分析框架、人工智能学习框架、区块链分布式账本、NoSQL 数据库……开源正在“吞噬”整个软件产业。

要知道，在最初的时候，这些供应商凭借着技术优势，在每个应用领域都收取高额授权费，从而成长起来。从操作系统到数据库，再到编程语言和开发框架，以及桌面应用统统都有相应的供应商获得了利益。

但是，这样的模式终究是缺乏合理性的，尤其是随着技术的迭代和创新，在开放面前，封闭的模式简直不堪一击，无论公司雇佣多少人，都无法战胜整个互联网带来的技术优势。这些公司在收取授权费用上也节节败退，市场份额在进一步缩小。相反，基于开源的商业模式却在不断壮大和发展。

随之而来的是商业模式的变化

历史不是你死我活的周期性演变，而是相互融合的螺旋式上升的过程。传统授权模式既然无法立足，公司又不愿意将自己的代码和开发流程公开，那么有什么折中的办法没有？

当然有，那就是提供订阅模式服务，如图 8.2 所示。

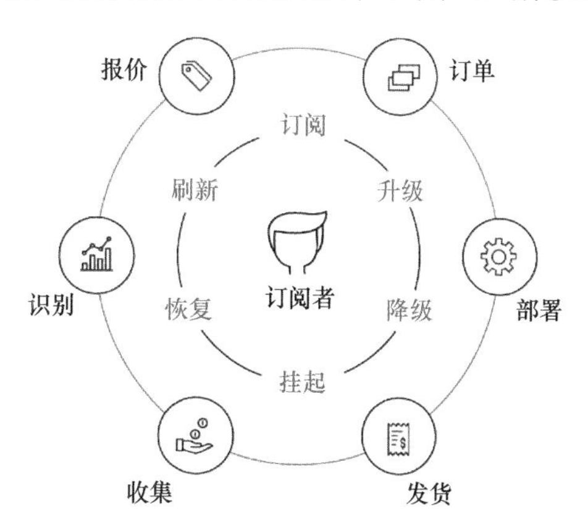

图 8.2　订阅模式服务

也就是说，将软件的功能转变为一种在线服务的模式。微软 Office、

Adobe、AutoCAD 等全部转型成为订阅模式，进一步降低用户的购买和维护成本。

当然，订阅模式也是开源商业模式的主要方式，如 Red Hat、Automattic（WordPress 母公司），以及和云计算紧密相关的托管服务，其利润均是来自服务。而这不能不说是开源的一种远见卓识。开源软件生态如图 8.3 所示。

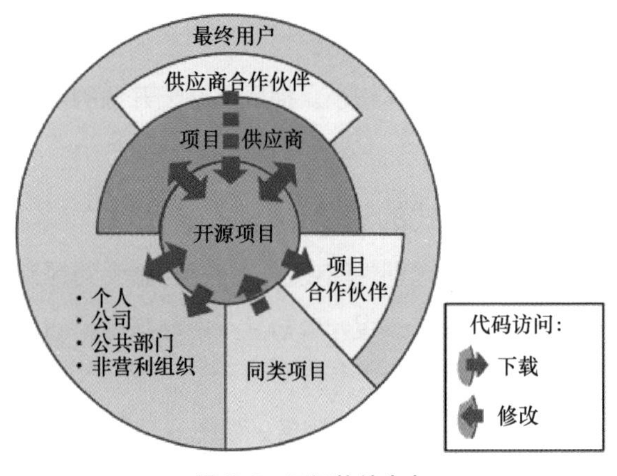

图 8.3　开源软件生态

从这个角度来看的话，开源不仅是一种有效的开发模式，也是最为公平合理的商业模式：童叟无欺！

演化：无法阻挡的生命力

从 Linux 内核（Kernel）的发展历史说起

2020 年 8 月，Linux 基金会发布了一份关于 Kernel 的历史的回顾报告，这时恰逢 Linux 发布 29 周年，一个具有特殊意义的版本 Kernel 5.8 也发布了。众多学者对这个历史上最大的协作开源项目的方方面面进行了一些实质性的内容回顾。令人叹为观止的演化轨迹如图 8.4 所示。

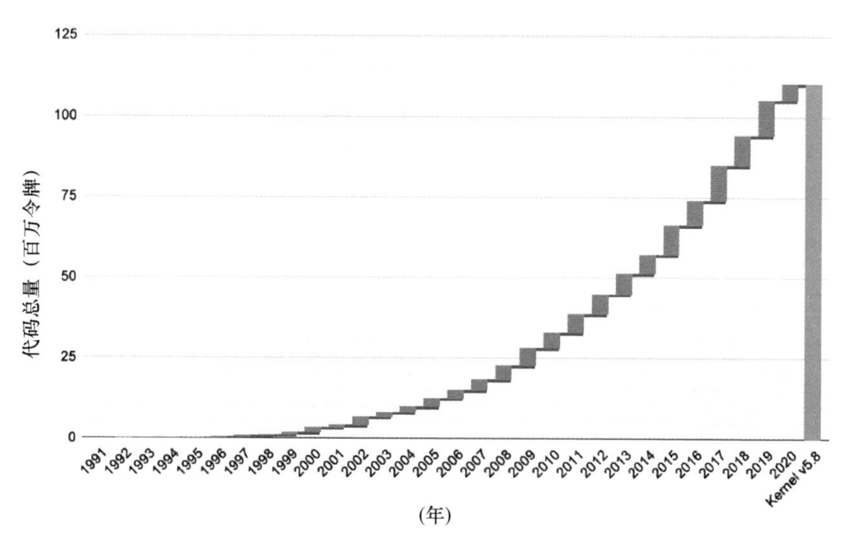

图 8.4 Linux Kernel 29 年来的代码提交图

这个轨迹代表着 Kernel 项目的变化：这段时间中所有独立的提交和合并。这也正是 Kernel 的成长过程，没有丝毫的掩饰，一切一目了然。然而再往细节处看，就会发现 Kernel 的功能演化过程：

- 支持更多的架构，从 x86 到 ARM，再到 RSIC-V、Power 等；
- 支持更多的设备，从嵌入式到超算，再到移动智能设备和汽车终端，乃至火星上的无人机；
- 支持更多现代数据中心的特性，如容器、命名空间、cgroup。

这分明就是一个最佳的技术演化和成长的案例，从小型的几十行的小项目，成长为几千万行的超大型项目，从零星的几个人参与，到几千位开发者共同协作开发。还需要更多的语言来描述这样的技术演化吗？

技术的累积

技术的演化不是简单的叠加，而是混合着增加、删除、修改等复杂的思考、测试和回退工作的演化过程。随着软件被大范围应用，应用的场景也是千变万化，人们会不断遇到新问题，然后进行解决，再遇到新问题，再解决，就是这样螺旋式的上升，成就了现在的开源项目。

没有人知道一个开源软件项目会发展成为什么样子，也不需要知道，因为几乎没有人去为项目做更为长远的规划，主要的原因是，这里没有发号施令者，所有的贡献者都是自愿来的，这像极了著名生物学家理查德·道金斯在《盲眼钟表匠》中所做的模型和对生物的考证。

开放带来的演化

正如向导始终强调的，开源不只是代码，还有整个生产过程。这就为开源所涉及的技术带来前所未有的开放，其结果就是可以吸引来自全球的任何人才加入这个项目，整合不同的问题解决方案，而我们所看到的不过是它所呈现出来的现象罢了。

更多关于开放带来的技术演化的内容，会在第九章中介绍。

妥协：模式融合下的现代开源

Apache 许可协议 2.0（Apache v2.0）的崛起

毫无疑问，商业公司是“贪婪”的，他们不仅想毫无代价地使用自由 / 开源软件，而且还想用自己利用自由 / 开源软件开发出的产品赚取利润，甚至是申请专利等，这也是很多公司青睐开源的主要缘由：这么做总是利大于弊，貌似是一种稳赚不赔的交易。所以，GNU 通用公共许可协议（或许可证）（General Public License，GPL）被他们的法务说成具有“病毒般的传染性”。

商业公司更喜欢不索取任何回报的许可协议，尤其是带有科学开放性质的许可协议，如 MIT、Apache v2.0 等，这些协议并不强制要求基于该项目的代码再开源，仍然可以继续分发。

于是，在开源项目崛起的同时，对商业友好的宽松式许可协议开始被大量采用，而相对更加严谨的版权保留式（copy-left）许可协议的用量占比则在变小。宽松式许可协议和版权保留式许可协议对比如图 8.5 所示。

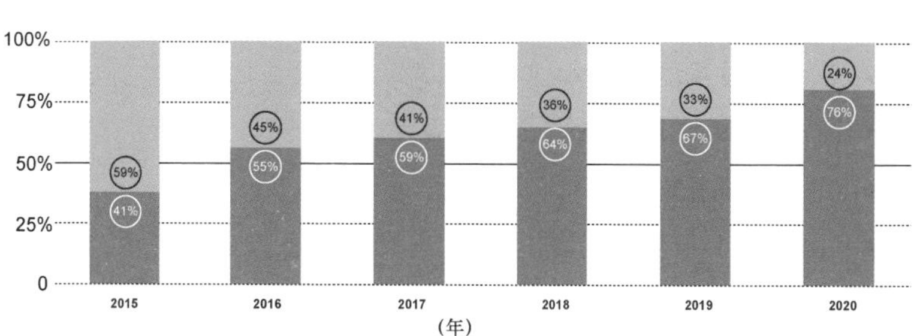

图 8.5　宽松式许可协议和版权保留式许可协议对比

其中表现尤为突出的便是 Apache v2.0，2020 年开源许可协议采用量排名如图 8.6 所示。

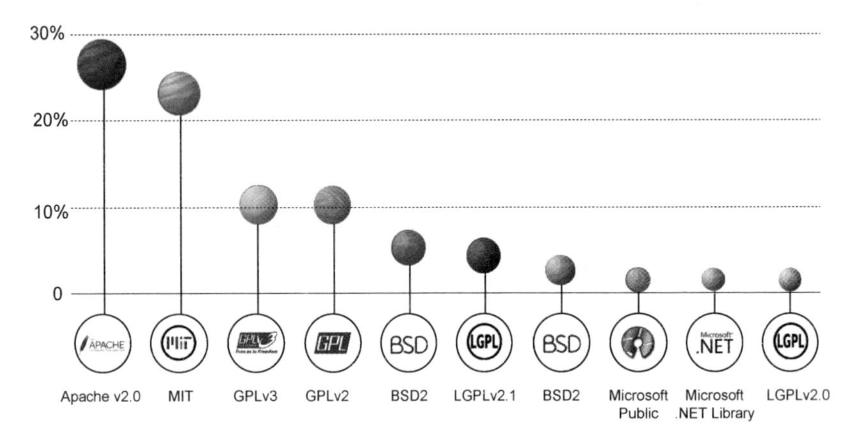

图 8.6　2020 年开源许可协议采用量排名

基于开源项目的商业公司的崛起

开源崛起的一个显著标志就是基于开源项目的商业公司登上历史的舞台，本书后面小节将概要地叙述了这些公司的业务和状态。

下面我们看一下 2018 年至今，和开源相关的公司的融资和上市情况：

- IBM 以高达 340 亿美元收购开源软件供应商 Red Hat；
- 微软以 75 亿美元收购代码托管提供商 GitHub；
- Elastic 上市，当天市值冲到了 50 亿美元；
- Cloudera 和 Hortonworks 合并，估值 52 亿美元；
- PingCAP 获 D 轮融资 2.7 亿美元；
- Zilliz 获 B 轮融资 4300 万美元；
- Databrick 最新一轮融资 10 亿美元，估值 280 亿美元。

开源从来没有排斥过任何的商业行为，而是要看消费者是否能够清晰地认识到开源的优势，以及如何识别搭便车的供应商。随着软件复杂

度的增加，软件精细分工的进一步加深，搭便车的难度越来越大，而只有那些真正掌握开源技艺的人，才能最终脱颖而出。这正应了著名投资人巴菲特在 1994 年股东大会上说的经典名句：

“只有退潮之后，才能看到谁在裸泳。”

彼此融合，共同前进

在开源的技术一面，开放的交流和协作具备技术发展的强大优势；在可持续发展的另外一面，适当的保护和公平交易是现代世界延续的根本前提。二者仿佛走向任何一个极端都无法继续前行：前者在人类历史上表现并不如意，公地悲剧（又称哈定悲剧）式的损失屡屡不止；后者在贪婪和垄断中失去人心的案例也是比比皆是。

乐观来看，二者之间的妥协，恰是开源崛起的内在动力：既要保持技术的不断进步，也要让项目可持续发展。

06

背叛：拒绝云计算巨头的“伪”开源

关于 Open Core 模式

◎ 共享软件

在进一步了解 Open Core 模式之前，我们先来了解一下什么是共享软件模式。在软件成为商品之后，人们购买之后不喜欢就可以退货，或者是先试用了之后再进行购买。在很多时候，软件也是可以试用的，甚至是基于此也可以进一步细分出永久试用，或者是有期限的试用。就闭源软件而言，二进制授权的情况下无论哪种试用方式，看起来都是颇为合理的，这就是所谓共享软件。下面总结一下共享软件的几个特征：

- 专有软件；
- 可试用（有限功能、试用期限、不完善的文档等）；
- 缴费之后经升级可使用完整功能。

开源是这类软件的杀手，因为开源不仅分发源代码，也分发二进制软件，如压缩 / 解压缩项目 7-Zip，其与 WinRAR 这样的共享软件就具有强烈的对比性。

◎ Open Core

还有一种模式是开源与共享软件两者的结合，也就是说，它看起来像一个开源项目，不仅源代码不是完全开放的，协作方式更是没有固定形式，但是其二进制分发内容是可以下载的，而且通常是无限期的试用。这样的项目或软件，我们通常称之为 Open Core，一般情况下对其不作翻译，也可以叫作“开放核心”。

知名风险投资人，也是 OCS 峰会创始人约瑟夫·杰克斯（Joseph Jacks），曾经提出一个有趣的模型，将 Open Core 模式的软件进行分类，如表 8.2 所示。

表 8.2 Open Core 模式软件的分类

模式	极瘦（skinny）	薄（thin）	精瘦（lean）	厚（thick）
形象化比喻				
定义	开源核心占比约 90%	开源核心占比约 70%	开源核心占比约 30%	开源核心占比约 10%
产品化	大部分开源，少数商业化的插件或组件增值	商业版有较大改动、扩展或嵌入	商用和开源版完全分开，商用需要有独立的授权管理	等同于 100% 的闭源软件，以提供 SaaS 为主
交付模式	通常为售卖模式	大多数是售卖，少数情况托管	售卖和托管	通常是 *aaS[1]/托管模式
商业化修复，以及是否上游优先	经常	有时	很少	几乎不
用户控制	最大	适中	低	最小
代码库（开源版本和商业版本软件是否一致）	通常一致	双重代码库，通常情况下开源的部分也能实现全部功能	双重代码库，开源的部分不能实现全部功能，需要商业版代码库的协调	双重代码库，完全不同
典型项目	HashiCorp、Databricks、SUSE	Talend、Elastic、MongoDB	Cloudera、Datastax、JetBrains	GitHub、Fastly、MuleSoft

[1] *aaS 是指云计算服务的 3 种模型：基础设施即服务（Infrastructure-as-a-Service，IaaS）、平台即服务（Platform-as-a-Service，PaaS）和软件即服务（Software-as-a-Service，SaaS）。

小知识

在前文中，我们重点介绍了代码托管平台 GitHub。在表 8.2 里我们看到了，GitHub 平台仅一小部分开源。

GitHub 免费为大众提供代码托管和协作服务，是目前全球最大的代码托管平台之一，拥有最多的注册人数，以及托管数亿计的开源项目。但是 GitHub 公司售卖的私有部署产品也是传统的二进制授权模式。

消费者的思维定式

我们在前文描述了二进制授权的法律依据，这个法律依据自出现以后就占了上风，并成为主流的共识。也就是说，软件作为一种商品，售卖许可是一件合理合法的事情。

那么在新的计算模式和技术的情形下，这个已经运作了 40 多年的二进制授权模式是否合理？答案是显而易见的，很明显需要全新的法律依据来处理陈旧的观念和事物。因为在大规模分布式集群服务情况下，软件快速更迭，二进制授权模式是无法及时满足人们的业务需求的。

当然，有的时候人的观念反而没有技术发展得那么快，消费者的思考模式往往还停留在闭源授权的形式上。这一点是亟须改变的。

云计算时代下的软件授权冲突

云计算不仅改变了人类消费计算能力、存储能力、带宽能力的习惯，也改变了软件的交付模式，从此以后，软件的分发就有了两种模式：

- 软件作为商品的前云计算时代；
- 软件作为服务的后云计算时代。

正如 IBM 在 1999 年斥资 1 亿美元支持 Linux 的开发一样，降低用户的总体拥有成本，就可以销售更多的硬件，总体而言对于硬件供应商是非常划算的。现在的云计算提供商，除了其自身的客户热衷于使用开源的项目搭建自己的服务外，他们自己也鼓励大家使用开源项目来实现自己的目的。

这时，一些传统意义上的 Open Core 供应商，就和公有云提供商之间有了利益冲突，这也进一步让消费者们看清楚了真相。其中的几个典型事件就是更改开源项目的许可协议：

- Redis 修改许可协议，从 Apache v2.0 到可用开源；
- Elastic 修改许可协议；
- MongoDB 修改许可协议。

有的公有云厂商，针对这些更改协议的软件提供商，进行了针锋相对的项目分支。

托管式开源服务

就在一些开源软件供应商选择更改项目许可协议的时候，也有的企业选择了托管式的服务，典型的例子如 Red Hat OpenShift、初创公司 Aiven 就选择了在云计算巨头的羽翼下为用户提供服务。

所谓托管式开源服务，即服务商利用自己在开源共同体中的声誉和影响力赢得消费者的认可，使得消费者在众多的服务商中选择自己，并能够提供公有云厂商所无法提供的技术。当然，将所有的服务都让单一的服务商提供，其中的风险消费者心里也要有个数。

另外，在众多的云服务提供商之间进行选择也是一个很不错的方法。如在 AWS、Azure、GCE 之间进行选择，谁便宜就用谁。也就是说，修改开源并非唯一的选择，开源的供应商仍然有其他的选择。

这个时候，消费者的认知就显得越发重要。

关于软件授权模式的“光谱”

如果把传统微软等闭源公司作为光谱的一端，那么完全开源不收取任何授权费用的 Red Hat 就是另外一端，而 Open Core 则是中间的模糊地带。我们不妨以常见的光谱图来作一个形象的比喻，如图 8.7 所示。

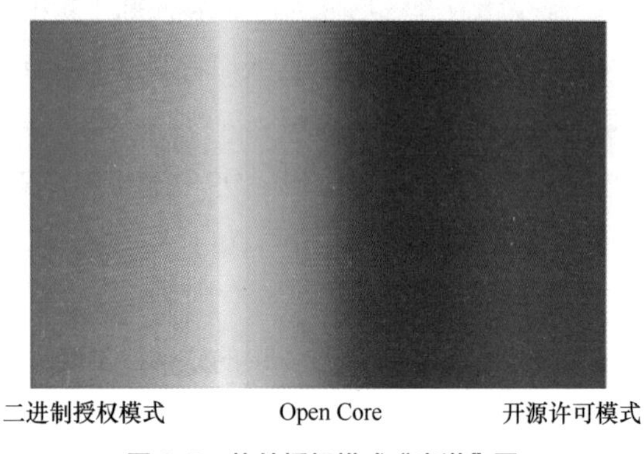

图 8.7 软件授权模式“光谱”图

既然有这样一个模糊地带存在，那么事情就不会那么纯粹，正如黑白之间需要有灰色存在一样。这个时候，精明的商人、善于伪装的人就会看到其中的商机，那么软件作为商品，和其他商品就没有什么区别了，剩下的就是定价和服务的问题了。而对使用者和消费者而言这个时候就要小心谨慎一些了，要努力提高自己对开源的认知。

第九章

开源之迷：让人欲罢不能的优势

虽然人们生来就是为了工作，但多数工作都不是为了适应人们而设计的。从埃及法老到现代的全面质量管理者，雇主主要关心的问题一直都不是如何调整工作以让员工发挥出最好的水平，而是如何最大程度地榨取他们的价值。所以，有关人类境况的一个引人深思的悖论是，虽然调查显示80%左右的成年人称即便经济足够宽裕而不必为挣钱而奔波，他们也会继续工作，但多数人仍然每天都迫不及待地想下班回家。

——米哈里·契克森米哈赖，《心流》

向导的话

我们在一个实实在在的不断跳跃的空间中来回穿梭、挪腾，仿佛驾驭着宇宙飞船跳跃一般，接下来我们也该停下来看一看这个世界的文化了，即这个世界中人们的日常行为准则，或者说产生如此伟大生产力的主要原因，这也是本书标题的由来：希望呈现开源世界中迷人的地方。

在漫长的人类社会历史当中，谈及文化时，历史学家会将人类的文字、艺术、政治、制度、生活习惯、语言、婚姻、育儿等统统囊括。

我们已经在一个完全由技术塑造的世界里游览一阵子了，下面我们不妨从这个世界跳出来，从其他世界的角度来看看这个世界。这个时候，我们不再介绍具体的细节，而是描述一种表象：开源世界被他人用其他指标衡量而呈现出来的样子。

毫无疑问，开放是开源世界主要的魅力所在，这也是我们要主要叙述的一个主题。开放而没有带来混乱，对所有人开放，这是一个非常伟大的创举，我们不妨以第三视角来深入了解一下。

注意

本书中不会详细解释为什么，向导会在本系列图书的第三部——《开源之思》中详述。

本章旨在总结开源世界里的那些最为吸引人的特点，这些特点更加倾向于人类本身的一些美德，或者是积极向上的普世价值观。之所以这么讲，向导的本意也是试图阐明，开源是推动人类社会进步的伟大力量之一，向导这里没有列举开源所存在的困难或其有缺陷的地方，但并不代表不存在，开源并不是完美的。

保持开放！

经常会有人问：“开源最有吸引力的究竟是什么地方？是代码吗？”答案当然是：开放。

◎ 欢迎

在餐厅一类的服务业，通常会在门厅之类的地方放置一个“Open”的霓虹灯，或者是一个大大的字。其实这种做法同样适用于开源世界，无论具体在开源世界的何处，你都可以看到欢迎你的信息。

◎ 头脑开放

我们对于人类本身的认知特点要有足够清晰的认识，人类本身是有认知偏好和障碍的。习惯上，我们总是快速做出决定，但这样做常常出错，而且人会倾向于选择没有痛苦的方式，这更加导致人会经常犯错误。

要想避免此类错误，需要做的就是保持开放。开源世界的文化倡导开放，吸纳来自全球的智慧，倾听来自任何方向的质疑，并欢迎任何有能力改进的人按照自己的意愿进行改动，而不需要获得任何的批准和许可。

◎ 权利

自由软件除了发展了基金会模式以及开发之外，还定义了许可协议——GNU 通用公共许可协议（GPL）。GPL 赋予了软件用户四大自由，并且还针对“版权所有”，提出了“版权保留”（copy-left），其实 GPL 也好，copy-left 也罢，都是对美国联邦知识产权法的回应。

另外一个类似的许可是知识共享（Creative Commons，CC），由 GPL 衍生而来。CC 不仅仅是指软件，还指其他创造工作，涉及 4 点要求。

- 归属权：所有分配的作品和基于它的衍生作品必须记入作品的创作者；
- 非商业：衍生作品不能用于商业用途；
- 分享强制：衍生作品必须按照与原作品相同的条款许可；
- 不可衍生：作品某种意义上可以分发，但是必须是未经修改的，并保持整体性，不可基于它再做衍生。

其实，GPL 也好，CC 也罢，都离不开美国的知识产权法，这是有着很深的根源的。后来针对硬件的开放设计基金会、开源硬件、开源硬件协会等，都是根据开源协议衍生出来的。

自由软件的自由以及开源软件的开放性从根本上说是合法的权利：可以运行一个软件，重新分发它，可访问源代码等。因为一个软件的版权所有者已经使用了许可协议，所以该许可协议明确地授予该软件用户权利。

◎ 可访问

可以说，这些权利中最重要的是访问。若是对软件或其他的创意工作没有访问权，其他后来的都是白搭。无论是自由软件定义还是开放源代码定义，都明确定义了访问，尤其是开放源代码的定义："开源并不仅仅意味着访问源代码"，它需要符合许多其他标准，这意味着访问源代码是其他标准的必要前提条件。

在这一点上，开源是严重依赖互联网的。就目前而言，没有哪个网络能够做到像互联网这样端到端的实现，能够让所有有意愿的人进行对开源项目的访问，除非是人们自己不愿意访问，或者是进行了家长式的过滤。在这一点上，我们在第六章可以看到，只要你接入互联网，开源项目及其共同体的大门就是向你敞开的。

◎ 能用

如果说访问是许可协议赋予用户的最为重要的权利的话，那么仅次于它的就是能用了。

开源并不意味着不负责任。很多诋毁开源的人说："它是开源的，一定是不可用的，你必须购买商业产品才行。"这样的场景我们实在是太熟悉不过了。很可惜，随着开源项目的普及，这种荒谬的说法不攻自破了。

开源项目必须是能用的，甚至运行得比同类的其他产品更好。这是一个共同体的承诺，这也是开源得以获得用户信任的重要支柱。开源的高质量是经过检验的，不论是代码层面的测试和同行的审核，还是最终的实现和完美运行，都是获得了一致认可的。

◎ 透明

另外一个和开放同时出现，可以说是孪生关系的就是透明了。在开放的同时，必然是透明的。这也就是说开源项目和共同体内的所有决策都是公示的，可以追溯的。如果你有时间，即使不是参与者也是可以参观全程的。

在开源世界做事情，宛若是在现实世界中的开放式厨房忙碌。

厨师们从食材的挑选、清洗，到加工、下锅，再到上桌，全部流程顾客都是可以一直观看和监督的。

开源项目类似开放式厨房，从问题、设计，到编码、测试，再到修改、交付发布，所有的流程都是对全互联网公开且可查的。当然，如果你想要做点什么，那你可能就得像在厨房工作的人一样，出具健康证明、厨师证等，你得具备所有这些流程的技能。

◎ 开放的关系

因为某个项目而走在一起的共同体成员们，相对于任何传统的组织结构都算是一种弱的关系了。之所以这么说，是因为现代工业公司越来越多地将生产团队组织成紧凑、专业的单元，希望以此发挥闭合型关系网的优势。也就是说，开源的主要优势之一，就是它会形成一个开放型的关系网。

这个关系网的成员，无论是商业组织、公司、学校团体，还是学术研究机构、非营利组织、民间团体的形式，都不能涵盖他们所有的特征，他们唯一共同的地方就是能够利用代码、读懂代码、改进代码、编译代码，这样的结果就是你永远不知道下一个绝妙的创新出自谁人之手，而他们却会因为相同的知识而协作起来。

提供均等的参与机会

开放源代码、自由软件离不开大众的参与，而这也是自由软件基金会、开放源代码定义中所提及的，大众应参与到开源世界的工作中来。这里要说一个比较严峻的问题，若是一个开源项目，只有人使用，而参与开发等工作的人很少，那么这个项目就缺少持续发展的动力。从长远角度来看，一个软件需要修复漏洞、增加新功能、适应新的环境，若是没有人进行这些工作，软件就无法往前发展。

其实，这个世界上有接近 90% 的开源项目都失败了，其中最为让人感到惋惜的原因之一就是公地悲剧。“公地悲剧”这个概念由美国学者哈定在 1968 年提出，他在论文《公地的悲剧》中设置了这样一个场景：

一群牧民一同在一块公共草场放牧。一个牧民想多养一只羊增加个人收益，虽然他明知草场上羊的数量已经很多了，再增加羊的数目，将使草场的质量下降。牧民将如何取舍？如果每个人都从自己的私利出发，肯定会选择多养羊获取收益，因为草场退化的代价由大家承担。每一个牧民都如此思考时，“公地悲剧”就上演了——草场持续退化，直至无法养羊，最终导致所有牧民破产。

向导之所以提及“公地悲剧”，是因为想说明开源软件也是由我们人类付出时间、精力去不断完善的。之所以会发生这样的现象，其中一个重要的原因就是开源软件的使用和参与没有设置任何的门槛，只要你有意愿，有相应的技能，开源项目和共同体是给予你参与的机会的，而且还非常欢迎。不过，向导仍然要提醒的是，尽管机会平等，但并不意味着结果平等。

开源可能意味着软件的自由，但这在理论上是正确的。在实践中，对个人参与开源社区的要求很高，因为人们需要具备高水平的编程技能才能做出有意义的贡献。

没有参与的开放，开源几乎可以说毫无意义。但是这个门槛有的时候是无形的，比如世界上还处于贫穷线以下的国家，没有计算机和互联网，即存在学历不够的问题。

向导其实很想和大家直接说明如何参与一个开源项目，但是在做这件事之前，必须得有一个或多个参照对象，否则人们是很难意识到开源的益处的。当然开源的最典型对立面是闭源的公司所采用的封闭式开发方式，但是在讲述闭源公司的开发方式之前，我们还需要简要回顾一下其他方式。

读这本书的人，大概率是参加过高考的人。所谓高考，全称是普通高等学校招生全国统一考试，是中华人民共和国（不包括香港特别行政区、澳门特别行政区和台湾地区）合格的高中毕业生或具有同等学力的考生参加的选拔性考试。也就是说，一位想接受高等教育的人，必须通过高考才有可能获得高等教育的机会，它是一种选拔制度。

◎ 闭源公司的项目参与条件

在了解了高考之后，我们就可以来看一些开发软件的公司开出来的条件了。尽管现在可以说所有的 IT 公司都是软件公司，但是我们还是聚焦于一些特别依赖软件开发的公司，尤其是互联网公司。限于读者的知识背景，我们不针对某一特定的公司进行阐述，而是讲一种普遍现象。当然，项目的代码一定是放置在公司监管严密的机房里的某台服务器上的，想访问这些代码需要一定的权限，这个权限不是本书能够描述的。我们能够看到的是这些公司在社会上发布的招聘信息，他们通常列出的条件有：

- 本科学历及以上，即顺利通过高考并获得相应学位；
- 计算机或数学等相关专业；
- 熟悉某某项目，有某某项目经验者优先。

显而易见，这就是加入该项目的门槛，即所谓“敲门砖”。这些条件，我们在任何的招聘网站、公司网站的招聘页面，都可以找到。

◎ 开源项目的参与条件

其实，开源项目的参与条件是隐形的，是不言而喻的，没有哪个开源项目或共同体会将参与条件写在醒目的位置上，相反，那些共同体的协调大师们会说：“我们欢迎有意愿的人参与我们的项目，使用它，提交 bug，改进它。”也就是说，只要人们能够发现这个开源项目，就有机会参与到项目中来，尽管项目本身是需要参与者掌握一些知识的，但是只要你愿意学习，甚至项目还会提供给你学习的路径。

举例而言，Linux Kernel 项目欢迎任何人参与，但是真的想要为 Kernel 做贡献，一些基础知识还是必须要具备的：

- 熟悉计算机工作原理（CPU、存储器、网络等）；
- 掌握 C 程序语言；

- 掌握常见算法；
- 具备起码的英语沟通能力。

即使没有参加过高考，也就是说你没有某个世俗的证明，这些知识也是必须掌握的。换句话说，开源为所有人提供参与的机会，即使你没上过大学也没有关系，只要你能写得了代码，或者是懂项目周边的事情。用社会学家的话来说就是，参与开源项目不需要任何的先赋身份，只凭自我努力就可以，尽管这需要花上几十年的工夫。

◎ 参与项目的匿名性

开源项目基于互联网的特性，被著名社会学家理查德 · 桑尼特称为“非人格性”：

在 Linux 的协作过程中，你无法推断 aristotle@mit.edu 是男是女，重要的是 aristotle@mit.edu 对讨论的贡献。古代匠人体验到一种相同的非人格性；在公共场合，人们常常用匠人职业的名字来称呼他们。

是的，在开源项目的共同体里，决定人们地位和引起大家注意的，是一个人在其中所做的贡献、所谈的话、所写的提案、所写的文档、代码的提交、bug 的修复等，也就是说，现实中的那些属性——性别、姓名、肤色等，统统都无关紧要。

如果你愿意的话，你可以不使用自己现实中的身份来做贡献。当然，这样的做法和绝大多数人的想法是背道而驰的，因为开源共同体的一个主要激励手段就是声誉，即同行的认可。匿名的举动通常有很多原因，不常见。向导在这里主要想说明的是，开源项目允许匿名是大家平等参与的一个重要证明。比特币的创始人中本聪，就始终没有在公开场合露面，这恰好说明了无限的可能性。

◎ 共同体还在不断降低门槛

基于开源项目的共同体想要获得更多的参与者，在没有雄厚的资金、某种意义上的证书承诺等的情况下，也就不会设置任何的显性选拔机制了，这就决定了开源项目会尽可能降低参与者的门槛。举两个例子。

1. 第一个友好的问题描述（good first issue）

有心的读者一定在GitHub上的现代开源项目中看到过类似的标签。除了“你的第一个issue”之外，还有诸如“你的第一个贡献”“需要帮助”等，这些都是共同体掌管者为了降低参与者的入门门槛，以给点甜头的方式吸引更多的人参与的手段。

这些问题往往是修改错误的拼写、入门手册等比较容易上手，且不需要太高深的技能和长时间的专注就可以完成的任务。

2. 欢迎拥有任何技能背景的人才

开源项目不只是编写代码，这已经是目前的一个共识。那些认为参与开源的人只需要会写代码就可以了的认知已经过时了，当下的开源项目需要拥有各种知识和技能背景的人才，如撰写文档、图形设计、活动组织、市场营销、人力资源、法律法规制定、项目管理、产品管理、数据相关、战略相关……也就是说，只要是有技能的人，开源项目都需要，它是真正以人为本的组织。

总归一句话，基于开源项目的共同体欢迎任何人的参与和关注！这本身就是一种提供均等参与机会的姿态。

“才配其位”[1]

开源共同体是一个人类社会的群体，那么根据项目的目标和进度，日常工作除了涉及成员之间的协作问题之外，还有成员的分工问题。一个项目该不该有一个所谓“安排者”，恐怕是有违现代人直觉的一个问题。然而，自由发展是人们十分向往的。无论是在教育、经济、管理还是政府机构等中，似乎科层制才是符合人们直觉的。这也就是说，做一件事

[1] 该词出自北京大学教授周明辉的一次公开访谈。

或实现一个目标，需要设计者、监督者、执行者、管理者，通常情况下会形成一个组织架构图，如图 9.1 所示。

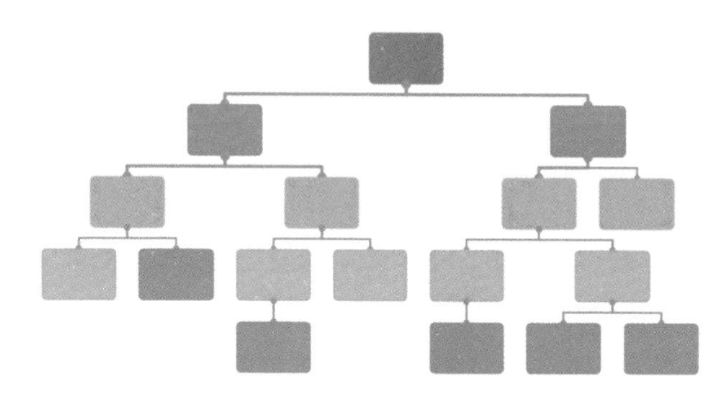

图 9.1　组织架构图

嗯，没错，这就是我们的现实生活，很可惜，它不能解释开源共同体成员的分工问题。

◎ 开源共同体的组织架构

没错，开源共同体是去中心化的，如图 9.2 所示。

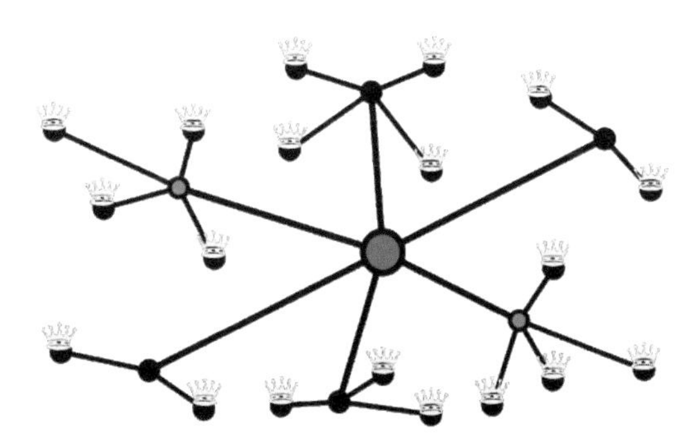

图 9.2　去中心化的开源共同体架构图

这意味着，在这样的组织里，每位成员都是平等的，也就是说，没有人可以以命令和指挥的方式给其他成员分配工作。在开源共同体中，成员不需要向谁报告，同时也不会有人督促你，所有的工作全凭个人意愿，也就是说，成员是处于自由状态的。

这确实是非常理想化的状态了！而恰恰因为理想化，所以它才是开源世界最具魅力的特点之一，而且值得我们为之奋斗。

◎ 共同体成员总是可以找到适合自己做的事情

我们在前面为大家介绍了开源开放和参与机会均等的特点，也就是说，开源项目和共同体要做的事情，需要成员自己去寻找和探索。任何一个符合开放源代码定义的开源项目，只要它具有现实的意义，即能够解决现实中的问题，那么它要做的事情就是非常多的，尤其是技术上的诸多变化。下面向导带领读者了解一个典型的开源项目：Fedora。该项目的共同体将其需要进行的工作罗列了一份清单：

- 文字工作；
- 设计工作；
- 打包（rpm）；
- 开发；
- 翻译；
- 布道（传播）；
- 建立基础设施；
- 发起子项目。

无论你拥有何种技能，或者对哪些技术感兴趣，在开源共同体中都可以找到自己的用武之地。当然，具体的工作还是要一点一滴地做起。像 Fedora 这样的项目还提供子项目入门向导，但是很多项目是没有这样的指导的。举例来说，著名版本控制系统 Git 就需要你自己踏上探索的旅程，当然了，沿途一定会有很多朋友帮助你。这是开源的另外一个迷人之处，也是共同体中非常重要的部分：

- 做导师；

- 帮助别人。

◎ 避免才不配位的管理方式

我们是无法忽略人性的弱点的，正如法国著名社会学家埃米尔·涂尔干所言：“有些人的欲望总是超出他的能力。”也就是说，我们经常会看到人们的能力和他们所处的位置不匹配的现象。道理很简单，“尸位素餐”，表达的就是这个意思。现实生活中，无论是在商业公司，还是研究机构，都会看到这样的现象，那怎么防止这种情况出现呢？这里向导为大家介绍两种处理方式。

1. 温柔的独裁者模式

温柔的独裁者（Benevolent Dictator for Life，BDFL）模式由Python编程语言的创始人吉多·范罗苏姆首次实践并公开提出，意指项目是由少数贡献者做决策的。但是这个词是著名的开源领袖埃里克·雷蒙德发明的，他在比他本人更知名的《大教堂与集市》一书的“魔法锅”章节中首次使用这个词。雷蒙德在本文中详细阐述了开放源代码的本质如何迫使“独裁者”保持仁慈，因为容忍分歧也就意味着项目的四分五裂。

选择此模式的著名开源项目有Linux、Python、Ubuntu、Ruby、Vim、Perl等。每个项目在开发的时候都是扁平化的，人们进行积极的、充分的讨论。在代码合并、版本发布以及进行重大决策过程中，当人们意见不和时，项目的温柔独裁者就会站出来发挥其重要作用。

2. 举贤（meritocracy）模式

提前设定好的角色和组织架构根据各自的贡献获得相应的权益，这种模式在FreeBSD、Apache等共同体中运行良好，这涉及一些提拔方式、公开贡献和决策投票等民主方式。

只要是涉及人类的协作，就无法避开处理事务时的协商工作和相应的原则，开源项目的共同体也无法例外。当然，要根据实际的情形而定，尽可能考虑周全，比如康威定律，就描述了技术架构和共同体的关系。

目前来说，已经有前辈总结了一些开源相关的治理模式，但是不外乎上面这两种，大多数也只是风格上的差异，内在仍然是要讲很多细节和道理的。

无论如何，原则就是让最能干的、最愿意干的人和组织尽其所能，实现“才配其位”。

极致的技术追求

无论从哪个角度来看，开源世界的技术都是为了让所有人能看到开源项目和共同体内部的工作细节的技术。通常情况下，这些将自己写的代码供所有人观摩、修改、评头论足的人都是有足够的勇气和魄力的，当然他们也希望获得更多的反馈，从而让自己写的代码离完美更近一步。

对技术本身进行极致追求的案例有很多，向导在这里就为大家举几个流传较广的。

◎ 代码的好 / 坏味道

故事还是要从林纳斯 · 托瓦兹接受 TED 的创始人的访问说起。当主持人在大屏幕上展示了一段代码的时候，林纳斯很明显终于找到了自己非常擅长的地方，他一扫不安、腼腆和局促，自信和激情瞬间充满整个身心。他开始对这段代码的好味道和坏味道进行评头论足，毫不留情地批判了写的不好的代码，林纳斯和主持人交流的场景如图 9.3 所示。

图 9.3　林纳斯和主持人交流的场景

尽管这是媒体呈现的一个所有人都能看得到的很直观的画面，但是事实也确实如此。这也是开源项目重要的文化特点之一，开源人对代码有着非常苛刻的要求。

林纳斯有一句振聋发聩的话："Talk is cheap, show me the code."（高谈阔论几乎不花精力，请展示你的代码。）

这句重要的实用主义的话，是开源世界重要的论断：没有什么事情是卓越的代码解决不了的！离开代码谈论开源，意味着不够务实，也意味着扯皮。

◎ **就代码本身进行讨论**

我们在本书的前面介绍过开源世界人们的日常，其中就有基于代码的评审（review）和合并，这对任何一个开源项目而言都是重中之重的活动，那么细节的实现，就是这部分工作的重点内容。在前 GitHub 时代，开发者们利用邮件对代码进行逐行的回复和评论；在 GitHub 时代，人们则可以通过提交合并代码（PR）来进行不受限的讨论和修改，直到所有人满意为止。

目前活跃度非常高的云原生项目 Kubernetes 中一个讨论颇多的案例见 https://github.com/kubernetes/kubernetes/pull/78648/files。我们会看到针对某一行的代码实现，开发者是如何进行沟通和交流的，哪怕是一个判断条件。

专注于解决问题

相对来说，开源项目在很多时候就是为了解决某个独特的问题而诞生的，历史上比较有名的开源项目如 Debian、Python、Hadoop 在开始建立的时候都是较为纯粹的用于解决实际的问题。接下来我们就谈谈开源项目的专一性。

◎ **一次只解决一个问题**

熟悉 UNIX 系统或 GNU/Linux 系统发行版的朋友，一定对命令行下的强大工具赞叹不已，它们几乎可以完成任何系统管理所涵盖的工作。然而，他们也会因为其纷繁多样且永远也记不完的命令而苦恼不已。这就是 UNIX 独特的魅力所在：一次只做一件事，并把它做好。

◎ Coreutils 软件包

在任何的 GNU/Linux 系统中，我们都会用到一个软件包，它就是 Coreutils，其最能体现“一次只做一件事，并把它做好”这句中的设计哲学，也是最初的 UNIX 的精髓所在。比如 ls 这个命令就是列出当前目录下的文件，没有其他功能。当然，如何显示或者展现更多文件的属性，例如用彩色显示不同的文件类型，这些都是锦上添花的事情。

◎ 管道（pipe）

如果说 UNIX 是计算机文明中最伟大的发明，那么 UNIX 下的管道就是跟随 UNIX 而来的另一个伟大的发明。

管道是 UNIX 开发中当之无愧的天才之作，使用的符号“|”也极为经典，以至于后来者认为事情本来就应该是这样。管道的功能看起来很简单：在其左边的输出结果，作为右边的输入，仿佛“|”就是一个管道，没有任何其他的拖泥带水。它让无数的命令行爱好者叹为观止，是拯救人类时间的天使。

这里举一个例子，以非常直观的方式介绍管道的使用技巧，请看如下一行命令：

```
    cat /usr/share/dict/words | grep purple |   awk '{print length($1), $1}' |
sort -n |    tail -n 1 |   cut -d " " -f 2 |   cowsay -f tux
```

它的输出结果如下：

```
 _____________
< unimpurpled >
 -------------
   \
    \
```

◎ 因问题而生

人类做事情的动机有很多种，其中为了解决问题而去编程就是其中之一，这也许是人类之所以能够发展出强大智慧的重要原因。开源项目的诞生往往就是为了解决问题，正如 TED 上点击率相当高的演讲——西蒙 · 西内克（Simon Sinek）的《伟大的领导者如何激励行动》中所言，为什么才是成功做事业的核心。

下面，让我们回顾一下那些伟大的开源项目发起的初心：

- Wikipedia：由网民所撰写和享用的百科全书；
- Linux：一个自由的操作系统内核；
- Python：可读性更好的解释性语言；
- Hadoop：实现 MapReduce 的项目；
- Git：分布式的版本控制系统；
- ……

你很难找到不是为了解决实际问题而发起的开源项目，比如是为了赚钱，或是其他什么目的。如果哪款开源软件是由商业支撑的，那也是因为该款软件已经解决了问题，然后人们对它有了进一步的需求，或者是希望项目能够顺利地进行下去，比如 Nginx、HAProxy 等。这就印证了西蒙 · 西内克说过的话：“开源项目所创造的价值是其副产品。”

在开源项目的说明文件中，我们一般都会看到类似这样的描述：本项目解决了在何种条件下的哪种形式的问题。

这里随意举个例子，如 Apache Httpd：Apache Httpd 项目的目标是提供一个安全、高效且可扩展的 Web 服务，该服务提供与当前

HTTP 标准同步的 HTTP 服务。

当然，你可能会看到诸如改变世界，或者拯救世界之类的项目，那么向导在这里奉劝各位，看到这样的信息请提高你的警惕，它往往是华而不实的，因为这不符合开源的文化。开源项目可能会目标远大，但是一定是脚踏实地的，它一定是先解决了一个现实中存在的问题。

为了把事情做好而做好

想要解释开源为什么成功，一个重要的因素——技艺的完善，是其中最为吸引人的部分。那些成功的被人们所使用的项目，在技艺上是被认可的。没有可靠的质量，任何的花言巧语都会成为空谈。正如一代宗师、极真空手道创始人大山倍达所说："没有力量支撑的正义，是软弱。"

开源不是空喊，不是华而不实的口号，更不是奔走相告的苦苦哀求，而是实实在在的匠人们倾注心血的作品，是获得了世人认可、经得起品鉴的优良成果。

◎ 何谓良质？

"良质"一词来自《禅与摩托车维修艺术》，作者花了大量的篇幅，通过哲学思辨、科学理性、艺术创作、实践工匠等多个方面来说明人类世俗世界的所谓好品质。

那么在开源世界中，我们该如何理解这个至关重要的特征？因为它关乎开源项目最后所开发出来的软件的质量。开源软件的良质体现在以下几个方面：

- 可实现预期的功能；
- 稳定；
- 健壮；
- 可扩展；
- 简单，没有多余的内容。

开源世界的很大一部分产物——开源软件，能达到这些要求，它们对开发者来讲相当于人间的艺术品，经过了开发者细心的打磨、精心的设计、长时间耐心的调试，以及同行不无苛刻的审核，最后这一条也是从事这个行业的人较为关心的部分。如果你的技艺能够被同行认可并推而广之，这份荣誉本身也是良质的表现。

◎ 过程本身即目的

享受编码本身，这是一名黑客，或者是坚守自身职业的人非常认可的事情。这是一场智力之旅，是非同一般的深度脑力探索，甚至可以毫不夸张地说，人们在构造一个全新的世界，这个世界是由比特所构成的，而其中的物理元素，如重力、速度等则是由人们所亲手打造的，这是一件非常酷的事情。

身处开源世界的人，是以“过程本身即目的”为价值观或信念的，甚至会为此和其他人争执，不顾及一点情面。

◎ 开源的一个目的：获得反馈

套用伟大的哲学家约翰·杜威的经典语录——开源本身就是目的。软件的开发过程，也是现代工匠们脑力思考的结果，而且他们要和许多人配合，才能使这个结果可以实现一个复杂的功能。而唯一能够进行交流和获得反馈的方法就是将自己脑子里的思考转化为文字写到大家都可以看得到的地方，如果条件允许的话，最好能够在实际的机器上运行。

从开发的角度来讲，开源是个必需的过程，是完善整个计算机技艺的一种途径。你很难通过非代码的方式和你的同行进行交流，除了代码，任何的形式都是肤浅的。如果一名工程师花了数月撰写的代码没有经过同行审核和阅读，那只能丢进垃圾桶了。这本身就是一件颇为悲哀的事情，哪怕代码独立实现了某些功能。

如果你问一名真正意义上的开源工匠这个问题：“你为什么要将自

己写的代码开源？”你得到的回答一定是：“还有其他更好的方式吗？”比如林纳斯就说过开源是唯一正确而有效的软件开发方法。

技术的演化：棘轮效应与可持续发展

◎ 何谓棘轮效应？

所谓棘轮效应，这里特指美国心理学家迈克尔·托马塞洛（Michael Tomasello）在其经典的著作《人类认知的文化起源》中所解释的：

人类的文化传统和人造物品随着时间的推移不断进行积累改进，即所谓的积累性文化进化，这在其他动物物种中是没有的。那些最复杂的人造物品或社会实践，包括工具制造业、符号交流和社会制度等，基本上不是一次性的发明，不是某个个体或由个体组成的群体一蹴而就的，而是某个个体或由个体构成的群体首先发明一种产品或一种实践的原始形式，后来的使用者再加以改进，这些产品和实践又被另一些人采用了，经过许多代人也许没有做任何的改进，但在某个时候其他个体或群体又做了改进，而这又被另一些人学到和使用了。该过程在历史上就是这样进行，这种情况被称为“棘轮效应”。

软件的特殊性：源代码和可执行代码的分离，导致技术可以被某一个群体所掌握，正如古代掌管文字和记账的少数人一样，这些人拥有了某种特权。但是封闭的情况下，技术几乎是没有可能进行改进的，会处于一种停滞不前的状态，这就是我们下面要提及的技术会失传的主要原因。但是，开放的源代码是顺应棘轮效应的。随着互联网的迅猛发展，来自全球的人才均可获得代码的工作原理，并按照自己的需要进行改进，还可以形成有效的反馈回路：被原作者即上游合并，正如棘轮一样，只能往前运转，而不会倒退！

开放源代码因为其抽象的特殊性，完美演绎了人类积累性文化的进化过程。

◎ 人类历史上那些消失的技艺

人类学家约瑟夫·亨里奇在《人类成功统治地球的秘密：文化如何驱动人类进化并使我们更聪明》一书中专门描述了文化在技术的传播和演化方面的作用。如极地的因纽特人在19世界20年代遭遇的悲剧：一场传染病夺走了部落中最年长和最有知识的成员的生命，导致制造鱼叉、雪屋、皮划艇等工具和建筑的方法的失传；又如塔斯马尼亚岛原住民的故事：1.2万年前塔斯马尼亚岛是与澳大利亚连在一起的，海平面上升后这个岛屿和大陆被隔离开，岛上的居民也渐渐丢失了制作和使用复杂工具的能力，骨质工具的数量逐年减少，到3500年前就彻底没有了，而其对岸则是更深入的融合和更高效的演进。科学家们在实验室所做的推演和模拟说明了一个真理：

人类文化中的学习偏向意味着，随着技术在整个群体中的传播，在不断发展的世代中，众多的错误、重组和有意的修正将被过滤掉，而那些取得成功的技术则会得到采用和传播。

这既是人类成功的秘诀，也是人类致命的弱点：技术需要通过人们之间的学习和传播得以演化。

另外，向导特别引用了著名人类学家、心理学家弗斯（又译为弗思）的文章《使用技艺的消失》，该文记录了多个人类曾经掌握的技艺是如何失传的，如瓦努阿图群岛最北端的托雷斯岛上的制作独木舟技术的失传、大洋洲居民陶器制作技术的失传、新几内亚岛居民的弓箭仅用来在休闲时打鸟而失去了原本的狩猎功能等。

为什么会失传？其中最大的一个原因就是封闭，导致在代际更新之时，后代无法学习到这些技艺。

◎ 闭源软件中那些消失的专有技术

我们可以从计算机编程中最为关键的部分——编程语言的变迁，看

出开放带来的快速演化。在万维网上有人根据统计数据做了一个视频，内容为从 1965 年开始到 2020 年为止，排名前 10 位的编程语言的占比变化。我们也可以从 RedMonk 统计的近些年的编程语言排行榜中非常清晰地看到开源的崛起与逐步占据主流地位的过程，如图 9.4 所示。

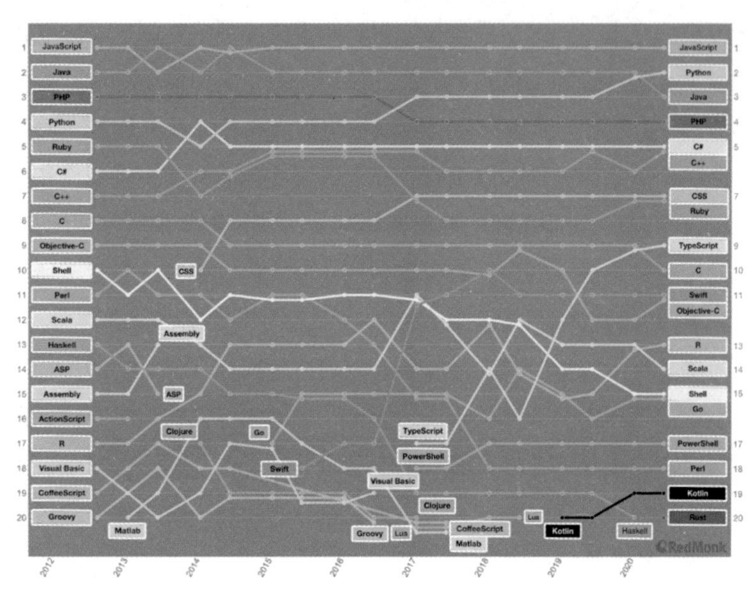

图 9.4 RedMonk 编程语言排行榜（2012 年 9 月至 2020 年 6 月）

而那些将自己的编译技术死死封闭起来的语言，如 COBOL、Dephi、Fortran、Basic 等，现在几乎已经消失在历史中了。

在 2020 年 4 月，国内知名 IT 媒体 InfoQ 撰写过一篇文章：《80 岁都无法退休的 COBOL 程序员：他们非要扶我起来迁移老系统》。该文对 COBOL 进行了详细的回顾，并从其遗留系统推断出了其当年的荣光。COBOL 在历史上做出了不可磨灭的贡献。

- 目前，全球仍有 2200 亿行 COBOL 代码被持续使用；
- COBOL 在全部银行系统的基础设施中占据 43%；
- COBOL 支持的系统每天处理 3 万亿美元的商业交易；

- COBOL 处理着 95% 的 ATM 刷卡业务；
- COBOL 支撑着高达 80% 的店面信用卡交易操作。

文中称，目前全球 COBOL 程序员的平均年龄已经超过 60 岁。掌握 COBOL 编程技巧的程序员要么退休了，要么正在考虑退休，要么已经不幸离世。是的，能够保障基于 COBOL 的重要系统正常运转的技术人员群体正在快速萎缩。新的、年轻的程序员们压根不知道怎么使用 COBOL，而且大多数人也不想维护或者更新这些陈旧的系统。

COBOL 的编译器和开源从来就没有任何的关系，即使是当下开源的 GnuCOBOL 项目，也是一个翻译的过程。不得不说，即使具有巨大装机量的 COBOL，在面对技术掌握和人才代际更新时也是毫无头绪。基于这门语言的系统成了垂死挣扎的软件，毫无生机可言，当然也就看不到任何的希望了。

像 COBOL 这样的专有而封闭的技术案例还有很多，我们在技术的任何环节上都能找到。下面我们不妨将目光转移到产品的实现上，也是同样的情况：操作系统、浏览器、网络协议、媒体播放、数据库、开发框架、人工智能、区块链……毫无例外，开源占据所有领域的主流，那句“开源正在吞噬软件”并不是毫无来由的。

◎ 开源的创新和演进

正如布莱恩 · 阿瑟（又译为布赖恩 · 阿瑟）在《技术的本质》中所表达的：“从本质上看，技术是被捕获并加以利用的现象的集合，或者说，技术是对现象有目的的编程。”技术的发展和创新不是凭空出现的，而是现有技术进行不断组合的结果。开源恰好是符合这些观点的最佳实践和证明。

没有人知道开源的下一步该如何走，也就是说在技术上开源极少有顶层设计者。虽然它在做决策时采用不同的方式，但是关于未来的设计从来不会放在更远的地方，正如林纳斯在 TED 的采访中对自己的描述：“我并不是一个有远见的人。我没有制订未来 5 年的计划。我是一名工程师。而且我觉得，真是——我是说——我非常乐意跟梦想家在一起。他们行走四方，仰望苍穹，看着满天星辰说：‘我想到那儿去。’但我是低头看路的那种人，我只想填好眼前这个坑，不让自己掉进去。我是这样的人。”

无独有偶，Apache SkyWalking 创始人吴晟，在其富有激情和才华的演讲中总是说“没有计划”，这句话几乎成了 Apache SkyWalking 和他本人的标志性的口头禅。

但是，开源项目一直都在演进，并遵循“早发布，常发布”的原则。开源项目参与者不断进行改进，不断解决遇到的新问题，项目本身也在不断演化，经年累月，能解决的问题和能胜任的任务也在不断增加。

以 Docker 为例，Docker 的出现是技术的本质（来自于现有实现方法的组合）的最佳注解。一开始，所罗门 · 海克斯带领他的伙伴们开发 DotCloud 的时候，使用的是 Linux 上已经实现的技术，Docker 初期的技术基础如图 9.5 所示。

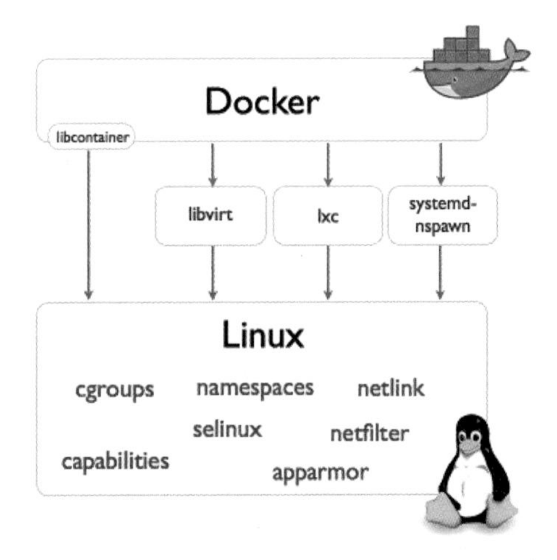

图 9.5 Docker 初期的技术基础

Linux Kernel 所支持的实现，如 cgroups、namespaces、netfilter 等都是 Docker 的基础实现，另外 Docker 也使用了现成的程序库 libvirt、systemd-nspawn 等。随着 Linux 发布开源的版本，更多开发者参与进来，他们不断进行再组合，并采用了最新的开发语言 Go，而且也加入了诸如 AUFS 等的支持。经过几年的发展，Docker 的所有细节都在逐步完善，Docker 上游开源项目 Moby 的技术架构如图 9.6 所示。

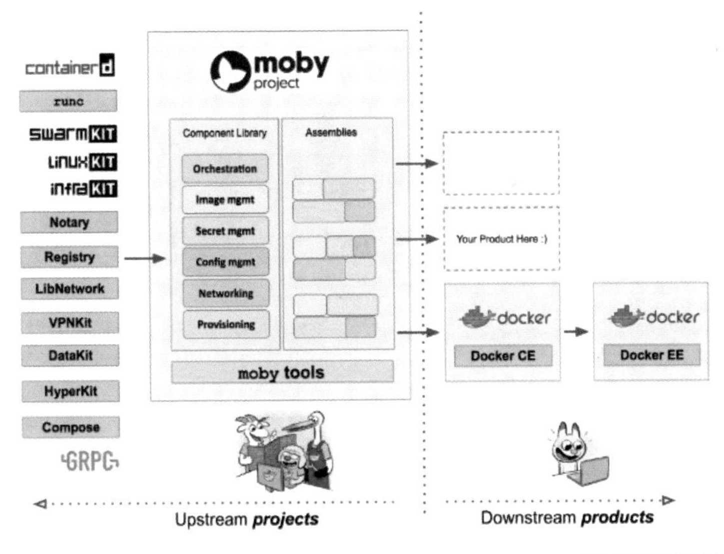

图 9.6　Docker 上游开源项目 Moby 的技术架构

经过发展之后的容器，分离出了更多的层次，重新基于原来的技术进行了扩展，如虚拟 HyperKit、通信 GRPC、调度 SwarmKit 等独立组件，使得架构更加优雅，也更加符合开源协作的模块化理念。

让我们再以大数据框架为例来说明技术的演化。回到道格 · 卡廷刚刚发布 Hadoop 的那个时间点，没有什么人对大数据的技术框架发展有过如图 9.7 那样的整体描述。他们知道的只是现在可以利用廉价的 PC 服务器进行大规模的数据计算了，可以利用 MapReduce 进行工作了。随后遇到的问题是文件存储，于是他们开发了 HDFS。随着更多人的加入，计算引擎也不断增加和扩展，Flink、Spark 随之诞生，关系型数据库、NoSQL 等数据库技术也在不断发展，最后形成一个庞大、完善的处理大数据的 Apache Hadoop 软件技术栈，如图 9.7 所示。

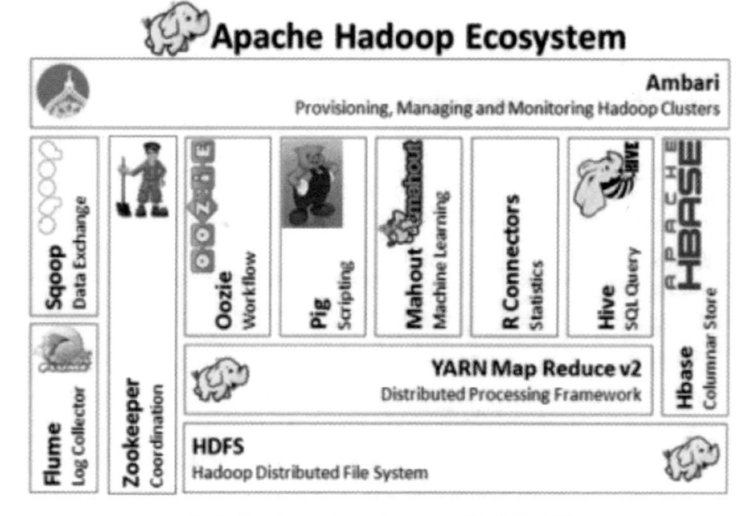

图 9.7 Apache Hadoop 软件技术栈
（图片来源：Apache Hadoop wiki）

开源作为一种思想或者说方法论，对于采用这个思想的技术，有着无比强大的驱动力。只有不断有人参与、改进，技术才能得到进化和发展。

分布式协作

维基百科（Wikipedia）和 Linux 的成功，让很多人对分布式协作方式着迷不已。没有人指挥，也没有任何的外部激励，人们只为了把当前的事情做好，甚至造就了这个世界上最庞大的知识库和最成功的操作系统。

互联网的分布式

端到端的设计思路成就了现在的互联网。随着节点的增加，根据梅特卡夫定律其形成的网络的价值就会越大。无论是万维网，还是 Git，开发者们都遵循了这样的设计理念。这也就意味着基于互联网，人们可以进行基于万维网的协作编辑，接下来就是具体的技术实现了。实现了基于浏览器的可视化编程开发环境、协作文档、编辑器等 Web 2.0 交互技术。

开源的协作是基于互联网的，这也就是说，开源的协作是天然分布式的，无论是从早期的电子邮件、新闻列表，还是到后来更为先进的万维网和即时通信，打破地理界限、时区分割，分散在地球各个角落的人们为了某个项目而协同工作。

代码开发的协作要素

我们在前文详细介绍了开源世界的人们每时每刻都在做些什么，其中软件架构的模块化是非常关键的部分，因为这是所有参与人可以异步协作的前提。如果没有模块化，其实也就无法形成分工，那么就会是整块的项目，参与人员必须聚在一起工作，甚至只有某个天才般的开发者才能完成项目。

开源发展到现在，我们完全可以通过工具的使用反过来理解代码开发的协作要素了：

- 有着松耦合的模块化设计的项目；
- 支持异步通信；
- 类似 Git 的分布式版本控制系统；
- 可以跟踪问题的系统；
- 具有一定专业技能的工匠；
- 能够在某些方面达成共识；
- 具有组织能力的共同体。

开源文化或理念的先天优势

开放和透明能够保证信息的完整性，而这是人与人之间进行协作的前提条件。无论是工匠的师徒传授机制，还是现代的学校形式，师傅或老师都试图将知识传授给下一代，从而使社会能够获得更高级的生产力，因为技术一直在更新。

我们反过来思考：想要实现分布式协作，最佳的方式仍然是信息的完整，即保证所有的对话、知识、实践、代码都是开放、透明的。

在诸如疫情等特殊时期，远程办公成为首选办公方式，这倒逼着人们从过去的聚集沟通的方式转变为现在的居家式的分布式协作。这时，异步通信、协同文档、频繁的视频会议等就成为日常交流方式，开源协作被提上了日程：

- 所有的沟通都应该记录在案，可搜索；
- 所有事件都可跟踪；
- 尽可能选择异步沟通，让每个人都能够做到深度思考。

保持中立

理解竞争

竞争无处不在，伟大的进化论提出者达尔文说道："物竞天择，适者生存。"这句话道出了世界的真相。

在商业领域，竞争是非常激烈的，无论是抢占市场先机，还是获得技术优势，每位商家都希望自己能够获得用户。在以智力作为商品的行业中，软件开发者、网络服务提供商等对知识产权采取了严苛的保护，就是为了能取得竞争优势。

我们可以举出非常之多的 IT 产品商业竞争案例。

- 桌面操作系统：IBM OS/2 vs Microsoft Windows；
- 浏览器：Netscape Navigator vs Microsoft Internet Explorer；
- 编辑器：VS Studio vs Eclipse；
- 关系数据库：Oracle vs Sybase；
- ERP：SAP vs PeopleSoft；
- IaaS 供应商：AWS vs Azure；
- 电子商务：eBay vs Taobao。

多数作者在写到同一个领域的多个供应商时，都会使用"战争"一词来形容这些商业公司之间的竞争。竞争之下，一步走错，满盘皆输。

再怎么残酷的竞争，也都是局限在一定的范围内。如果理性分析可知，竞争未必就一定是零和游戏的结果——不是你输我赢，就是我赢你输的结局，还可以有双赢的局面。

企业，说一千道一万，最终的服务对象仍然是人类本身，即人类社会的组成个体和组织。

竞争中的企业需要合作

人类有的时候比我们想象中要脆弱得多。商业组织也是不容易，要将资源和精力投在最能为企业带来益处的地方，这时有些基础设施的建设就未必是企业所能全部承担的，比如铁路、公路这样重要的基础设施，未必是物流或邮政公司来全部承担建设，尽管这些公司依赖这些设施。同理，提供互联网服务的公司，需要大批量的基础设施，包括电力设施、环保设施、软件、带宽等。

众所周知，操作系统、程序语言、浏览器、数据存储和处理等软件是基础设施，是所有公司在架设自身服务时都必须要构建的内容。在这一投资巨大、风险也极高的领域大家一起合作、共担风险是最好的策略。

开源是最佳的中立选择

开源项目无疑是最佳选择。开源项目的背后，或者是独立的个人，或者是由个人组成的强有力的共同体，或者是在政府注册的非营利机构。无论是哪种，都是可以信赖的，是可以投入少部分而回馈更多的选择。

因此，我们看到很多开源项目被商业公司所支持，不仅体现在代码的贡献上，还有资金的捐赠，以及会议的赞助等。以云原生计算基金会（CNCF）旗下的 Kubernetes 的为例，这款 Google 发起随后开源的容器编排项目，在以种子项目的身份捐赠给 Linux 基金会旗下的 CNCF 之后，获得了火箭般的快速发展，而且我们可以看到其代码来自众多 IT 厂家，其中不乏互联网巨头的身影。读者可以访问 https://K8S.devstats.cncf.io/ 了解 Kubernetes 的详情。向导选取了一张在过去一年中 Kubernetes 项目代码提交量排在前 20 位的公司的图片，如图 9.8 所示。

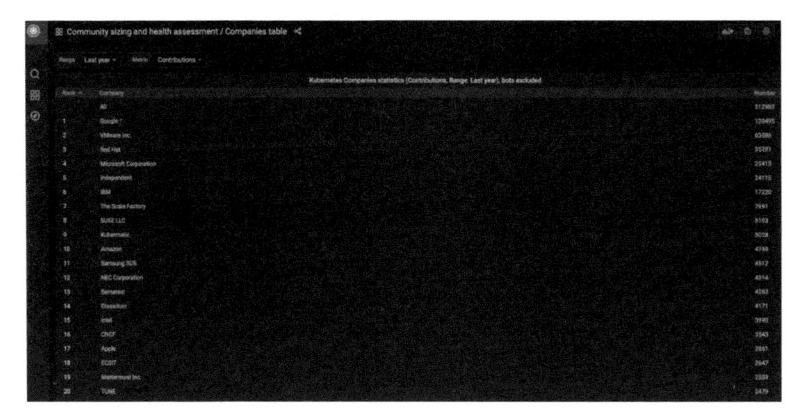

图 9.8　Kubernetes 项目代码提交量排名

我们看到云计算大厂 Amazon、Google、微软等都在，私有云提供商 Red Hat、SUSE、VMware 也在。

再来看 CNCF 的赞助厂商，根据 CNCF 发布的 2020 年度报告，截至 2020 年底，CNCF 的厂家会员单位已经超过 600 家。其铂金和黄金会员均是全球顶级的公司，如表 9.1 所示。

表 9.1　CNCF 的铂金会员和黄金会员

铂金会员（21 家）	黄金会员（20 家）
阿里巴巴、AWS、ARM、Apple、AT&T、CISCO、富士通、Google、华为、IBM、英特尔、京东、微软、NetApp、Oracle、Red Hat、SAP、VMware、Palo Alto、Kasten、Volcano Engine	蚂蚁金服、百度、Capital One、CoX Communication、DigitalOcean、Equinix、Fidelity Investments、HCL、惠普、Intuit、JFrog、金山云、NEC、Salesforce、三星 SDS、浦发银行、Splunk、T-Mobile、腾讯云、中兴

这只是开源世界的沧海一粟，我们在众多的开源项目中都能看到类似的场面。

即使是商业公司所开源的项目，如果能做到开放、透明，其中也不乏竞争对手参与的案例，尤其著名的就是 Google 和微软在开源浏览器项目 Chromium 上的合作。

商业公司在业务上相互竞争，在开源项目上进行合作而实现共赢，我们在中立的共同体中看到了美好的一面。而这也是开源的众多迷人之处之一，即使是在充满激烈竞争的商场，我们依然能够看到合作，没有垄断，只有共赢。而这全部都得益于开源项目保持中立的态度，以及长期以来赢得的社会信任。

经济效益：软件是成本，而不是资产

从商业的角度思考

商业的本质是什么？资本的逻辑又是什么？开源为何能产生经济效益？

如果我们能够使用同理心，跳出开源世界，从世俗的角度去看待这一切，会发现很多不一样的地方。企业家是思考社会的重要人群，他们努力地通过创新去改善现有的社会，希望通过发明、创造、坚守、承诺等方式来获得可持续发展，这是现代公认的企业安身立命的方式。

开源世界最终输出的是软件，软件也是其立足于现实世界的支柱，它已经深入人心，现代人是很容易理解软件所实现的信息化和数字化，即软件是如何塑造现代世界的，那么这其中必然就会有与经济利益相关的内容。

◎ 软件为什么是成本？

企业实现信息化是为了拓展客户，或者是让自己离客户更近。比如一家做衣服的公司，集设计、营销、制造于一体，软件能够帮助这家公司干什么？更高效而时尚的设计、更稳定而量大的生产、更为精准的营销和售后。数字化能够帮助他们什么呢？将一切行为、决策等统统输入计算机中存储起来，利用优秀的算法，让下一次的决策更为精准。

软件从来都不是这些商业公司的目的，他们的目的是让软件帮助他们实现以下目标：

- 销售更多的产品；

- 服务更多的客户；
- 招聘更优秀的员工；
- 制造令客户满意的产品。

软件是否开源？在没有选择的情况下，人们几乎不会考虑这个问题，因为模块化的信任机制已经深入人心，人们几乎不会去考虑软件背后深层次的逻辑。但是，但凡明白了之后，企业家就会对软件的开源产生深刻的认知变化，然后发现自己的所有流程、行动、决策都被软件所包围，他们想要琢磨明白其背后的机理，然后会明白开放源代码才是自己真正想要的。

乐观来讲，这是一件必然的事情，因为这些聪明的企业家迟早会发现软件中隐藏的奥秘。企业家应该思考，如何将开源与商业法则一起规制，才能让结果更接近自己的设想。

换句话说，软件就是商业公司的成本，当它不能被倒手变卖、抵押的时候，公司就无法实现资本的所有属性。既然是成本，当然是希望投入少，回报多，这时优化就是必然，正如商人们优化供应链一样。

开源的商业逻辑

通过和开源共同体进行有益的互动，从而让自身的商业获得最大的支撑和创新的基础，这是开源能够为通常意义上的企业带来的好处。如果说该企业本身的业务和软件又紧密相关，如基于互联网的服务，那么这个互动就会更加深入，甚至达到严重依赖的程度。

为什么搭开源的便车是一种相对来说“吃亏”的方式？因为软件会一直随着环境的变化而发展。

开源在一家企业中的位置被清晰地认知之后，接下来的事情就是如何把它做好、具体的量化的事情了。企业的掌舵者要从全局出发，明确自己的目标，看清信息化能够给自己带来的利益，以及服务好客户，即让客户满意（这是对自己最大的回报）。自己的信息化产品中，有哪些使用了开源的产出，这是必须要清楚的。然后需要弄清楚的事情包括：这些软件的升级、维护以及 bug 的修补等是如何保证的？为了自身业务的支撑，软件迭代、更新、变化的速度要有多快？自身的企业是否能够和开源项目共同体有很好的闭环互动？购买的开源商业服务的评估是否到位？换句话说，就是企业要思考如何有效利用开源，来达成自己的商业目的。

在本章，向导就和大家聊聊开源能带给企业的两个明显的好处：

- 降低成本；
- 加速上市。

降低成本

◎ 软件开发是很困难的庞大工程

在软件的历史上，至今也没有发展出来很完善的方法论来保证项目100% 获得成功，或者进展顺利，这种情况在整个软件工程史上也不是什么丢人的事情。无数的实践项目和不计其数的科研人员的论证，都说明软件的开发是多么依赖个人以及组织。人们在软件项目上投入重要资源来使项目的失败率降低。

软件开发中的困难不是简单的增加人员就能解决的。计算机科学家、图灵奖得主弗雷德里克 • 布鲁克斯在《人月神话》里就准确的地描述过："向进度落后的项目中增加人手，只会使进度更加落后。"这就是后来被人们广为流传的布鲁克斯法则。

想要将现实社会中人们的思维逻辑转变为计算机构造的数字化世界并不是一件容易的事情，而是一项非常复杂的系统工程。

◎ 软件开发是一件失败率很高的事情

这里我们暂且不谈历史上那些因为软件的 bug 而酿成的重大事故，不过向导还是推荐给读者一本书，即《致命 Bug：软件缺陷的灾难与启示》[2]。该书介绍了人类历史上由于软件开发者的疏忽酿成的重大损失或事故，甚至有人因此丧命。

我们可能会花点篇幅梳理一下那些可以应用于人们日常生活中，但还没有发布就宣告失败的项目。《人月神话》中提及的S360算一个;《梦断代码》中介绍的日历规划项目Chandler在起始阶段完全看不出任何瑕疵: 顶级的开发者、已经成功做出顶级项目的发起人、开源、资金充足、项目前景光明，可是它却失败了。

那些商业公司的失败项目，或者是创业公司的失败项目，我们一般无从查起，但是由硅谷和中关村的高创业失败率我们也能明白，软件开发项目也难逃其咎。当然，开源项目的高失败率也是大家有目共睹的，那些托管平台下的绝大多数项目是不活跃的。

◎ 有优秀的实现，就不会去重写

鉴于上述两个重要原因，选择已经卓有成效的开源项目是头脑清醒的人的做法。

另外，向导在前面为大家介绍过，很多公司在IT系统方面的常见决策路径是，不到万不得已，公司是不会自行开发的，因为IT系统通常是创业者或者是公司实现业务的手段。鉴于上面提到的原因，一般的公司还是希望将资源运用到关键的地方，比如招聘人才、发掘市场等，而不是重复实现某个已经开源友好的系统，进而进行替代。

这也就是说，开发软件业务时，专注于自身密切相关的部分即可，无须关心底层的实现。这是当今的主流实践方案。据统计，每个企业的IT技术栈所使用的开源项目的占比平均达到95%。

◎ 站在巨人的肩膀上

人类对技术的掌握和完善的前提是加强知识的传播与流通。软件作

[2] 此处书名中的是“Bug”，而“bug”的写法更加常见，因此本书正文中使用“bug”。

为技术的典型代表，采用开源的方式进行开发对于其进一步的继承和传播有着至关重要的作用。人们几乎不可能阅读软件的可执行文件，封闭的源代码不但阻碍了其本身的发展，而且也很难找到合理的理由来做这件损人不利己的事。

有了开放源代码，来自全球的任何人都可以基于它进行改进，还有什么比把这个比作站在巨人的肩膀上望得更远更恰当的比喻吗？但凡有点心理表征的人，都知道重新实现所有的技术栈是一件多么艰巨的任务，从编译器到操作系统再到编程框架，以及相互依赖的成千上万个组件都要考虑。

◎ 成本的降低

有了上面的论证，聪明的读者一定明白了这样一个浅显的道理，在实现整个信息系统时，可以利用开源项目来完成 95% 以上的工作，而且剩下来的还是自己最为擅长，且和自身业务紧密相关的部分，成功的概率大幅提高。

开源让人们付出极低的成本，即可在初期获得完整的信息系统，再加上它能够缩短上市的过程，获得的初期优势就越发明显。

加速上市

◎ 不断积累的软件技术栈

无论是互联网服务，还是常见的企业软件，通常都不是单独的某个项目在起作用，而是很多技术联合作用，从人类分工的角度来讲，没有人会从头到尾将所有的事情全部做一遍，即使是独立特行的 Apple 技术栈，也是在前人工作的基础上进行创新和发展的。

◎ 购买传统意义上的商业软件的流程

无论公司是否有实体的零售店，都会在网站、广告宣传页上留下销售电话，因为其深知更多的情况需要销售人员登门去沟通。然后是试用和评估流程，销售人员会联系公司的技术人员，技术人员提供简单的评估场景，然后由欲购买产品的客户提供软件运行所必需的硬件环境：服务器、网络、存储设备等。接下来，技术人员开始在指定的期限进行安装、测试等评估。最后基于评估结果，公司进行招投标，然后才是安装、部署和调试服务，再之后进入运营模式和售后服务模式。

这个流程通常冗长而烦琐，涉及人员众多，干系人也非常之多。在整个流程中，人们通常会将一个简单的技术问题升级到复杂的人际关系处理问题。

◎ 技术人员对开源的考量

在前文中，我们明确地探讨了在软件进行初期设计的时候，即技术选型期，对于开源的选择过程，非常清晰地表达了这个观点：企业自身去实现的部分，占整个技术栈极少一部分。除非底层无法满足，否则没有人愿意去花费更大的精力、投入本来就非常紧张的资源，去开发一款失败率很高的基础设施。但是，这并不意味着这部分的内容就是无偿的或免费的，而只是说开源在这个时间点可以恰好地帮助到企业。而在接下来的时间里，需要企业参与到开源项目中，才能使双方共同进步，这意味着一种合作，会成就彼此。

由于开源项目的存在，以及具有上述优势——开放、透明、均等参与等，身处一线的工程师可以直接了解和试验项目所实现的功能是否满足当前的需求，或者是需要做多少工作可以实现，这就可以直接跳过刚才提及的购买流程。而且测试和试用开源有一个无法拒绝的诱惑：无须任何权威人士的授权。即使是存在科层制的单位，基层员工对开源项目的评估也是有益的，哪怕只是一个参考。

◎ 时间就是金钱，就是竞争力

2021 年初，一款新的社交 App 火遍全球，它叫 Clubhouse。但是在这款 App 发布没两天，就有人声称自己在 72 小时内即可复刻一个。而这个技术栈除了资源层的云计算之外，绝大部分都是开源项目，业务部分占据的代码量实在不多。当然，社交平台不只是技术那么简单，复刻 Twitter、Facebook 的程序也不在少数，这也就是说技术在整个运营中的优势并不能保持多久，所以这更要求这些创业公司要将产品快速推出上市，然后再寻找动态的护城河。

显而易见，基于开源项目的技术栈，可以帮助这些企业大大缩短上市时间，如果再和一些基础设施即服务的产品结合起来，真的是可以做到争分夺秒啊！这个加速过程随着开源项目的日益发展只会更快加速。

当下的互联网呈现出快速失败、快速迭代的特点，以满足用户、抓住用户的需求为原则，业务优先，而实现业务的技术栈则是能快则快。这也是互联网公司如 Netflix、LinkedIn 等拥抱开源的重要缘由。

第十章

开源的成就：经济价值和社会意义

一切皆可量化。

——道格拉斯・W. 哈伯德

现代社会最为常见的一个现象，就是有各种各样的衡量项。如果你做过体检的话，就能深刻地理解这句话了。现代的体检项目可不止体重、身高、血压，还有体脂、骨密度、胆固醇等。

那么，一个人的成就，又是如何衡量的呢？我们以BBC在2019年拍摄的一部纪录片《面孔：20世纪传奇人物》为例：屠呦呦，诺贝尔医学奖得主，拯救了数亿人的生命；球王贝利，拥有无与伦比的足球天赋，不断突破自我，挑战不可能；纳尔逊·曼德拉，为反抗种族隔离而奋斗，即使自身身陷牢狱……是的，任何的成就，都是有具体的衡量项的。

那么，开源的成果要如何衡量？

我们在前面讲了很多数据，也从普通百姓的日常生活来感受开源，为了更加直观或者在现实社会中彰显其意义，我们可能还需要采用经济的手段。

站在微观的角度，我们可以凭借想象力塑造一位通晓软件的人，他能够借助开源的代码和项目，快速满足自己工作中的需求，但是这种描述仍然是有限的、匮乏的。

我们必须从更加宏观的角度来谈开源的意义，并且要放在经济和社会的视野下才能颇为恰当的描述，这也是目前我们现代世界的主流衡量方式。就开源的价值而言，向导也试图通过类似的方式引入一个基准式的衡量值，世俗之见，仅供参考。当然，对于它的社会意义，向导也尽最大可能进行收集和描述。

给无价开源进行价格评估

我们身处现代经济社会，在伦理范围内，一切皆可估价。在《一切皆有价》一书中，作者提出了一个观点：我们所有的选择性行为，无论是婚姻、开车、买书，还是喝咖啡、投资、上网下载音乐，都是权衡利弊和付出代价的过程，即世间一切事物皆有价格。不同的是，有的明码标价，有的暗藏其中，或可以用货币计算，或需要用时间衡量。

荣耀：存放在北极圈的开放源代码

人类所创造的无形的价值，有非常多的表现方式，在古代，有立碑，建造伟大的殿堂等方式。开放源代码如何完成这件事？

那些对开放源代码有着深刻理解的人从未放弃寻求表现其价值的方式，媒体或公共组织会给予赢得社会荣誉的人奖励，那么对于开放源代码来说，在金钱回报极为难得的情况下，社会会如何回报这一人类美好的行动？这当然是懂得仪式的人日夜苦思的问题。2020 年，著名代码托管平台 GitHub 发起了一个“Arctic Code Vault”项目，项目为 2020 年 2 月 2 日这一天之前的所有 GitHub 开源的代码做一个快照，然后将存储着代码的硬盘存放在北极圈的某个地下仓库，期限至少为 1000 年。

这是迄今为止，人类给予开放源代码最高的荣誉。虽然古今中外，匠人留名这件事很常见，能够留下伟大的作品给世人，确实是作为人本身至高的荣耀，但是问题来了，荣耀的仪式作用大于其在现实中的作用，毕竟埋藏在北极圈的代码并不能在现实中发生作用，尽管我们所有人都懂得此举意义非凡。我们仍然需要务实地看待开放源代码在现实中所产生的实际价值，以能体现其在人类社会中的意义。为了体现开放源代码的价值，最为通用的方式，便是以货币的方式进行兑换。

如何和现实的货币接轨？

某个产品的市场价值是通过其价格来体现的，这是经济学的常识。如果一件物品没有发生交易的话，它是无法被估价的。开放源代码项目就面临着此类问题，开发者复制一份代码，或一整个项目，其所花的成本接近于零，但是，熟悉技术细节的读者知道，开放源代码背后是需要很多价格不菲的内容支撑的：

- 下载服务器，以及网络分发的 CDN；
- 供下载使用的带宽；
- 开发人员本身所投入的劳动时间。

通常，开源项目并没有明码标价以让用户或开发者去购买，但这并不意味着开源项目是没有价值的，只是其价格需要我们进行评估和衡量。这也有悖于经济学中所说的自由市场中看不见的手。

我们甚至找不到相应的对比项，因为将源代码封装后售卖授权的方式更加无法评估。因为软件本身的特殊性，除了开发出来的第一份之外，其余的复制成本都是接近于零，但是其售价却不会，而是和第一份保持一致。

但是，我们又不能无视开放源代码的价值。

于是，有人想出了一个方法，虽然为此人们争议不断，甚至觉得它有点荒唐，但是，它给了我们一个类似海市蜃楼中的灯塔，至少其不是一无是处的。这个方法就是构造性成本模型（Constructive Cost Model，COCOMO）

（1）以非压缩格式安装源代码文件，这需要下载源代码并在测试机器上正确安装。

（2）计算源代码行数（Source Lines Of Code，SLOC），这需要仔细定义 SLOC。

（3）使用估算模型（基于 COCOMO 实践）来估算以专有方式开发相同系统的工作量和成本。

“昂贵的”开源

1. 不菲的基础设施支出

Nadia Eghbal 在其新书 *Working in public*《在看得见的地方工作》中特别介绍了开源项目的基础设施支出，例如 Python 项目的带宽费用就是极为鲜明的案例。作为当前全球排名第一或第二的流行软件开发语言，Python 代码库是这个世界上执行下载任务最频繁的程序库之一，5 年内带宽增加了超过 40 万倍：从 2013 年的 11.84GB 一路飙升至 2019 年的 4.5PB。

而这还仅仅是 Python 一种语言的库，要知道还有更多语言，如 JavaScript、Java、Ruby 等，这些语言的下载量一点也不比 Python 少，JavaScript 的部署甚至有过之而无不及。此外，还有其他分发方式，如 Linux 发行版的软件包分发、容器镜像的分发，这些都需要价格不菲的带宽。

带宽尽管看起来不是很贵，但是累积起来就是不小的开销，无论是公有云大厂还是传统的网络提供商，有心的读者可以到相应的服务商网站进行查询，以 Azure 为例，访问其带宽价格说明的网页可知，即使按照最便宜的计算，4.5PB 也需要几百万美元。

由此可见，当你随意下载一个镜像，或者使用诸如 npm install gitbook 之类的命令时，背后都是大量的钞票，基础设施的花费是相当高的。

2. 昂贵的人力成本

开放源代码是由工程师付出时间和精力所打造的。工程师是人类社会极为宝贵的资源，其生产的输出要和其他的社会分工的输出进行交换，比如工程师要和街角的比萨店、咖啡厅交换赖以生存的食物和提神的饮料。我们可能无法估算出社会为了培养这些工程师总共花了多少钱，但是他们自身的工作时间和工资是可以估算的。

接下来我们再回到 COCOMO 的评估方法上。因为我们无法将所有的开源项目都囊括其中，另外开放源代码也一直保持动态的增加或删除，所以我们这里仅列出截至 2020 年底那些突出而至为重要的开源项目的估值。

- Apache 软件基金会对其旗下所有的顶级项目的估值是 200 亿美元；
- Linux 基金会旗下项目的估值是 541 亿美元；
- Python 的代码估值是 39046345 美元；
- Debian Linux 发行版的估值是 1602073723 美元；
- Docker 的代码估值是 189122865 美元；
- PostgreSQL 的估值是 16587753 美元；
- MariaDB 的估值是 35740952 美元；
- Chromium 的估值是 456957405 美元；
- Firefox 的估值是 401710458 美元；
- GNU Compiler collection 的估值是 129358683 美元；
- ……

这个估值清单可以无限地列下去。如果你可以想象到所有这些代码都是由每一位工程师，在无数个夜晚，绞尽脑汁的创造性产出的话，很自然的就会有交换的念头，不是吗？

更多看不见的价值

由开放源代码软件所驱动的现代信息世界所发挥的作用是难以估量的，我们现在进行的搜索、社交、购物、财务、旅游、出行等活动，背后运行的软件超过 90% 都是开源所驱动的。

在量化开源的道路上，我们还有很长的路要走。比如 CHAOSS 项目就试图将开源项目中只要是可以衡量的就去衡量，连社会资本这么难以捕捉的事物都赫然在列。企业内部，尤其是互联网公司，对开源极度依赖，多数商业公司已经将开源视为其战略的一部分，公司内部在评估开源的价值方面也面临同样的问题。

- 开源为公司节省了多少钱?
- 开源为公司创造了多少营收?
- 开源有多大的概率为公司赢得人才?
- 开源的技术债务让公司损失了多少?
- 开源的合规让公司面临多大的指控风险?

这些问题是所有公司都要面对的，当然也是藏得很深的问题，当开发者眼里只有具体的信息技术问题的时候，是会忽略这些问题的。将开源称之为“站在巨人的肩膀上”没有错，但是将其价值一起忽略掉，确实是很多工程师犯的严重错误之一。

开源的特性决定了其难以直接进行估值，但是这从来难不倒精明的商人，他们总是有办法的，尽管这在某种程度上很难办到，有的时候甚至是道德和伦理上的两难。

我们后面会探讨，将定价权交给用户，还不限制分享，这和传统的商业规则是背道而驰的。

公司：那些超过一亿美元的开源商业组织

商业化是让社会能够运转的非常重要的策略。商业的主要从业者——企业家，更是被诸如彼得·德鲁克这样的思考者仔细研究过。依据马克斯·韦伯的新教伦理，开源绝对是站得住脚的。当然，信息产业有其独特之处，那就是黑客伦理。

商业化也是开源项目能够持续发展的一个重要手段，这些伟大的创业者围绕开源做了非常之多的创新，从组织、认知、分发、社会、法律等诸多角度进行了颠覆式的改革，而且最重要的，还获得了资本的青睐，在股票交易市场也是赚足了眼球，当然这样的前提是业务确实做得不错。在接下来的章节中，我们就和大家聊聊那些基于开源或围绕开源发展起来的商业公司，且其价值评估均超过了一亿美元。

我们这里直接引用 oss.capital 联合创始人约瑟夫·杰克斯（Joseph Jacks）所维护的一个列表（限于篇幅，这里仅列出部分），如表 10.1 所示。

表 10.1 营收超过一亿美元的商业开源软件（COSS）公司（部分）

公司名称	开源项目	估值（单位：亿美元）	商业模式	技术领域
Acquia	Drupal	10	Open Core	内容管理系统
Alfresco	Alfresco	3	Open Core	ECM BPM
Automattic	Wordpress	30	托管服务	内容管理系统
Canonical	Ubuntu	15	Open Core	操作系统（Linux）
Cloudera	Hadoop	40	Open Core	大数据 /Hadoop 生态

续表

公司名称	开源项目	估值（单位：亿美元）	商业模式	技术领域
CloudBees	Jenkins	10	Open Core	DevOps/ 持续集成
Confluent	Kafka	200	Open Core	大数据 / 中间件 / 流
CouchBase	CouchBase	15	Open Core	NoSQL 数据库
Databricks	Spark	290	Open Core	大数据 /Hadoop 生态
DataStax	Cassandra	20	Open Core	NoSQL 数据库
Docker	Docker	10	Open Core	开发者工具

截至本书完成（2021 年 6 月）时，所有公司的估值加起来总共高达 2415 亿美元，这已经是不小的数目了，并且这个数字目前仍然在增长中。

同时，向导也按照商业模式对公司进行了不同的归类。

上下游全部开源

从这个标题大家也能猜出向导说的是哪家公司了，没错，就是最成功的名副其实的开源商业公司：Red Hat。

这是一家传奇般的公司，也是毫无争议取得傲人商业业绩的一家公司，在其将近 30 年的历史上，有过非常耀眼和辉煌的时刻，当然也经历过失意和低谷。无论如何 Red Hat 这家基于自由和开源软件的商业公司，在很多方面都进行了伟大的创新。

Red Hat 可向客户提供数据中心基础设施软件，包括 Linux 操作系统、中间件 JBoss、虚拟化平台、容器编排管理等产品，并提供相应的订阅、技术支持、咨询、教育等服务。

最为神奇的是，该公司是绝对不售卖版权的，并倡导上游优先，会雇佣员工在诸如 Linux Kernel、Kubernetes 上进行开发，而且会将专利等提交到开放发明网络（Open Invention Network，OIN）等组织，并保证客户使用开源软件时不会受到专利侵权起诉等，正如 Red Hat 创始人所说："所有这些连接能力及可靠性，都该回归到主要的好处：采用 Linux，使用者就得到了控制权。Linux 将开放系统的概念提升到合理的极致。依照传统而言，像 IEEE 这类的业界标准机构会致力于发表书面标准，让商业供应商参考，并在建构他们的系统时加以遵循；而 Linux 开发族群则是在工作中建立执行的参考标准，也达到同样目的。"

上游开源，商业产品有所保留

这一开源的独特模式在分发方面有着天然的优势，聪明的商人看到了诸如下载量、装机量等实实在在的数据。这一模式也能够被大多数的企业用户所接受，毕竟二进制商业授权都使用这么多年了。这方面的公司还挺多的：Databricks、Confluent、Cloudera、Elastic、MongoDB、HashiCorp 等公司都是如此的实现。

本土开源的佼佼者 PingCAP 也是类似的模式，我们可以从其投资商最近发布的文章中获知：GGV 企业服务投资团队认为，开源优势能够做到品牌效应、规模效应以及极低的获客成本，这在巴菲特所提出的护城河即商业壁垒中极为关键。

虽然这些公司所提供的付费产品和开源代码不完全对应，对核心功能也有所保留（当然这也是可以理解的），但是这些公司非常善于玩弄文字游戏，加上他们本身确实也有一定的技术实力，硬是在这两个沟壑明显、割裂严重的领域，开辟了一条属于自己的道路。

上游开源，商业提供软件即服务（SaaS）

软件即服务（Software-as-a-Service，SaaS）就是直接面对应用的服务提供商，最为知名的项目就是内容管理系统 WordPress 和 Drupal。前者对应的商业公司是 Automattic，后者对应的商业公司是 Acquia，均是估值超过 10 亿美元的优秀公司。

当然在 SaaS 的创新上，加上开源的话，没有比 GitHub、GitLab 这样的代码托管平台更有名气和影响力的了。还有被知名客户关系管理 SaaS 服务商 Salesforce 收购的 MuleSoft 也是利润颇丰的商业公司。

开源经济的春天已经到来

开源本来就是商业妥协的结果和产物。20 多年过去了，各种形式的商业公司开始不断涌现出来。随着技术的演化，其复杂度不断提升，基于开放的开发模式渐渐取代了封闭式的传统开发模式。软件从业人员的技能是需要时间打磨的，再加上云计算和数字化时代的到来，开放式开发模式被进一步放大。基于开源的商业公司，或提供如主打安全的产品，或提供如可减轻持续交付压力的服务，甚至连资本都在往开源这边倾斜。

随着全民编程时代的到来，人们对代码的认知程度提高，作为商品的软件的消费模式将会发生极大的改变，即消费者购买软件却没有获得源代码，甚至无法了解开发过程的时代已经一去不复返了。作为商品出售的软件，开源是一个默认的选项。

新造王者：开源开发者的崛起

目前市值最高的软件公司——微软，其上一任 CEO 史蒂夫 · 鲍尔默（Steve Ballmer）曾经在一次大会的演讲中“表演”了一段个人“秀”，鲍尔默先生几乎失态地、声嘶力竭地大呼：“开发者、开发者、开发者、开发者、开发者、开发者、开发者、开发者……”

读者可能会疑惑：作为全球的桌面操作系统和办公软件的霸主，微软怎么会缺开发者呢？是的，尽管在 1998 年微软就预料到这一天会到来，但是没有想到这一天真的到来了。Windows 在移动互联网时代败得一塌糊涂，这是路人皆知的事情。

软件的核心是人，也就是开发者，这才是信息时代的核心动力所在，RedMonk 联合创始人斯蒂芬 · 奥格雷迪（Stephen O'Grady）称其为新造王者（the New Kingmaker）。那些擅长编写程序的开发者们，正在打造我们赖以生存的现代信息世界。

开源让开发者不再需要获得任何人的许可

在软件走出高校之后被封闭了起来，人们依靠专利权、知识产权等手段将软件的生产壁垒高高地筑起来，这以微软、Oracle、IBM、SAP 等一干专有软件厂商为代表。一位意欲从事软件开发的大学毕业生想要学习这些厂商的软件开发经验的话，需要通过重重考核，然后才能获得不可多得的实习资格，或者是拿到通过考试的证书之后，才能进一步学习到相关技术。

这样的方式曾经非常有效，即将毕业的计算机相关专业的学生们会进行疯狂的准备：在题库刷题、找学长，只为能够进入这样的大公司，而面试官们永远是一副得意扬扬的姿态。但是时过境迁，这样的做法再也无法奏效了，因为这些毕业生获得了另外一个途径：他们不需要获得其他任何人的许可，即可获得所需的编程知识，而且付出的努力被他人接受的话，自己的成果是可以运行在生产环境中直接为用户提供服务的，也就是说，这是非常难得的一线实践机会。

我们可以从编程语言——程序员和计算机之间沟通的工具——一窥究竟。视频分享站点 YouTube 的一位朋友将计算机编程语言的流行榜以时间轴的方式进行了动态呈现，时间跨度从 1965 年到 2019 年，表 10.2 所示是 1965 年到 2019 年的流行编程语言。从中我们可以非常清晰地看到专有的闭源开发语言让位于开源的编程语言项目。

表 10.2　1965 年到 2019 年的流行编程语言

年份	流行编程语言
1965 ~ 1969 年	Fortran、COBOL、ALGOL、APL、Assembler
1970 ~ 1979 年	Fortran、Pascal、Basic、LISP、C
1980 ~ 1989 年	C、Ada、Pascal、LISP、Fortran、C++
1990 ~ 1999 年	C、Java、JavaScript、C++、Perl、Visual Basic、PHP
2000 ~ 2009 年	Java、JavaScript、PHP、C++、C、Python、C#
2010 ~ 2019 年	Python、JavaScript、Java、C#、PHP、C++、C、R

如今，专有软件厂商已基本被历史所淘汰，而开源则一路向前。下面我们来看一下著名独立分析网站 RedMonk 最近（2021 年第 3 季度）的一项调查结果，如图 10.1 所示。

横轴的数据来自著名代码托管平台 GitHub 的项目，纵轴的数据则来自开发者问答网站 Stack Overflow 的语言标签，从两个维度来衡量语言的流行度，结果更有说服力。我们看到处于图中右上方的是最为流行的编程语言，基本上排在前 20 位的都是开源项目；而左下角的语言则现在很少见，曾经的王者们一直都在走下坡路。

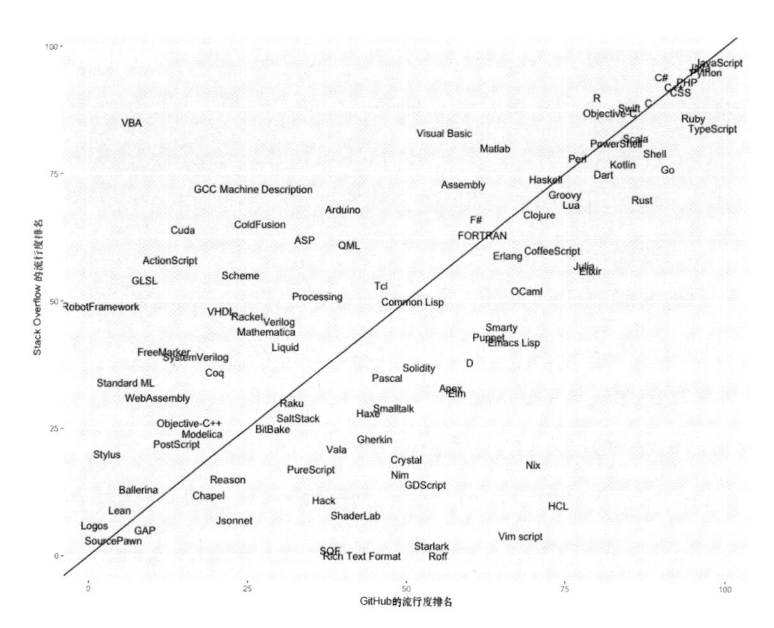

图 10.1　RedMonk 编程语言流行度排行（图片来源：RedMonk 官网）

我们暂时将产生上述情况的原因搁置一旁（《开源之思》中会尝试进行诠释），而将关注的重点先放在这样一个事实上：不需要获得任何人的许可，就可以参与的开发方式，对开发者有着无比的吸引力。

互联网教育和协作平台

互联网带来的开放性，彻底改变了人们获取知识的方式，这一点尤其体现在计算机本身的技术上。任何有意学习相关知识者，只需要一台接入互联网的计算机终端，偶尔可能需要一下信用卡。edX、慕课、Coursera 这样的平台，正在将全世界最优秀的大学课程搬到在线学习平台上，几乎覆盖所有的学科。以计算机为例，无论是基础入门还是高深的算法课，甚至是复杂的并行计算、操作系统等内容，都包括在内，当然也包括时兴的深度学习、机器学习等课程。

就编码而言，技术的发展使开发者的开发流程不断得到简化，即使是开源本身也在发生着深刻的协作革命：Git 和 GitHub 将复杂的软件代码编写协作简化到只有几步：提交 issue（问题）、fork（复制）和提交 PR（合并代码）。当然，对于具体的项目，这个过程可能要反复多次进行，但是相比于古老项目的协作方式，如 GNU、Kernel、Perl 等，它的步骤已经简化很多了。

开源无法脱离代际更新，即源源不断的后继者，这也是所有技术都需要面对的。你可以输掉一次战役，但不可以输掉整场战争！这就是开源能够繁荣的至关重要的原因。

云计算彻底解放出开发者的算力

在经历了个人计算机革命之后，计算机的威力体现在数据和计算上。当你使用 Google 搜索时、当你刷抖音时、当你看朋友圈时，相应的互联网巨头根据所采集的数据进行海量运算，然后推送给你独特的、经过定制的广告或者是其他推荐。

此时的计算机性能，已经是 20 世纪 80 ~ 90 年代的单机版计算机难以比拟的了，如今的计算机可以进行海量的数据存储、抽取和计算，然后再优化。当然，带宽、虚拟化、容器技术也在不断发展，并且它们变得和人类的基本生活所需水、电一样可随需而用，按用量结算费用。

以 AWS、Google Cloud 为代表的云计算厂商的出现进一步解放了开发者，他们只需要一张信用卡，就可以使计算机实现超级的计算和存储能力。

当然，开源的实现在这里也发挥着至关重要的作用。以 Apache Hadoop 为代表的开源大数据项目，微软应对各种场景的特定项目，让这个世界进一步繁荣起来。

开发者自发形成的标准

在通信发展史上，标准至关重要，它也是构建大型生态必不可少的一部分。比如通信协议的制定，历史上有经典的事实标准 TCP/IP 战胜人为制定的 OSI 七层模型的案例。这里并没有技术上的优劣之分，而是直接网络效应在发挥作用，即随着其他用户加入系统，对每名订阅用户而言该通信服务的实用性会增加，采用者越多，这个效应就被放大得越大。

在计算机软件程序编写方面，也是同样的道理。我们先来看一个封装的例子：Web 服务描述语言（Web Services Description Language，WSDL）的制定，当年由 IBM、微软、SUN 等一干大公司发起，自上而下的制定细节，包括从 SOAP 到 WS-Discovery、WS-Inspection、WS-Interoperability、WS-Notification、WS-Policy、WS-ReliableMessaging，再到 WS-Relia……（这些都是接口的交互定义，具体做什么的读者可以不用理会，这里仅意指烦琐。）

但是开发者们不喜欢 WSDL，他们更喜欢开放、简洁的 RESTful（即表述性状态转移），没有大公司的背书，只是开发者们自动的认可。那么如今，程序接口方法实现占比就呈现如图 10.2 所示的结果。

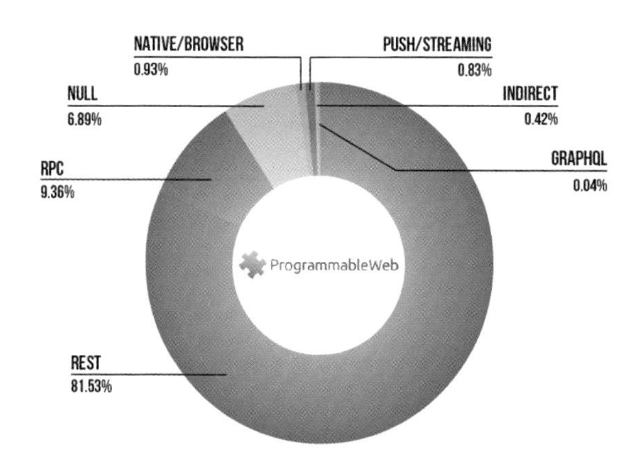

图 10.2 程序接口方法实现占比（图片来源：Programmable Web）

经过 10 多年的发展，开发者自动抛弃了 WSDL，全面拥抱 REST，不留半点痕迹。

技术架构的决定权转移

时代的转变，带来决策上的变革。

在好莱坞电影《隐藏人物》中，我们看到 NASA 的高管采购了 IBM 的计算机。企业采购计算机和软件，是首席信息官（Chief Information Officer，CIO）决定，然后将采纳清单交给采购部门，系统管理员负责接手和维护计算机与软件，以及出了问题和厂商进行沟通。这样的场景，随着开源的发展已经一去不复返了。

开源软件的易获取性，由于其开放的共同体支持形态，让很多开发者和系统管理员都能够毫不费力地获得相应的知识，而当他们熟悉了这些知识之后，便对上级给配置的专有软件系统的日常维护产生了懈怠，久而久之，公司默许安装开源软件进行测试和运行，像上面事实标准的形成一样，开源成为默认的选择，而想要更改这个约定俗成的路径，代价往往更加高昂。这是一个自下而上的过程，一个以实际的行动进行了现实的测试和验证的过程，是实践战胜规划的故事——日常的运作者终究还是战胜了远离一线的管理层、决策者。

开源让这个自下而上的技术决策成为现实。毫无疑问，这就是胜利者的果实之一。正如斯蒂芬·奥格雷迪所说："CIO 是最后一个知道的。"

核心组织：繁荣的共同体

开发者职业群体

这个世界上很少有哪个职业群体像计算机程序开发者这个群体，他们的主要工作成果——代码，是可以放在世界上所有人都可以访问、浏览的地方的。我们可以环顾四周，摩托车修理工、电工、药物研究人员、核物理工程师、护士、厨师……任何一个职业群体，想要把自己所有的工作过程和结果放在所有人都看得到的地方是一个极大的挑战。更加不用提及，这些代码还允许其他人修改，也就是说计算机程序开发者是一个非常独特的群体。

但是，代码既可以公开被自由访问，也可以被封闭起来，因此我们就可以粗略地将这个职业的人群一分为二：

- 愿意将源代码公开的开发者；
- 将源代码封闭起来的开发者。

对于这个职业之外的人，也就是没有受过任何代码编写等相关训练的人而言，这两种人其实没有区别。不信的话，你可以解释这个职业给 20 世纪 50 年代出生的人听，一般的答案多是：“都是搞电脑的。”

将代码封闭起来的开发者不是我们这本书里要讲的，因为向导无法和他们取得联系，之后不再提及。

开源（开发者）共同体

本书要谈论的重点是将自己写的源代码放在所有人可访问的地方，且大多数时候接受他人的帮助和协助的人。这个群体的成员我们称之为开源共同体成员。他们的所有工作都是在公开可见的地方进行的。这些开发者散布在世界各地，以互联网为场所进行协作，进而生产出软件。

按照《黑客：计算机革命的英雄》一书的描述，在计算机发展的早期，所有可以写程序的人都默认代码是共享的，并在 MIT 这样的高等学府形成了一个特殊的群体。后来，随着计算机体系结构的变化以及业务需求的变化，软件进一步分离出来。将代码封闭可以赚取一定的金钱，而且这个趋势因为商业运作而合理化，几乎垄断了近 40 年：二进制授权成为主流。在这期间，仍然有那么一些人在坚守代码开放的初心，而且身体力行。

按解决问题的方式进一步细分

来自开源共同体的开发者们会根据自己的技能集，或者是所属的领域自行形成不同的项目共同体，如操作系统内核的 Linux 开发，围绕这个项目的所有贡献者和用户就形成自己独特的共同体，甚至还有一个特别的名称：Linux Kernel 共同体。该共同体以林纳斯为事实上的领袖而进行协作，共同开发出这个世界上应用范围最广的操作系统内核。

又比如 Apache 软件基金会旗下的各个共同体，均是独立的基于具体项目的小共同体，如 Httpd、Tomcat 等，其遵循 Apache 之道，以邮件列表为中心进行软件项目的开发。

又如软件自由保护组织（Software Freedom Conservancy，SFC），这个旨在为卓越而独立的自由软件项目提供资金、法律等支持的组织，也可以被视为一个独特的开源共同体。

大家可以想象一下，开源共同体中的每个人都拥有一个或多个标签，这些标签对应其所从事的开源项目和所属的组织，这是向导在这里难以给大家一一列出的，我想到一种描述这种情况的文学方法，那就是模仿著名爱尔兰作家詹姆斯·乔伊斯的《尤利西斯》中描述都柏林的酒馆的文字：要如何才能够找到一条路径，而不需要接触开源共同体？

开源的使用者：用户作为共同体的一部分

我们很难想象一款人工制品，在没有人使用的情况下，还会有人去对它进行维护和再创造。正如本书的开篇一章所指出的，开源无处不在，这意味着开源有着大量的用户，无论是直接的终端使用者，如使用浏览器访问网站的用户，还是间接的使用者，使用后端的网络服务进行购物或联系朋友，开源所造就的软件驱动着我们赖以生存的现代信息世界。而用户无意之中变成了开源共同体的一部分，与开源共同体彼此依赖。

第十一章

开源的不完美之处：让人望而却步的开源特性

经济学家看待人性时需要抱持和农民一样细致入微的态度。并非所有人都在搭便车，但如果你不当心，总有些人会把手伸向你的腰包。

——理查德·塞勒，2017 年诺贝尔经济学奖得主环顾四周，你一定会听到质疑开源，甚至是视开源为阻碍世界发展的绊脚石的声音，这是那些站在开源阵营的人必须要认清和明白的事实。

在接下来的一段旅程中，亲爱的读者，你将看到开源被人诟病的内容，这些也是大多数开源项目失败的原因。尽管罗列不足并不是一件让人开心的事情，但是能够意识到自己的不足，进而想办法改进，是现代人处理问题的常规思路。开源本身被放在公众可以随时获得的地方，这里发生的一切，只要你愿意，总是可以了解到的。所以以下内容也是可以随时获得验证的。

“病毒”说

开源项目的传染性实在是让人头疼。

这是现实中最常听到的话语，意思是企业中的开发团队嵌入了以 GPL 授权的自由 / 开源软件，这意味着该企业也要将最后的软件以 GPL 的形式进行再发布。

GPL 的条款让一些商业公司的律师望而却步，甚至将其形容为“病毒”。然而事实到底有没有这么严重呢？为何开放源代码被冠以如此比喻？它究竟触动了哪些人的价值观？或许本书不会为大家带来任何的答案，但是读者是应该思考到这一点的。

“免费”说

在相当一部分人眼里，自由 / 开源软件是和不需要开销等同的。我们暂且不论这部分人的眼界、心智模式、动机，单单就认为这个世界上有一种拥有高科技、需要耗费大量人力的东西是上天赐予的，犹如自然形成的一样的人，也不在少数。

那么开源究竟是不是免费的？开发开放源代码所消耗的资源该由谁来买单？或许向导会在《开源之思》中和大家谈谈自己的看法。

此外，还有一个极端的认知，那就是“便宜没好货”，免费的意味着不稳定、质量差、不可靠、不安全等。因为它可以随意从互联网下载，不需要任何人的许可，也没有受到任何支持。

“混乱”说

Linux 的发行版有 300 余种，Kernel 每隔两三个月就有新的版本发布，Kubernetes 的 Landscape 版图让人眼花缭乱，大名鼎鼎鼎的 Apache 软件基金会竟然没有一个实体办公室，还没有固定的法人……相比井井有条、秩序井然的现代世界，开源世界简直不可思议的“混乱”。没有人发号施令，只有人埋头干活，干得不爽了还能随时退出，甚至另起炉灶……

最让人感到意外的是，开源世界的人除了编程细节，其他一概没有兴趣。有的时候他们会为了一个技术细节的实现起争执，甚至破口大骂，这完全不是文明人应该有的表现。

“乌合之众”说

参与开源项目的工程师和从事其他职业的人覆盖全球各个大洲，年龄跨度也大。而在开源世界里没有金钱激励，没有马克斯·韦伯笔下的科层制，也没有泰勒的质量管理，更没有开放式的高大上的全球总部。

这群人还被人误解为被边缘化的群体，不被主流社会所接受，所以他们退而求其次，加入开源中来。这些人说话没有任何的礼貌可言，有的时候会公然冲撞现实中的等级制度。

他们不修边幅，目中无人，只有计算机，他们使用一些高超的手法完成一些看起来也没有那么酷的内容。

……

选择开源，意味着认同开源，但是没有选择开源的人，如何看待开源，确实是一个值得重视起来的问题。以上只是向导从众多评价低的文字当中挑选出来的较为典型的一些内容。接下来向导会进行细致的阐述。

冲突：开源的难以预测与现代的“麦当劳化”的精准

生活中的可预测性

现代人的生活，由于信息获取的便捷而变得似乎一切都可以预测。很多上班族已经习惯中午 12 点下班，外卖应该在 12 点 10 分送到。如果在 12 点 15 分送到，外卖骑手和餐厅就可能会获得差评。这一场景正如《汉堡统治世界？！：社会的麦当劳化》一书中作者对可预测性的描述：

在一个理性化的世界中，人们在大多数情况下和多数时间里，往往都倾向于希望将要发生的事情不会超乎自己的意料。人们一般不会希望遇到出乎意料的、让自己吃惊的事物。人们想确认的是，今天订购的巨无霸会与昨天吃到的一样，也会与明天将要吃到的一样。如果今天送来的是沙司，明天送来的又是另外一种东西，或者同一种食物每一天的味道都各不相同，那么人们会感到不安与困惑。他们想知道的是，他们所去的美国得梅因、洛杉矶、法国巴黎或中国北京的麦当劳快餐店，会与他们本地的麦当劳快餐店外貌一样，操作程序与经营方式也一样。一个理性化的社会，为了获得可预测性和确定性，一定会强调纪律、秩序，实现系统化、正式化、惯例化、持续和有序运行。

随着技术的进步，交通的飞速发展，人们的约会成了可预测性非常强的一项内容。就中国高速发展的高铁来说，北京到上海的距离是 1318 千米，京沪高速铁路列车的速度为 350 千米 / 小时。这也就意味着，如果早上6点从北京出发，那么10:30就可以赶到上海的会场，极其精准。这一切进一步让商业人士形成一种他们思考的背景知识：可预测是一种常态。

现代人极少愿意忍受不可预测的事情。随着科学的发展和技术的进步，以及全球化的加速，可预测性成为人类不可缺少的一项。互联网让全球任何地点的人可以实时进行视频通话，发达的交通将人们送达目的地的时间极大地缩短，发达的自动化技术让机器可以日夜不停地运作，金融/贸易/证券等现代经济系统让人类的交换在不断发生，糟糕的气候变化也在不断的困扰着人们……

人类的世界似乎正在变得一切皆可预测，貌似人类已经征服了世界，将世界按照自己想要的样子去塑造。

数据化决策

随着人类对科学和技术的掌握，人们对确定性的要求也越发的高，总是希望一切都在自己的意料之中。但是，世界是复杂的，黑天鹅总是存在的。然而，人类是不会放弃进一步掌控的欲望的。

在商业领域，决策者是在不确定性下做决策的，如果不确定性很大，进行决策就有较大风险，因此减少不确定性很有价值。

本书是一本讲解软件的书，自然绕不开计算机对人们生活和工作的帮助，其中基于数据的分析对人们的工作和生活产生了很大影响，尤其是对技术着迷的人，采用数据分析的方法，可以预测某些确定性的结果，这是现代人取得的值得骄傲的成就。

当然，这么做是需要有一些前提条件的，比如需要有充足的资金，很不错的人才储备，以及明确的市场。甚至在坊间还流传着一个说法：商业有着自身的生命周期，只要在相应的阶段做对某些事就可以了：市场调研、筹集资金、招聘人员、研究开发、设计创新、计划生产、渠道销售、售后服务、开辟新市场，如此循环往复，直到赚取更多的利润。

在每一个阶段人们都是可以通过数据来进行决策的。即使在研究开发阶段，在汽车、医药等传统行业，成本都是可以评估和衡量的。

总而言之，计算机所进行的海量计算，可帮助人们进行决策，而软件开发本身也被裹挟在决策过程中。

社会的麦当劳化

以麦当劳为代表的快餐店的经营模式，正在影响着我们社会的其他领域，比如软件和互联网行业也在试图复制这个模式。所谓供应链优化，做好“最后一公里”等都是在形容这个经营模式。

在这一经营模式中工作的人，是有着明确的量化标准的，而且计算机在其中发挥着越来越大的作用，也就是说技术可以帮助这个行业去衡量和管理工作岗位上的人。我们看到在如今的外卖平台、共享出租平台、电商直播平台等社会热点领域，人们可以采用算法来规定和预测劳动力本身。

以一位送外卖的骑手为例，有了计算机软件的帮助，他在哪个时间段需要经过哪几个红绿灯、步行的距离、走楼梯的层级、取餐等待的时间等因素都可以计算。在不出意外的情况下，这些软件系统的计算结果是精准的，客户是满意的，餐厅是高兴的。

是不是任何事情都可以像麦当劳快餐店的经营模式一样被精准计算：从医院接受门诊，到制造手机的流水线，都能被精确计算？在纺织车间，工人的上厕所时间也会被计算。基于互联网的电子零售业务、快递业务就被明确计算。以京东快递为例，从你下单的那一刻起，你就可以跟踪订单所有的关键环节：

（1）订单打印；

（2）拣货完成；

（3）扫描完成；

（4）打包完成；

（5）分拣，送往中间站；

（6）到达目的城市及营业部；

（7）配送员配送。

如此的确定性，就是服务的核心所在，这也是现代人所渴求的。

下面进一步谈谈软件的开发过程。人们希望需求的迭代是快速的；基础设施是按需使用、随时可以应对突发的流量变化的；开发者是充足的，也是随时可以加班加点的；所有的软件开发流程像汽车工厂的流水线一样是可视化的，持续的集成、持续的交付、持续的发布都是可见的。总之，一切都在可计算当中。

开源的无法预估性

开源项目是基于共同体而运作的，依靠的是成员强大的自发性。在很多时候，外围所做的工作仅仅是培育环境，对成员本身没有施加任何的强制力或者是推动力。

前面提到的工业化时代的“麦当劳化”在开源世界是先天条件不足的。开源共同体中是不存在管理的概念的，最多有一些协调员、活跃的积极分子，是不存在指挥如下命令的角色的，也就是说，工业时代公司的那套管理措施在开源世界里是行不通的。

初入开源世界的传统世界的人，在不了解开源的文化、原则的情况下会感到迷惑，甚至会产生沮丧、失望等情绪，尤其是无法实现可预测性这一点，让人一时无法接受。但是，如果我们换一个角度思考一下下面所列举的现象，就会发现其实开源世界没有那么的让人困惑不解，反而会让我们有一种释然的感觉。

1. 开发人员无法预估

在开源项目的开始阶段，我们根本不知道将来会有多少人参与，因为项目依靠的是文化上的吸引、法律上的保障、技术的适应性，以及高尚的道德属性，这些因素像是在茫茫的互联网和现实世界间竖立的一座灯塔。

来自全球的开发者、工程师是否能够注意到这座灯塔，以及会不会选择靠近灯塔，并最终根据灯塔的理念做事，这些都是不确定的，因为开源项目共同体除了最初的发起人之外，没有任何强制的外部因素。说大了，全世界所有人都是潜在的参与者，但大多数时候是没有一个人参与。

2. 开发周期无法预估

在开源项目中，有一个非常具有哲学意味的描述：早发布，常发布。其他的通常我们并不知道。当然，开源项目也会设置版本号，甚至在没有任何把握的情况下，对全世界承诺开发周期，当然通常都跳票，比如 Fedora 就是最典型的例子。开发周期无法预估的缘由，通过无法预估开发人员我们就可以获知。

3. 工作时间无法预估

开源项目的成员大多数是即兴开发者，也就是说，有计划地专门将自己的时间投入开源项目或共同体的人很少。或许我们会看到有一些商业公司雇佣开发者专门从事某一项目的开发，但是这并不意味着它是最普遍的做法。

很多成功的项目依靠的是社会捐赠，如 Linux Kernel 的几位维护者，就是依靠成立 Linux 基金会，让林纳斯等核心开发者维护 Kernel。但是有很大一部分开发者是依靠商业公司，或者是自己的业余时间来进行维护工作的。

在现实世界，国家会立法明确规定劳动时间，企业通过和员工签订合同来明确这件事，自由职业者或临时工依靠最后的产出和雇主达成默契（暗含了合同），但是在开源世界，没有任何的规定来明确劳动时间这件事。

4. 经济回报无法预估

从生意人或买卖的角度来讲，甚至经济学的鼻祖——亚当 · 斯密，也论证道，人之所以去奋力地做某些事，是因为想通过和他人的交换来获得回报，以满足生活所需。

但是开源项目的初心往往并非经济回报，而其中的经济因素是项目发展的一个副产品，并不是其出发点。比如 Linux 的初心是为了好玩，Git 的初心是为了管理日益增长的 Linux Kernel 源代码，Apache 是为了大家都有一个容易获取的 Web 服务器可用，Hadoop 是为了实现 MapRaduce 的开源实现……无数的商人都在如此庞大的软件开发生产力中寻找着生意。因为没有强制的手段让用户掏腰包，回报的决定权完全交给了用户自己，所有这一切都是建立在这个用户必须是洞悉开源的心理表征者这个基础之上的。

那么“圈地收租”这样的事情，在开源世界里显然是行不通的。

将所有的事情交给不怎么稳定的人性和文化，是开源不够完美的表现之一，而这也恰好是开源的魅力所在。开源全靠人的自觉性，这需要强大的文化力量支撑，以及相应的社会、法律体系作为后盾。不完美的开源却是人类的终极向往！

纠结：商业模式与道德伦理

搭便车者不会从现实中消失

请不要去考验人性，没有人能够抵挡得了免费的诱惑，哪怕是人人都了解免费获得的东西自己付出的代价可能更高昂，例如社交媒体可获得你的个人时间线，从而让广告商可以精准地向你投递广告。

开源软件的发行，其中二进制的部分供所有人下载和使用，通常情况下，下载者是不需要付费即可获得的。绝大部分人仅仅就是软件的用户，下载使用就是他们的全部需求。

如果向导将上述用户称之为搭便车者，那真是要被很多人骂了。所谓搭便车者，指的并非最终用户，而是在开源共同体上游与最终用户之间的一些懂得源代码和掌握了皮毛技术的人。他们并没有完全对最终用户做出解释，而是修改源代码，并重新分发。这些搭便车者是完全不会参与上游的工作的，甚至都不想让上游知道他们的存在。他们只在乎短时间可以通过源代码牟利。

开源软件工程和文化的双重属性

软件这个产品，其属性有点跨专业或者说跨行业，它既是工程制品，又是文化制品。这里所说的文化制品，是指它就像音乐的 CD 或一首歌、一部电影，把它数字化之后，复制是非常容易的，花很短的时间就可以随意复制到其他地方，而且成本几乎为零。（大家可以对比一下过去复制书籍的成本。）

软件的另外一个特点是，其工程成本非常高。技术人员开发一个操作系统，甚至做一个发行版是超级困难的事情。大家熟悉的大型项目Linux涉及几千人，产品要不断迭代，要适配不同类型的计算机，有各种各样的驱动。它是个巨大无比的工程。但是如果一旦它做出来，复制分发时就很简单。这个过程怎么变得商品化，令技术人员十分头疼，唯有依靠律师来确定现实中的限制。

近年来随着订阅技术的应用，以及对P2P分享的抑制，我们看到音乐在以Apple iPod和iTunes为首的创新发展之下，像云音乐这样的模式很好地解决了音乐的盗版问题。Netflix的订阅模式，更是创新性地实现了电影和电视剧的分享，而且还利用推荐算法，将人们的黏度进一步提高。个人移动设备中的App分发，通过桌面应用市场和手机应用市场来完成，开发者、用户、手机制造商三方皆大欢喜。

在服务器，即开发人员所使用的软件库、镜像方面，也有相应的技术来进行控制，如JavaScript npm、Docker的Registry等，也就是说，基于互联网的相互信任的使用和参与机制正在变得实名化，所有的数据都会指向谁是生产者，谁是用户，谁又是搭便车者。

但是，即使是这样，开源仍然不能将搭便车者彻底抵挡在门外，完美的商业化转换还需继续探索。

网络世界的规制与现实的道德张力

2017年诺贝尔经济学奖得主理查德·塞勒，在其和心理学家罗宾·道斯（Robyn Dawes）合写的一篇关于合作的论文中讲了一个精彩的故事：

农民会在自己的农场前面摆张桌子，上面放些待售的农产品，旁边还会放一个盒子，盒子上的投币口很窄小，钱放进去就拿不出来了。另外，盒子是被钉在桌子上的。采用这种方式卖东西的农民其实对人性很了解。当然，会有很多诚实的人为农民摆卖的新鲜玉米或大黄支付足够的钱，但是农民也知道，如果把钱放在敞口的盒子中，肯定有人会把钱拿走。

为什么要讲这个故事呢？要知道，打开窗户，苍蝇和新鲜空气会一起进来。也就是说，当人们将自己的项目开源的时候，除了会吸引一部分用户和潜在的开发者之外，还会引来大部分的搭便车者，尽管从营销的角度来讲，这是一件看起来效果颇佳的好事，而且也有很多公司成功利用了这一点。

但是有一部分人就会谴责搭便车的行为，近年来开源项目更改许可协议的事情从未间断。知名开源厂商 Red Hat 前任 CEO 吉姆·怀特赫斯特（Jim Whitehurst）在其撰写的《开放式组织：面向未来的组织管理新范式》一书中讲过一个故事，那就是 Oracle 几乎是釜底抽薪式发布“坚不可摧 Linux”版的时候（也就是 RHEL 的下游版本），差点把公司搞垮。

再举一个例子，基于 RHEL 的社区发行版 CentOS 在 2020 年底发布。它不再基于 RHEL 下游开发，而是聚焦于创新，往 RHEL 的上游发展。一石激起千层浪，这竟引起各种质疑的声音，有的甚至还继续开发 CentOS 的分支。这是一个非常奇怪的现象，不符合伦理规范，虽然 Red Hat 不是授权二进制的模式。正如 Red Hat 创始人鲍勃·扬所说：“你可以将操作系统设想为计算机产业的基础设施，正如同高速公路系统是货运产业的基础设施。微软的问题在于它拥有高速公路，可以任意收取过路费。更糟的是，为了配合自己的应用软件，微软可以变更操作系统高速公路的方向，用更改 API 及文件格式的手法，置竞争对手与客户于不利的地位。至于 Red Hat Linux，我们只是维修公司。我们是更换路灯灯泡、重修路面、排除积雪的人。当初在建构高速公路时，我们和软件开发共同体通力合作，今天如果缺少他们的全力支持，我们实际上对高速公路也做不了任何事。”

这件事情在法律上没有任何的问题，但是却并不符合人类的常见行径。而这一点，也是商业上最为忌讳的事情，也就是说拱手将壁垒让给别人，还怎么赚钱？

这真是个让人纠结的问题。不过，最终的抉择权或选择权还是在开发者自己手上，在软件商业模式的“频谱”上，开发者选择自己认为最合适的即可。

艺术：走向成功的路上运气大于理性

有很多科学家感到疑惑：人类没有尖牙利爪，也没有超强的奔跑或飞翔能力，为何能够统治地球？当然，紧接着的便是探究并寻找到答案——人类具有文化继承的强大力量。也就是说，人类掌握工具的使用方法和探索自然的方式是经验积累的结果。

那么，就开源而言，在其整个的发展过程中，我们是否看到了演化？是否看到了进步？

复制一个 Linux 项目有没有可能？

这是一个历久弥新的话题，吸引了很多人去挖掘、探究和尝试。Linux 是如此的成功，以至于后来的开源项目几乎难以望其项背。但是话说回来，宇宙间的事物，处在不同的时空就会产生不同的结果，不存在也不可能进行完完全全的复制，但是 Linux 所走过的道路是可以借鉴的。

也就是说，从操作系统的角度我们可能无法，也没有必要去复制一个 Linux 项目出来，除非 Linux 自身遇到了发展的瓶颈，但是软件或其他的工程项目是可以从 Linux 的发展历程当中总结出成功的经验的，比如在方法论的总结和解释方面，埃里克 · 雷蒙德的《大教堂与集市》就是出类拔萃的翘楚，至今无出其右者。埃里克大概就是《技术的本质》一书的作者经济学家布莱恩 · 阿瑟所说的“内部思考者”。

Linux Kernel 项目在今天仍然在发展和成长，身处其中的开发者却未必会总结其成功的经验，正如进化生物学家凯文 · 布兰德所言：“就好像建筑承包商搭建了建筑框架结构，但是这一结构却无法用力学原理进行充分合理的解释。”也就是说，抽丝剥茧地总结 Linux 的成功因素本身就是一个艰巨而充满意义的过程。

失败率超级高的开源项目

一个开源软件项目，就像人类事务中的任何工程一样，需要每件事都做对，而且需要在天时、地利和人和均具备的情况下方能取得成功。尽管我们无法进行详尽的对比，但是开源项目作为公开的、可考证的项目，失败的比例是惊人的，据统计高达 95%。这里的失败意指项目不再更新、不再活跃。

感受失败的最佳方法是到开源世界的“大城市”中逗留几天，因为放眼望去，每天都有人在自己创建项目，或是分叉（fork）已有的项目，但是每天都有进展、每天都有人在加砖垒瓦、每天都是熙熙攘攘热闹非凡的开源项目寥寥无几，大多是门可罗雀、冷冷清清，有的干脆是无人问津。

简单点说就是，开源项目很容易失败。

文化的作用有多大？

著名社会学家赖特 · 米尔斯（Wright Mills）有一本经典的社会学著作：《社会学的想象力》。书中指出，人们应该能够意识到个体与当下以及过去广阔的社会之间的关系。这种认识能够使我们所有人去理解我们自身所处的现代社会情景与遥远的、看似与我们无关的过去的社会之间的联系，后者实质上与我们紧密相关并有助于塑造我们自身。

有一个十分奇特的现象，向导关注很长一段时间了，那就是至少在过去的 20 多年间，北美洲不仅是成功的开源项目的爆发之地，也是最为吸引开源人才的地方。举例而言：

- Linux 和 Git 的创始人林纳斯 · 托瓦兹从芬兰来到了美国，依托于非营利组织 Linux 基金会而保证 Linux 的可持续发展；
- Python 创始人吉多 · 范罗苏姆从荷兰来到了美国，并从 Python 软件基金会功成身退；

- 万维网创始人伯纳斯 - 李从英国来到美国，创立了 W3C，保证万维网的发展；
- Docker 创始人所罗门 · 海克斯（Solomon Hykes）从法国来到美国；
- GitLab、Nginx 都在美国设置了总部。

而且很多成功的开源项目 / 共同体是从美国发展起来的，有些的发源地就在美国。那么我们就可以思考一个问题：美国之外的开源项目发展如何？

这样的现象不得不让我们思考一个问题：技术和工程的发展，与文化和制度究竟有多大的相关性？如果有相关性的话，是哪些因素影响了开源项目的发展？

自发性与外部激励

从泰勒提出现代管理理论以来，加上对科层制的巧妙运用，利用资本，人类创造了惊人的财富。但是我们都知道，泰勒理论的基础是对人本身的不信任，他认为人是懒惰的、短视的、无法克制的，所以需要通过测量、规定、激励和惩罚来进行企业的运营和管理。这套管理体系非常有效，人类的所有工业化奇迹都是这套体系的直接成果。

但是不是所有人都能在这套管理体系下发挥最大能力，至少开源共同体中有一部分贡献者的行为就是无法解释的，在开源世界里有一部分人是自发进行相关工作的，不需要任何的外力约束，他们发自内心地想去做一些事情。开源的发展无疑极大依赖此种情况，因为开源项目共同体是建立在自愿的基础上的，没有任何的外部激励措施。

那么自发性的环境，就不是制度与约束、外在激励和惩罚所能实现的，而是需要去培育一种让自发性发挥作用的环境和文化。到目前为止，这种文化的培育仍然像是一种艺术培养方式：发现和挖掘具有自发性的人们，信任他们，让他们自由地发挥自己的能力！即使是在互联网如此发达的今天，说到这些我们仍然是保守的，有的时候不得不摇摇头说这全靠运气，这样的人可遇而不可求，犹如我们所见到的开源项目一样。

第十二章

开源：数字化世界的基石

如果说，软件正在吞噬世界，那么开源就在吞噬软件世界。

向导的话

请读者适当地收回一下自己的想象，让我们回到现实世界，向导将带领大家走进更大视野下的开源。

我们很容易理解现实世界中的基础设施，日常生活看得见、摸得着的、服务公众的设施都是基础设施。“得到”App 的创始人罗振宇甚至给基础设施下了如下一个定义：

不是简单的铁路、公路和机场，所有那些你放心交给别人干的事都是基础设施。你只要站在他的肩膀上，你就比别人站得高、看得远的那些东西，都是基础设施。

这也符合我们前面提及的技术的本质——不断地组合，今天的技术成就明天的创新。软件的发展无疑是这个棘轮效应的最佳注解：在编译器、编程语言、操作系统、中间件、容器逐渐成型的情况下，它们都是业务创新的基石，这些打造数字空间的技术实现，和我们现实生活中的路与桥起着同样的重要作用。

我们非常清晰地看到，这些现代世界的数字化世界的基石，是由开源所打造的，或者说，开源在其中起着关键作用。接下来我们谈谈 2020 年初中国兴起的“新基建”及其和开源的关系。本章试图阐释二者之间的关系及其脉络。

基础设施软件：业务的基石

向导的话

本节将从偏技术的角度来为大家呈现一下现代数据中心，那些白色的、神秘的主导世界的现代世界的中心。当然，最主要的还是帮助读者找到开放源代码发挥作用的地方。

路与桥：数字基础设施背后看不见的劳动力

该标题来自一篇同名论文：*Roads and Bridges: The Unseen Labor Behind Our Digital Infrastructure*。

现在我们所生存的世界，几乎所有的行业和领域都应用软件，从医院到股票交易所、新闻传播，再到我们熟悉的社交媒体。但是，你若用心的话，就会发现构建这些现代基础设施的工具是被人们忽视的，尽管它们是我们现代生活的必备物，这是一个巨大的尚未被人们发现的隐蔽之地。

在今天，几乎所有的软件都和自由、公开的代码（称之为“开源”）有关，而这些软件都是由来自社区的开发者们来撰写和维护的。它们和我们日常司空见惯的公路和桥梁等有很大的相似之处：任何人都可以在上面行走或驾车，快速、方便地到达目的地。开源的代码可以被任何人使用：从商业公司到个人，用来构建上层的应用软件。恰是这些开源的代码（软件）构成了我们现代赖以生存的数字基础设施。

数据中心的运作

当我们谈到互联网巨头、云计算巨头、电商巨头的时候，我们很少会想到这些偏僻的角落：贵州省的数据中心、内蒙古乌兰察布的数据中心……而它们呈现给我们的永远是友好的、符合人类审美的、经过艺术加工的文字、图片、视频、符号，用于和我们进行交互。

当然，现代的数据中心，相比于 20 世纪 40 年代的福特汽车流水线的透明度还是差了许多，因为至少福特是乐意让媒体参观的，而我们很少能够进入正在运行中的各大厂商的数据中心，当然理由就是安全问题。不过我们不必纠结这些，我们的目的是了解它们的运行方式。我们可以直接查找已经公开的资料。开放计算项目（Open Compute Project，OCP）的目的是与普通的 IT 产业共享更高效的服务器和数据中心设计，它涵盖了数据中心硬件设施的方方面面：

- 数据中心设施；
- 硬件管理；
- 高性能；
- 网络；
- 机架和电源；
- 服务器；
- 存储设备；
- 电信运营商专用设备；
- 开放系统固件。

支持的处理器类型有 x86（Intel、AMD）和 ARM，基本涵盖了一个 IT 服务商所需要的数据中心环境的所有要素。细节方面的内容我们有机会另做探讨。这里仅介绍最为关键的服务器设计。

Facebook 日前声称，该公司新建的数据中心已经全部采用 OCP 的技术。我们以 Facebook 公开的其设在墨西哥的数据中心的资料来鸟瞰式地了解一下该社交巨头的数据中心的概况，如图 12.1 到图 12.5 所示。

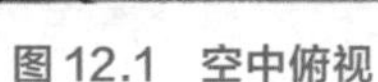

图 12.1　空中俯视

图 12.2　机房外观

图 12.3　机柜外观

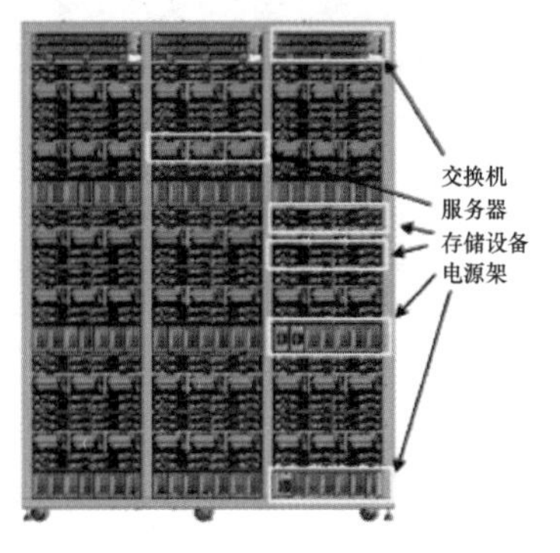

图 12.4　交换机、服务器、存储设备、电源架

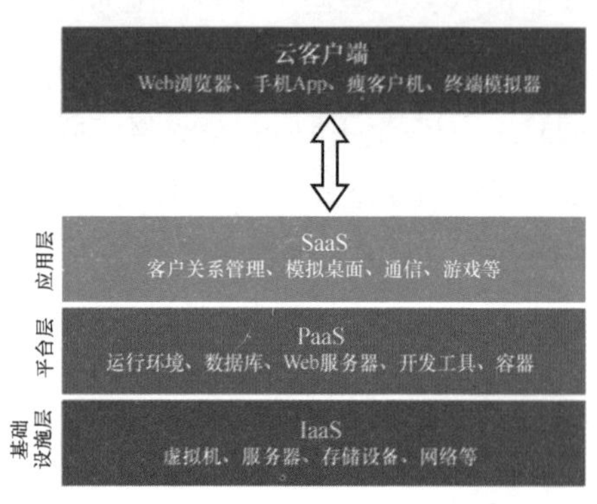

图 12.5　云计算时代的软件分层图

每一台服务器都需要运行操作系统

如果说上述这些硬件有运行的基础，那么驾驭它们，让其按照我们的意愿去做一些事情，就需要我们的主角——开源软件栈闪亮登场，下面先从操作系统说起。

操作系统需要实现的功能，就是让计算机硬件能够有效地协同工作，并对上层业务进行调度和分配。前文中我们频繁提及的项目 Linux Kernel 就是完成这个任务的。一图胜千言，Linux Kernel 的上下游生态供应链如图 12.6 所示。

而据 Linux 基金会的统计，目前运行 Linux 的服务器操作系统占据了整体市场的 90%，换句话说，我们听说过的大型数据中心，其中运行的都是 Linux，更为严谨一点的说法是完整的 GNU/Linux 发行版，如 Debian、Gentoo、Arch、Fedora 等。

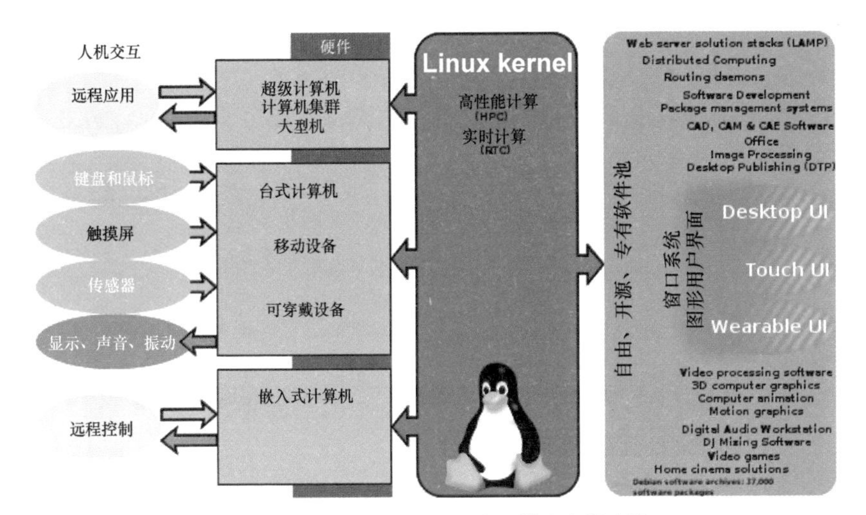

图 12.6　Linux Kernel 上下游生态供应链

海量数据的存储与处理

我们身处数字化的时代，计算机科学家们正试图将人类生活的所有方面都数字化，如将产生的信息做记录，将文字、艺术品、日常沟通、交易等都统统数字化，这也就意味着需要将这些内容进行编码，存放在存储介质中，以进一步进行分析、处理，最终得出人们想要的结果。

1. 开源数据库的崛起

这个标题是很好理解的，接下来的挑战就交给数据中心、存储设备，以及大数据分析和处理相关环节。无论是结构化数据还是非结构化数据，都需要数据库的支持，对数据进行处理也需要相应的分布式计算等技术。

对于数据库这个刚需，每一家提供互联网服务的企业都无法避开，这一点 PingCAP 的联合创始人兼 CTO 黄东旭就明确强调：数据库是基础设施！

据 DB-Engine 网站的统计，开源的相关数据库已经开始超过专有数据库的份额，如图 12.7 所示。

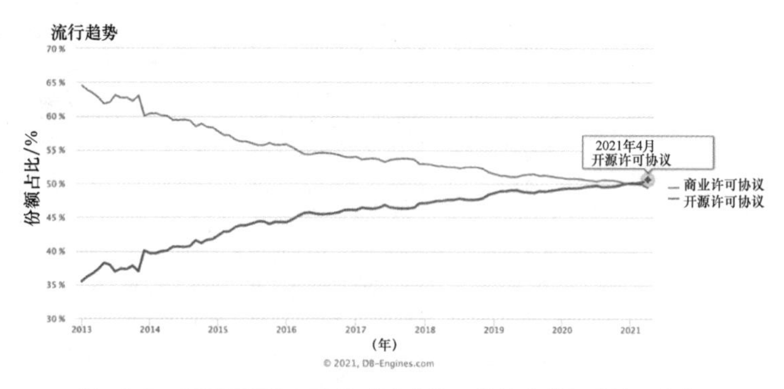

图 12.7 采用开源许可协议或商业许可协议的数据库流行趋势图

2. 大数据处理框架的开源完胜

就目前海量的存储和计算而言，毫无疑问，基于开源项目的占据主流。我们以 Apache Hadoop 为例，它在大数据处理技术栈中占据主流。

前文中我们已经提到了围绕 Apache Hadoop 的技术生态。从市场占有率的角度来看，这套开源的体系占据整体的一半，和数据库基本保持一致，如图 12.8 所示。

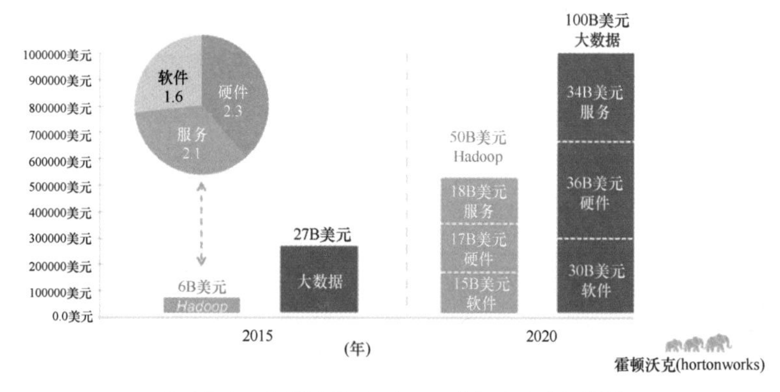

图 12.8 大数据和 Hadoop 市场占有率示意图

以开放为宗旨的项目，已经是业界的主流和事实上的标准，每家供应商都是基于这套体系扩展而成的。排名前十的大数据供应商均是围绕 Hadoop 体系而构建的，如 AWS 的 Elastic MapReduce、微软 Azure 的 HDInsight。

编程语言与框架几乎全开源

开源吞噬了所有的编程语言。从社会传播的角度来讲，扎根于互联网的开源，能够让知识的触角触碰到几乎世界上的任何角落，那么这个知识的传播能力是无与伦比的。当下的我们已经很难想象一门编程语言是闭源状态的情形。知识经济时代阻断知识的传播无疑是一种逆势的做法。

容器与云原生时代的开源

我们在前面介绍过 Docker 的技术发展过程，读者你一定也领悟到了：开源不再是简单的闭源替代实现，而是走在了创新的前沿。稍后迅猛发展的 Kubernetes，以及为了此项目的发展而对非营利组织——云原生计算基金会（CNCF）的创新，更是使其彻底引领了这个风潮。

在 CNCF 的 2020 年度报告。我们可以看到，以 Kubernetes 为核心的技术栈，正在成为现代云计算的事实标准，更是有人将云计算的技术栈以 Kubernetes 为核心，比作操作系统时代的 Linux Kernel，这很形象地将 Kubernetes 的中心位置凸显了出来。

CNCF 围绕技术栈和供应商，创建并维护了一个全景的项目，囊括了市场上的主流项目和产品，详情见 https://landscape.cncf.io。

请注意，和数据库、大数据不同的是，云原生只有开源可以选择，即使是商业供应商，CNCF 旗下的项目也是这些商业版本的上游，这是最大的进步，也同时意味着信息和数字化技术基础设施的全面演化，闭源的专有商业产品再也跟不上加速的技术演进了。

和物理世界的基础设施一样，数字世界的基础设施也需要进行日常的保养和维护。而我们非常欣喜地看到，数字世界的基础设施是由开源所构筑的。然而，这意味着对我们每个人来说，开源项目成了我们日常生活的一部分，我们再也无法离开这些项目了，犹如我们无法离开公路、桥梁和电力一样。不过开源项目的可持续发展仍然面临着非常大的挑战。

公共物品：开源是全人类共享的财富

从 GNU 项目的私有性说起

我们还需要追溯一下 GNU 项目和自由软件基金会等的创建和发展过程。作为最早的支持软件源代码开放的基金会，自由软件基金会有着相当大的影响力和领头羊作用。而我们也深知自由软件运动不仅是通过集体协作的方式开发软件，而且是为构筑理想社会而必须履行的道义和责任。理查德·斯托尔曼也一再指出“从本质上说自由软件不仅只是为了个人用户，更是为了整个社会，因为它们推进了社会的团结一致，促进了分享与协作。”

让我们重温一下 GNU 项目的许可协议的序言：

GPL 被设计成确保你拥有分发或出售自由软件的权利，确保你可以获取软件的源代码，确保你可以修改软件或在别的自由软件中使用这个软件，并确保你了解你拥有以上权利。

而这是现在所有开源软件的基础共识。

开源定义的明确说明

我们在前文中介绍了“开源”的定义，其中除了源代码、分发、衍生等概念之外，还有重要的一条：不能歧视任何个人和团体！

对这句话的解读是不言而喻的，即全人类均可以平等地访问和使用开源，也可以阅读、修改和分发源代码。所以任何在“开源”之前添加定语的做法都是违背开源定义的，比如常见的“某地区开源”“某类人开源”，这些概念都是有待商榷的。

宽松许可协议的声明

无论如何，软件的作者最具话语权，他们作为软件的开发者和所有者，有权处理自己的作品。我们常说的宽松许可协议，如 MIT、BSD、Apache v2.0 等，明确说明了遵守该许可协议的软件项目是开放的，所有人都可公平地使用、阅读、修改和分发。

开源的非政府性质

我们在介绍西沃恩 · 奥马奥尼的研究成果时指出，开源的团体组织自下而上发展起来，从历史上来看，绝大多数都是从个人项目发起，然后形成共同体，进而注册法律实体，更大的往往还会成立非营利性的基金会。由公司发起的项目，往往也走的是类似的路径。也就是说，迄今为止，我们还没有看到哪个开源项目是由政府所主导的，下面举个例子。

Linux 基金会在 2020 年 7 月发布了《了解开源科技和美国出口管制》白皮书，旨在说明开源软件和美国出口管制的不相干关系。我们可以从 Linux 基金会执行总监吉姆 · 策姆林的一次分享中获得明确的信息：

我再次和所有人申明：开源是作为公共物品供来自任何时区的所有人可以自由地获得的，无论政治和经济如何变化，都不会改变这一点，而且 Linux 基金会会确保这一点。

也就是说，全世界的任何人都可以使用、修改、再分发 Linux 等开源项目，没有任何人能够阻拦这件事，包括美国政府。

无独有偶，和 Linux 基金会保持同样立场的还有 Apache 软件基金会发表的出口声明。

基于互联网的产出

开源项目基于互联网进行协作和生产，也基于互联网分发，它彻底颠覆和改变了我们关于获得一件物品的认知。这一属性也决定了，只要是接入了互联网这个全球的新型虚拟数字空间，获得开源软件及其源代码就是作为一名网民的天然权利。如果你无法通过互联网获得某款开源项目，那么可以通过传统的邮递的方式来进行索取！如果你实在无法获得，那一定是哪里出了什么问题。

我们使用开源软件和获得源代码是自由和开源软件赋予我们的权利，除非有一些人或机构剥夺了我们的这些权利，否则我们就会一直心安理得地享有它们。如果有能力和力气的话，这些权利也是值得我们去捍卫的。

开源项目是否应该由政府来运营和维护？

这是一个悬置了很久的问题，至今没有明确的答案，犹如互联网的边界问题一样，互联网的规制边界在哪里？或者说互联网的法律的建立和执行应该由谁来负责？人类社会固有的规则还没有从正在形成的虚拟世界中“回过神来”。互联网和开源世界的发展如此迅速，以至于传统意义上的人类社会并没有完全反应过来。

请允许向导在这里卖个关子，因为创作的关系，本书——《开源之迷》是讲述开源所呈现给大家的现象的，而不是说明原因的，所以这个问题的回答和产生的缘由，还是要放在本系列的最后一部：《开源之思》当中。

数据资产：现代社会的“石油”

人类行为的思考：从记录开始

文字的发明是人类进化的关键步骤，堪称伟大的变革。因为有了文字，人类对世界的认知就可以被记录下来，后人就可以根据这些记录继续探索。随着人类社会的发展，记录的东西越来越多，于是人们不断地进行技术的变革，从洞穴的石壁，到竹简，到纸张，再到磁盘、闪盘。

互联网每天会产生多少数据?

据著名网站 Visual Capitalist 统计，2020 年平均每天产生的数据量如图 12.9 所示。

图 12.9 中最为明显的一个数据就是，在互联网上的人口已经占据了全球人口的 59%，高达 45.7 亿，这里所列出的数据已经是天文数字了，据估计这些数据高达 44 ZB（10^{21} B）。

具体到每个网民，以现代互联网人类的入口——搜索引擎为例，人们的每一次搜索都可以被记录，也已经被记录（可能大多数是无意识的，因为这个过程是不需要付费的，记录的是自己的个人信息，如位置 +IP 地址 + 浏览器等）。以互联网巨头 Google 为例，其在 2020 年的记录是 50 亿次。

这不过是环绕着人类的庞大数据的一小部分罢了。我们还可以对每个人每天的生活和行为进行记录：

- 购买早餐的付款信息；
- 乘坐公共交通的购票信息；

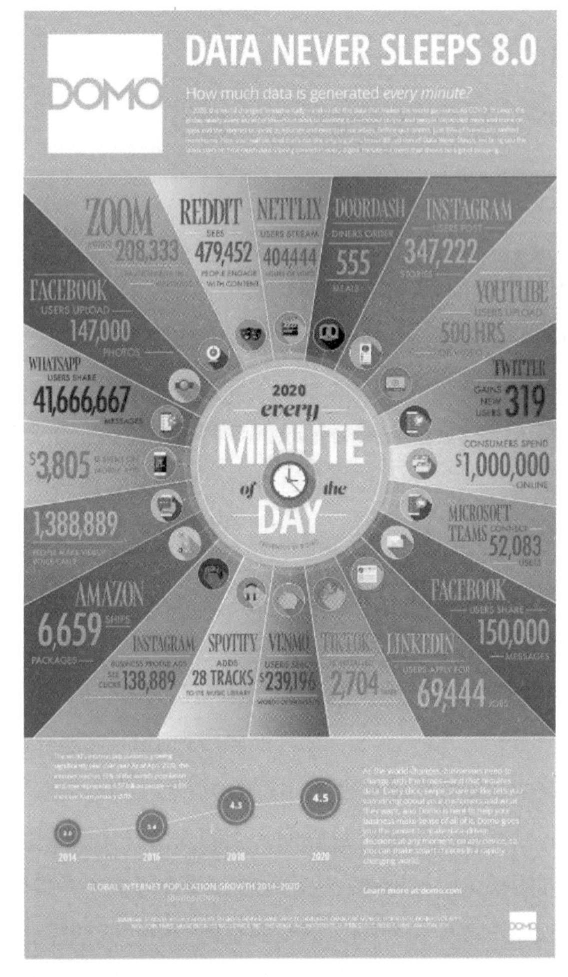

图 12.9　2020 年平均每天产生的数据量

- 和朋友去餐厅的信息；
- 去网上商店购买日用品的轨迹和信息；
- 共享单车的轨迹和交易记录；
- 拍照之后上传到云存储的信息；
- 晚饭之后和家人观看在线影院的信息和浏览记录；

- 步行路过的每一个有监控的街角。

也就是说，现代人的几乎所有行为都能被记录，而这些记录经过日积月累，在人口众多的国家和城市，都是天文数字。

那么问题来了，这些数据归谁所有？会被用来做什么？

数据资本——精准进化

分析数据可以帮助人们做决策，政府可以利用数据更好地为人民服务，商业公司可以分析数据以在下一个季度获得更多利润，甚至引导客户的消费。介绍到这里，聪明的读者一定已经明白向导想要表达的意思了，那就是这些海量的数据中拥有着巨大的商机。谁拥有了数据，谁就知道客户下一步的行动。Amazon 每天可以将你购物车中商品波动十几次的价格显示出来，是否购买取决于你对商品的迫切需要程度；你在社交媒体上发布的照片和生活状态，可以被商家解读后向你精准地投放相应的广告；高德地图知道你去过哪里，并可以准确地判断出你的下一站是公司还是家……

人工智能的训练主要基于这些海量的数据，和人本身的学习一样：人类通过观察、实践、反馈而掌握必要的知识和技能，而计算机也要通过海量的信息，进行对知识的精准把握，然后做出最优化的方案。

数字化会进一步加快数据的产生

数据采集、存储、处理和分析的重要性对于人类是不言而喻的，这是一个数据的时代。而且随着人类在这方面尝到了甜头，人们还要进一步加快这个步伐。

2020 年 9 月 21 日国务院国有资产监督管理委员会（简称国资委）发布文件《关于加快推进国有企业数字化转型工作的通知》，文中明确说明国有企业将在未来重点发展数字经济。这在某种程度上说明了数字化对于未来是多么重要。

而数字化的前提就是采集、处理、存储、分析数据，也就是说，有数据是数字化的第一步，这也是数据被称为"当代石油"的原因。

数据和开源

数字化之后的数据需要存储在相应的介质中，而且能够被计算机所识别和处理，这就进一步区分出了所谓结构化数据和非结构化数据。前者是计算机信息系统几十年发展的一个主要方向，即信息管理系统和关系型数据库所处理的数据，后者则是近年来随着文档和多媒体而崛起的非关系型数据库擅长的领域。当然，随着数据的更加多样和更加细化，产生了更多的技术来高效处理不同形式的数据。

于是数据产生了一个重要的分支，犹如文字本身和书籍一样，分为了采集、处理、存储、分析数据的程序（源代码）和数据本身。这两个需要区别对待。进行数据处理的程序具有一定的共有特性，也就是说，不同的公司和组织机构所采集到的数据是不同的，而采集、处理、存储、分析数据的程序虽然运行在不同的数据中心，但是原理是一致的。

从社会和市场的角度出发，这些程序就必然会出现开源这一强大的分支。就大数据这个领域而言，开源项目也是顺势占有了更多市场，即被更多人使用。以开源项目为核心的大数据相关上下游技术栈，已经是当下企业解决问题的主流方式。来自 Datafloq 网站的统计，将大数据所涉及的技术栈划分为 17 个类，将开源项目集中起来分类展示，如表 12.1 所示。

表 12.1 技术栈及对应的开源项目

技术栈	开源项目
数据库和数据仓库	Apache Cassandra、Apache HBase、Apache Hive、MariaDB、SQLite、TiDB
内存计算	Apache Gora、Terracotta
数据分析平台	Apache Hadoop、Apache Spark、Apache Storm、Apache Drill、Dremel

续表

技术栈	开源项目
商业智能	Talend、Jaspersoft
数据挖掘	Apache Mahout、KNIME、RapidMiner
大数据搜索	Apache Lucene、Apache Solr、Elasticsearch
键 - 值存储	Redis、TiKV
文档存储	MongoDB、Couchbase、Apache CouchDB
图数据库	Neo4j、InfiniteGraph
运营数据库	VoltDB、NuoDB
社交	Apache Kafka
对象数据库	db4o、Zope
多模型数据库	AranoDB
XML 数据库	Exist-db、Qizx
程序语言	R、Julia
数据聚合	Apache Sqoop、Apache Flume、Apache Chukwa
多维数据库	SciDB、FIS、Rasdaman

限于篇幅，向导就不对每个开源项目进行介绍和描述了，有兴趣的读者可以顺藤摸瓜，继续探索。

数据的存储和处理，尤其是以机器学习、深度学习为代表的人工智能技术，均是以开源的方式来运营的，如 TensorFlow、PyTorch 等。数字化转型时代的到来，不仅是人为产生数据，伴随着物联网的崛起，传感器和终端所产生的数据将超越人类，因为机器要自动化、智能化。所有的这一切都超越了人类本身凭直觉进行处理的能力，这时最佳的选择就是开放源代码。

聪明的读者，你是否认为收集数据的机构，应该将处理数据的软件开源？如果认为是的，欢迎将你的理由告知向导。

开源的新势力：开放数据

像社会中的其他问题一样，当一个新事物影响到了每个人的生活的时候，就会有相应的组织开始介入，那么被这些组织所采集的数据是否会向全社会公开，以应了那句“取之于民，用之于民”？商业公司对所收集的个人数据是否有权随意处理？

在这些问题的推动下，一个被称为开放数据（open data）的运动悄然开始了。

开放数据指的是一种经过挑选与许可的资料。这种资料不受著作权、专利权，以及其他管理机制的限制，可以开放给社会公众，任何人都可以自由出版和使用，不会加以限制。

随着数字化时代的到来，数据的采集、处理、存储、分析关系到整个社会，也和我们每一个民众脱离不了干系。在数字化转型的关键时期，如何尽可能地利用开源，是所有人都该关心的问题。

当然，这个过程不可能一蹴而就，互联网巨头是不会轻易放弃自己的主导地位的，但是抵抗垄断是推动历史发展的一股力量，FANG（Facebook、Amazon、Netflix、Google 的合称）已经被专家和学者们注意到了，基于大数据和人工智能的分析，会让他们处于绝对的主导地位，那么接下来该怎么办？政府如何加强监管，防止数据滥用，是摆在大家面前的一个迫在眉睫的问题。毫无疑问，开放数据集或者共享数据是一个解决的途径。

机遇：数字化世界的新基建

向导的话

本节向导不打算聊开源，而是谈谈正在被热议的“新基建”，下一节我们再聊它和开源的关系。

截至2020年底，我国高速铁路运营里程达3.79万千米，较2015年末的1.98万千米，相当于在“十三五”期间翻了近一番，稳居世界第一。数以亿计的中国人搭乘高铁，飞驰在全面建成小康社会的大路上。

铁路只是中国众多基础设施建设的一部分，除了铁路，还有机场、高速公路、桥梁，以及公共建筑，它们是最具中国特色的工程，展现了中国人民勤劳奋斗的一面。而所有这些基础设施，都是人们走向现代化的必要条件。

然而，光有这些还不够，它们在某种程度上仅仅是对工业化时代的完善措施，而后工业化时代、数字世界的新基础设施仍然需要继续建设。

数字化时代的基础设施

“我们塑造了建筑，而建筑反过来也影响着我们。”丘吉尔的这句脍炙人口的话也同样适用于由人类打造的数字空间。伴随着支付和交易的变化，首先出现的是现金的数字化，然后人们的社交极度依赖数字工具，甚至连生活和记忆也完全驻扎到了数字空间，比如使用拍照记录自己的生活。现代人从早上一睁眼开始，从接收到天气信息，以及朋友的留言、工作同事的协作进度，统统都是利用了互联网、万维网、移动设备、智能语音助手来完成的，更多的如出门导航、了解交通信息、和朋友聊天、预订晚餐等，乃至更多的购物、学习等活动几乎全部是在数字空间中完成的。

作为高等生物，人类可以快速了解和掌握那些有形的设施，如公路、桥梁、电力设施、广场等。人类自己利用符号、信号、协议所构筑的全新的意义空间，也正在成为现代人不可或缺的生活背景。这些抽象的符号、信号、协议就是数字空间的基础设施，具体地说就是软件，准确点说就是上一节介绍的技术栈中更为底层的内容，如操作系统、数据库、编程语言等。

数字空间的基础设施就是这些底层的软件，是它们支持起人们赖以生存的整个网络：比如以 Linux 为代表的开源操作系统，以 MySQL 为代表的关系型数据库，以 Git 为代表的版本控制系统（现代软件工程主要的协作工具）……

但是，这还远远不够，数字化时代以加速状态发展，这些技术很快又成为人们进行创新的背景知识，人们正在基于这些知识进行进一步的创新。崛起中的中国，正在利用开源与世界同步。

新基建

新型基础设施建设是基础设施建设的一个相对概念，可以简称为“新基建”。区别于传统意义上的基础设施，新型基础设施更多体现在数字化、信息化方面，即全面的数字化转型，其中比较具有代表性的内容包括以下几个。

1. 物联网

物联网即“万物相连的互联网”，是在互联网基础上延伸和扩展而成的网络。它将各种信息传感设备与网络结合起来，实现在任何时间、任何地点，人、机、物的互联互通。

随着 IPv6 的成熟，越来越多的设备可接入互联网，从而进一步扩大了大数据、人工智能的应用范围，人类彻底进入智能时代：智能家居、智能交通、智能生产、智能运输、智能仓储……

2. 人工智能

自从 AlphaGo 战胜围棋世界冠军，职业九段棋手李世石（2016 年 3 月）和柯洁（2017 年 5 月），横扫了整个围棋界之后，以深度学习为中心的人工智能便红遍了全球。

由于人工智能作为科学研究的对象涉及范围极广：自然语言处理，智能搜索，推理，规划，机器学习，知识获取，组合调度问题，感知问题，模式识别，不精确和不确定性管理，人工生命，神经网络，复杂系统，遗传算法……所以，其应用范围也极其广泛：机器视觉，指纹识别，人脸识别，视网膜识别，虹膜识别，掌纹识别，专家系统，自动规划，智能搜索，定理证明，博弈，自动程序设计，智能控制，机器人学，语言和图像理解，遗传编程等。

3. 云计算

云计算发展到今天已经有十几年的历史了，其技术架构也一直在演变，如图 12.10 所示。

从虚拟化到云原生

•云原生计算使用开源软件栈：
- 根据微服务将应用进行细分
- 将每一部分打包放入对应的容器
- 动态统筹管理容器，实现资源利用最大化

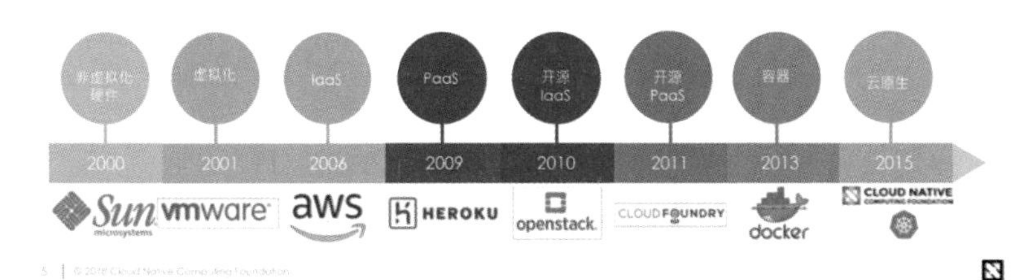

图 12.10　云计算技术架构的演变（图片来源：CNCF 项目演示）

而这个技术架构的演变，也是从专有闭源到开源的演化过程。作为计算和存储的基础设施实现，云计算正在成为国家建设的重点，在2021年初还被写入国家“十四五”规划。

4．区块链

作为一种全民参与的记账方式，区块链在现实社会中有着广泛的应用：从金融科技、健康管理，到追踪溯源、产权管理等，这些人类赖以生存的模式中引进了全新的体系，可以说是重新定义了生产关系。

作为国家重点推动的一项科技“新宠”，区块链在过去几年获得了长足的发展，在多个行业都有所应用和发展。

5．算力基础设施

芯片是计算机时代的核心，这一点是众所周知的。以上所有的实现，都需要有芯片来支撑。

缺少这样的关键，构建现代数字世界无异于痴人说梦。

未来：开源作为新基建的一种有效模式

我们再将目光移向开源世界，或者说当下和“新基建”有关的开源项目的发展情况。开源作为有效的生产方式，正在获得全新领域的青睐，接下来，向导就对上一节提及的“新基建”所涉及的重要领域中，以开源作为生产方式的主要项目做一番介绍和探索。

开源作为新的协作方式

开源发展到今天，其关于道德、意识形态的部分正在被人们渐渐淡忘，而更多的是一种基于互联网和版本控制系统的协作方式，不过事实上也确实如此：社会在进一步分工，系统在进一步加速，基于地域的办公正在成为发展的瓶颈。

正如我们在本章前面几节所极力要说明的主题：开源是现代世界的基础设施的主要实现形式，而这已经是所有人不得不面对的问题。生活中的你，无论是否直接参与了某个活动，开源软件都在帮助你完成这个活动，从出行到购物，再到日常工作和饮食，所有的这一切得益于人类最伟大的属性之一：合作，体现着“互惠互利”“相互依存”“共生共在”的全新合作方式。

“新基建”中开源占据主流的情况

1. 人工智能：积极拥抱开源的新兴产业

人工智能是近几年炙手可热的领域，它不仅是各大互联网巨头竞争的内容，也是青睐开源的重要领域，几乎很难找到不开源的人工智能项目。我们就以 Linux 基金会著名开源研究员易卜拉欣 · 哈达德（Ibrahim

Haddad）博士在 2019 年发表的研究著作《开源 AI：项目、洞察和趋势》（*Open Source AI: Projects, Insights, and Trends*）为参考，简单介绍一下目前颇受欢迎和流行度较高的开源人工智能框架，如表 12.2 所示。

表 12.2 开源人工智能框架

项目名称	描述	发起公司	开源协议
TensorFlow	TensorFlow 是一个采用数据流图的，用于数值计算的开源软件库	Google	Apache v2.0
CNTK	CNTK是一个统一的计算网络框架，它将深层神经网络描述为一系列采用有向图的计算步骤	微软	MIT
PyTorch	PyTorch 是 Torch 的 Python 版本，是由 Facebook 开源的神经网络框架，专门针对使用 GPU 加速的深度神经网络（DNN）的编程	Facebook	BSD 3-Clause
Apache MXNet	MXNet 不仅仅是一个深度学习项目，它还是用于构建深度学习系统的蓝图和指南的集合，以及针对黑客的 DL 系统的有趣见解	Amazon	Apache v2.0
Milvus	用于大规模特征向量的相似性搜索引擎	Zilliz	Apache v2.0

此外，还有非常多的人工智能项目，限于篇幅向导就不再浪费纸张了，有兴趣的读者可以自行利用互联网搜索引擎进行搜索。这里总结一下人工智能项目的几点特征：

- 人工智能项目绝大多数选择以开源的方式开发；
- GitHub 是主要的开发平台；
- 人工智能目前大多数仍然是学术圈的议题，而开放是学术圈的主要属性；
- 当下的人工智能需要大量的训练，而开源是最佳选择。

2. 区块链：天生开源

区块链诞生于中本聪发表的论文：《比特币：一种点对点的电子现金系统》。随后，他以开源的方式开发了比特币，区块链随之风靡全球，并衍生出很多项目来，如以太坊、超级账本（Hyperledge）等实现。

无论怎样的实现，应用于哪些行业，所有主流的区块链实现均是以开放源代码的方式发展的。这不仅由于其去中心化的特性，也由于其点对点的天性。区块链和开源是天然无法分离的，读者不妨想一想开源和互联网的关系，区块链没有开源，显然就失去了最根本的特性：透明。

比特币不仅是区块链的实现和发明，而且在开源上也起到了非常好的带头作用，这一点也影响了后来所有的技术实现，也就是说，已经有了这么好的实现，不开源的话基本没有任何的竞争力。

3. 云计算：云原生项目

云原生项目真正应验了现在人们常常挂在嘴边的那句话：“开源正在吞噬云原生。”

我们仅仅关注云原生计算基金会（CNCF）中的项目，就足以看出围绕云原生所产生的开源项目了。表 12.3 简要地为读者展现了一下这些超级开源项目。

表 12.3　云原生开源项目

项目名称	概要介绍	所属景观（landscape）范畴
Kubernetes	常被称为 K8S，用于自动化部署，扩展和管理容器化应用程序	编排（orchestration）
Containerd	容器运行时实现，具备业界标准，聚焦于简化、健壮和可移植特性	运行时
etcd	分布式，可靠的键 - 值存储，可用于分布式系统中最关键的数据存储	键 - 值存储

续表

项目名称	概要介绍	所属景观（landscape）范畴
Harbor	通过策略和基于角色的访问控制实现 Artifacts 的安全	注册表（registry）
Helm	用于 Kubernetes 的包管理器	包管理
Argo	围绕 Kubernetes 的原生工作流、事件，以及持续集成和持续部署的系统	持续集成和持续部署
KubeEdge	用于将容器化应用程序编排功能扩展到 Edge 的主机。它基于 Kubernetes 构建，并为网络应用程序提供基础架构支持。其云和边缘之间的部署与元数据同步	边缘计算

云原生已经深深扎根于开源，已经构成完整的全景观项目，基于此的发行版，如 OpenShift 等系统也是全部开源的。

4．数据中心：开放计算项目

当 PC 服务器打败大型机成为互联网泡沫的大赢家之后，互联网厂商就想摆脱硬件制造商的遏制，因为硬件不仅成本太高，而且响应迟缓，像 Google 这样创新和设计能力顶尖的公司一直都在这方面进行着努力，并很早就开始设计自己的数据中心、机架、电源等，按照 Google 的习惯，也会发布诸如“PC 服务器的高效电源”之类的论文。2011 年，Facebook 将自身的硬件相关的设计对外公开，并联合 Intel 和 Rackspace 成立了非营利 501（c）（6）基金会，即开放计算项目（OCP）。

到目前为止，已经有很多大厂成为该基金会的成员单位，其中包括 Facebook、IBM、Intel、Nokia、Google、微软、Seagate Technology、Dell、Rackspace、Cisco、Goldman Sachs、Fidelity、联想和阿里巴巴。Facebook 日前声称，该公司新建的数据中心已经全部采用 OCP 的技术了。可见的基础设施，是所有软件的基础，所以 OCP 有着重大的意义。本土的计算机硬件设备制造商也在积极参与该项目。

5. 算力核心：RSIC-V

处理器是否开源也是非常关键的，它是计算的核心。在历史上，芯片制造商是信息技术产业发展的支柱，也诞生了 Intel、NVIDIA、高通这样富甲一方的芯片厂商，芯片也是高科技产业的核心。PC 时代的 x86 架构作为主导，占据了计算机市场和教育的主流地位。随着移动时代和人工智能时代的到来，ARM 和 RISC-V 也终于有了出头的机会。

2010 年，加州大学伯克利分校的大卫 · 帕特森（David Patterson）教授与 Krste Asanovic 教授研究团队正在准备启动一个新项目，需要选择一种处理器指令集。他们分析了 ARM、MIPS、SPARC、x86 等多个指令集，发现它们不仅设计越来越复杂，而且还存在知识产权问题。于是伯克利分校的研究团队临时组建了一个四人小组，开展一个为期 3 个月的暑期小项目——从零开始设计一套全新的指令集！这个小项目的目标是设计新指令集能满足从微控制器到超级计算机等各种尺寸的处理器，能支持从 FPGA 到 ASIC 到未来器件等各种实现，能高效地实现各种微结构，能支持大量的定制与加速功能，能和现有软件栈与编程语言很好地适配，还有最重要的一点，就是要稳定——不会改变，不会消失。

一套全新的开放指令集 RISC- V 诞生了——全世界任何公司、大学、研究机构与个人都可以开发兼容 RISC-V 指令集的处理器，都可以融入基于 RISC-V 构建的软硬件生态系统，而不需要为指令集付一分钱。伯克利分校研究团队对 RISC-V 寄予厚望，希望它能被应用到各种场合，从微控制器到超级计算机；也希望它能像 Linux 一样通过开源成为全世界操作系统的事实标准之一，最终成为全世界处理器指令集的事实标准，为下一个 50 年计算机系统的设计与创新做出奠基性贡献。

RISC-V 除了技术上的开源之外，在运营方面也采用了目前开源项目的主流做法：成立非营利的第三方中立组织，RISC-V 基金会（RISC-V Foundation）。该组织负责 RISC-V 指令集架构及其软硬件生态的标准化、保护和推广。RISC-V 基金会的会员可以参与 RISC-V 指令集规范以及相关软硬件生态的开发，并决定 RISC-V 未来的推广方向。

RISC-V 不仅在国际领域广受关注，在中国也呈现风起云涌之势。截至 2018 年底，我们可查询到的与 RISC-V 芯片、硬件、软件、投资、知识产权及生态相关的中国公司（含外资公司中国分公司）的数量已接近 100 家，看官可以查阅由 Open-ISA 发布的报告，其中包含阿里巴巴、百度、中科创达等公司。

就在 2019 年 3 月 11 日，Linux 基金会成立了芯片联盟的组织，旨在发展 RISC-V，使其满足新时代的要求。另外，在 2020 年 3 月，RISC-V 基金会将其总部从美国迁移到了瑞士，这个信号对于中国是一个利好消息，正如其执行官 Calista Redmond 所言："由于从技术社区领袖那里了解到基金会在开放合作、知识产权相关领域存在潜在政治风险，基于持续保证对开源技术和软件的支持以及规避可能带来的政治风险等诸多因素的综合考量，决定将基金会总部搬迁到瑞士。"

芯片是数字世界的基石，前面提及的所有，没有芯片的支持，都是空谈，而开源的 RISC-V 无疑是全球协作的福音和最佳机会。

"新基建"利用全球智慧的契机

新近爆发的新冠肺炎疫情，对于全球人类都是一次重大的考验和威胁，同时也给我们敲响了警钟：我们人类仍然是卑微的、渺小的、脆弱的。

除了让人猝不及防的病毒，人类面临的问题还有气候变暖、环境恶化、能源危机等，而对于这些情况，我们有一个不错的选择，那就是保

持开放、通力协作、共同面对，而实现这样的目标，开源的哲学和方法论无疑是不二之选。

开源是世界性的。“新基建”的伟大目标，除了使用已有的全球公共产品之外，还有能够积极融入世界，将现有的项目活学活用，不断强化自身在项目中的影响力和贡献，这些恰是“新基建”实现的最佳途径。

千万不要把开源当作某个具体的技术实现。开源是软件开发生产中的一种基于全球互联网的协作文化，可以应用于任何复杂的软件项目。

本书截稿之时，开源已经被写入国家“十四五”规划，相信这样先进的人类文化，在本土也会得到最大的发扬，让我们的明天变得更加美好。

中国曾经遗忘过世界，但世界却并未因此而遗忘中国。

——《经典名丛——海外中国研究丛书》

（江苏人民出版社，刘东主编）

在前面一章，向导强行将读者拉回到了现实世界，试图和读者讲清楚我们生活和工作中所依赖的信息技术都有哪些是开源所支撑的，让读者有一个切身的体会，以及获得慧眼识别软件的能力。

接下来，我们继续从现实出发。中国作为一个独立的民族，一个拥有 14 亿人口的超级大国，在实施改革开放后 40 年里取得了举世瞩目的成绩。在互联网信息这波浪潮中，本土的开发者、软件消费者、基于软件提供服务的商家，对于开源的参与、利用和投机是怎么样的？又有何迷人之处，值得向导去谈论呢？

请继续跟随向导的指引，我们一同了解一下现状。

“中国是世界的一部分。”这貌似是一个简单的判断句，但是想要真正理解这句话却没有那么容易。拥抱开源须以世界的视野切入，这意味着做一个开源项目，从第一天起，就要基于整个互联网进行思考，而不是在某个地域的。

自由 / 开源软件发展的 40 年，也是中国实施改革开放的 40 年，二者几乎是同步进行的，当然这个过程也伴随着全球化的进程，以及全球供应链的形成。中国作为世界工厂，突飞猛进，一路披荆斩棘，成为全球第二大经济体。

回到开源这个领域的话，本土的贡献度和影响力就显得有些不足了。虽然我们有着巨大的开源相关软件的使用和下载量，但是并没有在上游有所作为，不仅在各大开源项目中几乎看不到中国的身影，我们的创新能力也是严重不足。换句话说，在开源领域，中国的索取者要远远多于贡献者。

由上述内容我们不禁想到了一个显而易见的结论，那就是本土的开源并没有随着整体的开源而崛起，无论是哪个年代。

- 1982 ~ 1993 年：自由软件，GNU 的时代；
- 1994 ~ 2002 年：开源和 Linux、Apache 的崛起；

- 2003 ~ 2010 年：大数据、云计算时代；
- 2011 年到现在：开源逐渐占据主流。

开源在本土的发展轨迹和上述时间线是完全不一样的。如果你细心观察过的话，开源项目开发者、商业公司、开源共同体……他（或它）们仅仅是在本土出现过，然后没过多久就消失了。可能在每个时刻我们都会看到有年轻面孔出现，但这不是什么代际更新，而是无数的浪费，这并不是一个健康的发展轨迹该有的路线，这也意味着相当多的隐性知识并没有被传承下来。

不可或缺：开源世界的中国元素

向导的话

至此，向导带着大家，也就是读者你们，已经完成了对开源世界的一场深度游。在行将结束的时候，向导打算结合现实世界，为大家呈现一下本土的人们在开源世界的活动痕迹，或者这可以描述为让我们去开源世界的角落里游荡一番。

我们很难从一些经典的讲解信息技术和技术史的相关书籍中找到所谓中国元素。

难以从代码中识别的民族性

软件的代码源自英语，也就是说，现代的软件生产，使用的语言是基于英语和特定的语法而成。当我说着和书写着汉语的时候，我感到无比自豪，可是计算机不能识别我们的语言。

幸亏人类还发明了签名和记账这种高级的方式，也就是撰写代码的人，当将代码提交到版本控制系统，如 Git 的时候，是可以签上自己的姓名和电子邮箱地址的。当提交到 GitHub 这样的公共服务的时候，还会加上 PGP（Pretty Good Privacy，优良保密协议）、SSH（Secure Shell，安全外壳协议）公钥等。很明显，这个签名的自然人，是有国籍的。

由于互联网在 IP 地址和域名方面还是接受管理的，所以代码是从哪里发出的，是可以根据当时提交的主机所接入的网络识别出来地域的。

基于以上的技术分析，那么我们如何判断一款软件是否是国产的呢？

商人们还是很懂得大众的心理的，他们使用品牌包装这个历史悠久的办法，通过注册的法律实体，然后起一个紧贴本土文化的名称，再将二进制代码模式的软件包装进光盘或 U 盘，设计一些视觉效果符号等，于是这款软件就有了民族性。但是，这并不能代表这款软件的源头，也就是代码，具有民族性，它仍然有可能是属于世界的公共产品，是来自自由 / 开源世界的劳动成果。这需要一个识别的过程。

I18N 与 L10N，汉语从未缺席

I18N 来自英文单词 internationalization（国际化），这个单词由首字母 i 加中间 18 个字母再加尾字母 n 组成，所以缩写为 I18N，同理，L10N 是 localization（本地化）的缩写。

大家耳熟能详的 K8S，即著名开源项目 Kubernetes 的缩写。这是非常有意思的仅限于计算机软件行业的缩写法。

计算机是需要人机交互的，基于英文写就的软件，从早期的 UNIX 到 DOS，再到 BSD 和 GNU/Linux，本地化 / 汉化始终是本土开发者努力的方向。在统一码发明之前，我国的计算机专家们一直在努力编写 GB18030—2015 等编码标准。

就 Linux 来说，早期的本土发行版会争执是直接在内核就开始汉化，还是在应用程序再汉化，比如中科红旗最初的版本就是基于内核汉化的。当然，由于我们自身无法延续上游的能力，所有的工作都付之东流。

自从统一码大行其道以后，各大 Linux 发行版都会有汉语的存在，通常流行的项目都会有中文出现，桌面系统如 GNOME 更是会在第一时间发布中文语言包。

要知道，这也是对开源的卓越贡献，是不可忽略的贡献，但大部分也止步于此，文档的汉化工作还有待商榷。

开源城市里的掠影

在开源世界的城市里，我们还是可以经常看到汉语的影子的，比如在 GitHub 里，每时每刻都有汉语的表达，曾经有一个项目叫 996.icu，霸榜好几周，甚至在社交媒体上还引发了热议，并成功引起 Python 创始人吉多·范罗苏姆（Guido van Rossum）的注意和支持。当然，也有一个人将自己在杭州的购房经历写成了文档放在这里，也获得了非常之多的关注。

除了在代码托管平台这样的地方可以经常看到中国的元素，我们可能还要费一番功夫，在共同体、基金会、公司，以及重量级的年度会议上继续寻找一番。

当然，也有一些具有国际化视野的开源有识之士，从进入开源世界的第一天起就直接讲英文，和那些已经有悠久历史的项目一样，然后再走 I18N 的路线，README、项目文档、博客、社交媒体等第一语言清一色为英文。这样的项目，外人如果对背后的创始人和骨干团队不熟悉的话，是很难在开源世界里找到国籍的蛛丝马迹的，反而需要通过现实的网络来进行印证。这个时候大多需要阅读一些本地媒体的报道，因为这些人也会将发表过的英文公关文翻译为汉语再在本地发表。

除代码托管平台外，我们也会在开源软件非营利基金会中看到中国元素。Apache 软件基金会尽管在讨论时不会特别指出某个项目的主要成员来自哪个地区或国家，但是现在有很多由本土开发者发起的项目被捐赠给了 Apache 软件基金会，如 Apache SkyWalking、Apache IotDB 等。而也有以公司名义捐赠给 Linux 基金会、Open Infrastructure 基金会的项目，如腾讯的 TARS、Kata Container 等。

最大的开源使用地区

当提起 Apache 软件基金会（Apache Software Foundation，

ASF）项目时，国内大多数程序员都不会陌生。ASF 2019 年度报告中披露了 ASF 软件在全球各国家的下载量排名，其中来自中国地区的下载量遥遥领先于世界上所有其他地区，这也就意味着作为世界上排名第二的经济体，中国对 ASF 旗下的开源项目的消费是惊人的。

然而，这个看起来脱颖而出的数据背后，却暴露出几个可能让大家颇为惊讶的本土的现状。

（1）ASF 拥有 7000 多个代码贡献者，然而为 ASF 项目提交贡献的本土工程师仅千人规模，不足 1/7。

（2）ASF 项目约 350 个，然而由本土发起的 ASF 项目仅 19 个，已成为顶级项目的比例更是不足 5%。

（3）ASF 孵化器拥有导师 200 多个，然而活跃的中国导师不超过 5 个。

（4）ASF 每年在美国、欧洲等地举办 ApacheCon，然而迄今为止，ASF 尚未在中国举办过一次 ApacheCon。作为全球最大的开源消费国，中国有广泛的 ASF 群众基础，如何将这些开源项目用户发展转换成社区的贡献者、开发者甚至成为开源项目的发起者、维护者是一个值得深思的问题。

其他开源项目和共同体的情况，限于篇幅，向导就不为大家一一列出了，读者若愿意继续挖掘，可以到 Kernel、Kubernetes、Python、Ubuntu 等项目中查询相关情况。

与世界的差距：过去的我们是如何错过开源的机会的

从 1993 年的那些软盘说起

在本土的坊间流传甚广的一个故事，便是目前任职北京凝思科技有限公司的董事长宫敏博士在 1993 年做的一件事情：在没有互联网的情况下，留学芬兰的宫敏博士，使用麻袋将软盘背了回来。

从此，自由软件便算是进入了中国。不过，这件事情同时也奠定了未来本土 20 年对待自由 / 开源软件的基调：仅仅是复刻一个版本，而并没有将自由 / 开源软件的工程和方法论引进来，也没有参与到自由软件基金会（FSF）和 GNU 工程中，当然也包括 Linux Kernel、Perl 编程语言、Python 编程语言等。这也就是本章的主要观点，过去的 20 多年，本土对待开源的做法，没有抓住事情的本质，而是去捕捉不断变化的表象。就在作为亚文化的自由 / 开源软件运动逐渐被主流认可的时候，本土的开发者、企业、研究机构，面对一代代的技术迭代，宛若狗熊掰棒子，掰完一代又遇见新的一代，便抛弃了上一代，这样一直下去，最后的结局注定是两手空空。

迅速地接受开源技术成果

列维 – 斯特劳斯在其经典作品《忧郁的热带》中，对南美洲原住民乘坐飞机的场景有着非常生动的描写：

在南美洲的边远地区，文明的发展曾跳跃省略好几个阶段，飞机很快就被当地人拿来作为地域性的公车加以使用。那里的人以前得花好几

天时间，或乘马或走山路才能抵达市集地点，公路并不存在。现在他们搭飞机只要花几分钟时间就能把母鸡和鸭子搬运自如。乘客常常被迫蹲在家畜中间，整座小飞机挤满了赤脚的农民、动物以及其他太重或太大而不方便在森林山路上面搬运的行李和货物。

中国在20世纪90年代，就软件业或者网络本身的情况来看，和上述南美洲的情况其实没有什么区别，无须经过什么孕育、创造和诞生的过程，现成的东西直接拿来使用即可，于是人们产生了一下子就和世界保持了同步的幻象。那个时候诞生了中国的第一批程序员，也诞生了相关的研究机构和商业公司：

- 2000年3月7日，在深圳成立仅半年的蓝点软件技术有限公司登陆美国股市，上市当天股价上涨超过400%，市值超过4亿美元；
- 2000年6月，北京中科红旗软件技术有限公司成立；
- 中国软件行业协会自由软件研究应用发展分会1997年6月17日在北京成立，同时建立了自由软件下载网站中容量最大、包含软件最全的中国自由软件库，域名为freesoft.cei.gov.cn；
- 北京共创开源软件有限公司2001年3月成立；
- 中国软件行业协会共创软件分会（也称为“共创软件联盟”）2000年2月在北京成立。

以开源项目为原型的畸形商业化之路

软件可以像图书、音像制品一样通过分发光盘等介质的形式实现商业化，但是软件也像它们一样在过去的20年里经受了没有经过授权的无限制复制和分发的泛滥之苦。

就观念而言，国民普遍没有形成为软件的功能付费的意识，而是在购买计算机时，被糟糕的零售商“包揽”安装了所有未经授权的软件。因此，他们当然对软件的商业化没有任何的观念可言了。

在售卖方式和商业模式上，本土的基于开源的商业公司并没有做任

何的创新，以向导曾经服务过的一家公司为例，其非常具有典型性：

- 从上游复刻代码；
- 封闭开发；
- 封装为二进制；
- 根据客户服务器硬件生成授权的加密程序。

这是微软、Oracle、VMware 等专有软件公司的典型做法，即通过技术手段实现一个副本只能在一台机器上运行，破解被视为非法。

显然这些公司并没有领会自由 / 开源软件的精髓，这等于说在商业上承认了私有软件的合理性，然而却从自由 / 开源世界汲取劳动成果，最为可怕的是这些公司需要和自己的客户解释自己是对所售软件拥有绝对的知识产权的，这也违背了自由 / 开源的许可协议。当然，也就更加不用提及这些公司对上游的参与和反馈了，正如向导在一篇总结性的文章中所见到的评论：毫无贡献。

如此别扭的一种模式是难以理顺的，所以，我们看到的是在过去 20 多年中一个个公司的倒下，以及隔三差五上演的闹剧。

共同体的失败构建与论坛的消失

在本土接入互联网之后，拥有了可视化的浏览器，基于视窗的操作系统 Windows 98 也渐渐走进了人们的视野，在此期间人们忽略了一个重要的网络载体：电子邮件。你不会看到类似 comps.unix，comps.linux 这样的大邮件列表和新闻组，这也就意味着，本土没有建立起来相关的技术共同体网络，本土的共同体是分散的、零星的。

尽管有一段时间，基于网页的论坛带起了一阵讨论的高潮，也诞生了诸如 chinaunix.net、javaeye 等基于讨论的、树形结构的网络，但是这种论坛并没有走入开源的核心——协作开发，而是在使用方面进行讨论，而且讨论也没有和上游形成良性的互动。

于是，现在回头看过去的 20 年，拥有本土身份的开源并没有形成任何有影响力的项目共同体，论坛在各种更为新鲜的交流形式和政策的双重挤压之下也消失于人们的视野。

FANG 与 BAT 的对比带给开源的启示

在互联网企业当中，中国向来以独具特色的本土后来者身份占据中国的大多数市场。美国的巨头 FANG（Facebook、Amazon、Netflix、Google 的合称）对应的是中国的 BAT（百度、阿里巴巴、腾讯的合称）。具体到产品，我们可能会得到如下一一对应的内容。

- 搜索引擎：Google vs 百度；
- 零售电商：Amazon vs 京东；
- 零售平台：eBay vs 淘宝；
- 社交媒体：Facebook vs 微信；
- 短信息：Twitter vs 微博；
- 视频：YouTube vs 优酷。

无可否认的是，互联网诞生于美国，这个国家占据着巨大的优势，对于此种情况，欧洲选择了妥协并加以监管，中国选择了对抗并竞争，而且加设了一道高高的防线。

那么和互联网服务有着千丝万缕的开源世界会受到什么影响呢？众所周知，整个互联网的基础设施是由开源的技术所构建的，那么项目能否分裂？共同体能否分裂？或者换句话说：失去上游的营养，本土的开源项目和共同体是否会像电商、社交媒体那样的内容平台一样能够站立起来？

对于这个问题，有的人认为应该继续拥抱上游，上游优先，同步起来更加重要；有的人认为要和其他互联网企业一样，将整个开源世界复制一份到中国的境内服务器，起码代码要复制一份，与 GitHub 类似的商业公司也要拥有上述互联网企业的格局成立一家本土的公司。当然，绝大多数人或公司是事不关己高高挂起的姿态，继续像过去一样使用开源的成果，不愿意考虑未来。

希望与悲观：当下的强劲表现和隐藏的危险

互联网的变化与格局

我们伟大的祖国，为了保护我们的利益，在互联网上构筑了防火长城，将很多互联网垄断企业和违法网站有效地阻挡在了外面。

但这同时也将很大一部分信息和入口阻挡在了外面，开源就是其中的一部分。随着时间的流逝，这种本土信息无法及时与世界同步的情况所造成的沟壑和裂痕，超过了大多数人的想象。

这就意味着很多开源世界的“城市”“重镇”无法直接访问：

- Wikipedia；
- Android；
- Go 语言的官方网站和程序库；
- Medium。

除此之外，网络的速度也是重大的问题，尤其是现代程序语言开发库的日益丰富——很大一部分库都在互联网上部署了仓库，以及云原生时代的容器镜像，这些都带来了极大的成本。

本来由于不同文化和语言的问题，和已有的上游项目沟通、参与上游项目已经有相当的难度，再加上这些技术原因，无异于雪上加霜，给新一代的开发者和工程师造成了进一步的障碍。随着时间的流逝，代际更新之后，他们参与的可能性越来越小。

正在形成的割裂世界

互联网野蛮生长的时代一去不复返了，也就是说，网络空间是被商业、政府、代码和社区规范等共同规制的结果，上述因素造就了它现在的样子。你在微信公众号发表的文章，使用其他搜索引擎是无法搜索到的；你在 GitHub 上的项目，在百度也是无法检索的；当然，你在 GitLab 提交的内容（commit），CSDN 也不会知晓。

除了这些商业公司的贪婪所造成的后果之外，在 TCP/IP 之外建立过滤和审查系统，也是很多国家正在做的事情，中国的系统显然是最为先进的一个。未来的结果我们无从得知，但是历史告诉我们，一味对抗只会加深沟壑。

是的，网络中到处都是孤岛和竖井，这和当年伯纳斯－李所设计的万维网相去甚远。普通用户似乎需要通过传统的法律手段去要求这些网站彼此之间提供可以相互访问的 API，使得它们尽可能接近万维网最初的设计，从而让我们能够节省时间，去做更多创新的事情。

那些积极拥抱上游的行为

当然，即使情况再糟糕，依然有人相信人性的美好，相信古老的自由 / 开源运动的初衷，并身体力行地尽最大可能消除已有的沟壑，将潜在的误会澄清。

积极参与到已有的上游项目和共同体中来，是最值得鼓励的行为。举例来说，在 Linux 基金会于 2020 年 8 月发布的 *Linux Kernel History Report 2020* 中，来自中国的商业公司开始有了不错的表现，如图 13.1 所示。

来自本土的开发者也积极地拥抱 Apache 之道，将项目捐赠给 Apache 软件基金会，站在世界的角度，发展自己的项目和构建共同体。截至向导撰写本书的时间，Apache 软件基金会中本土贡献的顶级项目已经达到 10 多个。

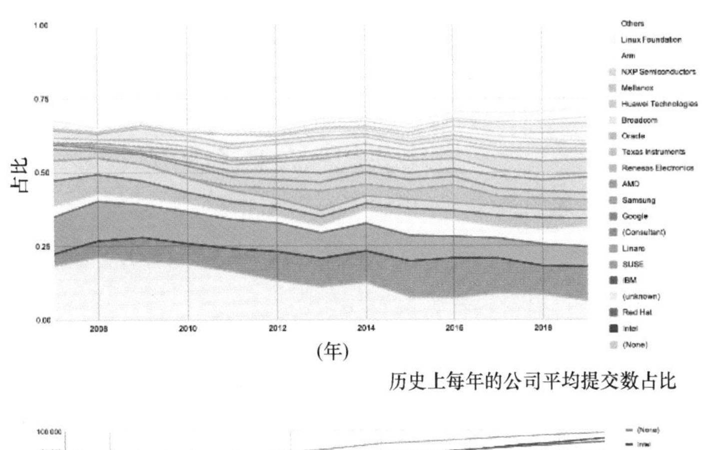

历史上每年的公司平均提交数占比

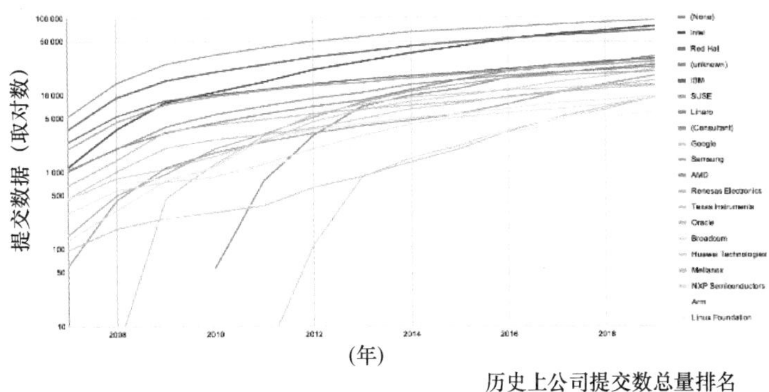

历史上公司提交数总量排名

图 13.1　各公司为 Linux Kernel 提交代码情况排名
（图片来自 *Linux Kernel History Report 2020*）

可怕的孤岛是否会形成？

暗流涌动的本土市场，当下突然又出现了 2000 年左右的场景，基于开源项目的商业产品，突然又被推到了风口浪尖，一些新公司犹如当年的 Linux 厂商一样突然出现了。

当然，不可否认的是这些公司拥有强大的协调和平衡能力，在激发起国人的国货自信与获得开源优势之间总是可以走得非常平稳，一如过去 20 多年的所作所为。

如果我们使用一些工具，如 LFX、CHAOSS，来将这些公司的产品一一衡量的话，恐怕会发现这些产品和开源并没有多大关系，它们不过是违反了开源项目的许可协议，走上了二进制授权的老路罢了。

这样的孤岛始终存在，可能还会存在一阵子。但孤岛终究是孤岛，不具备可持续发展的条件，不仅生产的产品质量低下，而且还无维护能力。消费者终究会明白，市场是检验商品优劣的最佳场所。失去开源的上游能力的孤岛，也终究会被淘汰出市场。

但是，这并不是我们希望看到的，尽管它在某些个体中无法避免。希望读完本书的读者，能够清晰地认识到这一点，不要成为孤岛，开源需要更多的合作。

后记

感谢敬爱的读者！

无论您出于什么样的目的，能够读到这里，笔者都是心怀感激的。虽然这只是我们漫长旅程中的第一个驿站，笔者仍希望以一位后来者、自由 / 开源软件运动的受益者的身份，躲藏在一个因全球化而获益的、迈向现代化的国家的角落，来看待所有的事情。

任何上帝视角的尝试都是徒劳的，笔者尽自己全部所能，将开源世界的迷人之处向大家呈现出来。但是，笔者是无能的，无法做到面面俱到，在这里我想诚恳地向读者道歉。本书只是一个项目的开始，到这里，也仅仅只是第一个和读者见面的版本而已。如果用一句话来总结代码对我近 20 年职业生涯的影响，那一定是让我坚信“没有最好，只有更好”。

写到这里，笔者依然觉得书中的每一个细节都还有很多内容需要去补充、修改，但是，这只能交给时间。本书作为一份快照来发布，或者是版本控制的标签，笔者和读者需要交互，这是一项属于所有人的工程。如果您觉得书中有哪些关于开源的内容没有提及，欢迎给笔者发送邮件：lijiangsheng1@gmail.com，让《开源之迷》能够与时俱进，不断完善。

请您休息片刻，稍后将为您呈上《开源之道》。这本书试图说明开源是如何运转的，或者说如何选择一条将一个项目开源的妥当路径。

致谢

没有以下朋友这本书是无法交付的，他们或者是给予我鼓励，或者是接受我的访谈，或者是建议我该如何去做，他们是：

- 开源之道的读者和支持者；
- 开源社的成员们；
- Apache Local Community(ALC) Beijing 的成员们；
- 「开源之书 · 共读」小组的成员们；
- Linux 基金会 APAC（亚太地区）以及开源布道者；
- OSPO（Open Source Program Office，开源项目办公室）特别兴趣小组和开源“万里行”的成员们；
- CHAOSS 共同体的成员们；
- 高校学术机构的教授们。

特别感谢对本系列图书有很大帮助和影响的：

孙振华、郁志强、卫剑钒、王厚、郭雪、庄表伟、吴晟、姜宁、刘长春等，以及我疏忽而没有写在这里的朋友。

感谢卷积传媒的高博，他总是能够提出最为专业的建议，且眼光精准。当然，我读过他非常多的优秀译著，潜移默化地受到他的想法和思考方式的影响。另外，也特别感谢夏琰编辑，以市场的标准考量着我，让我小心翼翼地心怀读者。

当然，最要感谢的还是我的妻子和两个可爱的女儿，她们总是能够忍受我长时间不在家的“状态”。